热处理工艺参数手册

第 2 版

杨 满 刘朝雷 编

U0163332

机 械 工 业 出 版 社

本手册是一本"简明、实用"的热处理工艺参数实用工具书。其主要内容包括：热处理工艺基础、钢的整体热处理、钢的表面热处理、钢的化学热处理、铸钢的热处理、铸铁的热处理、有色金属材料的热处理及特殊材料的热处理。本手册采用了现行的热处理相关技术标准资料，手册中的技术数据以表格形式列出，查阅方便，实用性强。

本手册适于热处理工程技术人员和工人使用，也可供相关专业的在校师生和科研人员参考。

图书在版编目（CIP）数据

热处理工艺参数手册/杨满，刘朝雷编. —2 版. —北京：机械工业出版社，2020.5（2025.1 重印）

ISBN 978-7-111-65116-1

Ⅰ.①热… Ⅱ.①杨…②刘… Ⅲ.①热处理–生产工艺–参数–技术手册 Ⅳ.①TG156-62

中国版本图书馆 CIP 数据核字（2020）第 044182 号

机械工业出版社（北京市百万庄大街 22 号 邮政编码 100037）
策划编辑：陈保华 责任编辑：陈保华
责任校对：肖 琳 封面设计：马精明
责任印制：单爱军
北京虎彩文化传播有限公司印刷
2025 年 1 月第 2 版第 9 次印刷
130mm × 184mm ·13.375 印张·331 千字
标准书号：ISBN 978-7-111-65116-1
定价：49.00 元

电话服务 网络服务

客服电话：010 – 88361066 机 工 官 网：www.cmpbook.com

010 – 88379833 机 工 官 博：weibo.com/cmp1952

010 – 68326294 金 书 网：www.golden – book.com

封底无防伪标均为盗版 机工教育服务网：www.cmpedu.com

前　　言

　　热处理是机械制造业中的关键工序之一，它对发挥材料的潜力、提高零件的性能、降低能耗、保证和提高机械产品的使用寿命有着重要的意义。正确选择热处理工艺参数是提高热处理质量的有效措施之一。《热处理工艺参数手册》以其"简明、实用"的特点受到了热处理工作者的青睐，对热处理工作人员正确制订热处理工艺、提高热处理工艺水平提供了技术支持。该手册出版已有6年多的时间，目前很多热处理相关技术标准进行了修订，广大读者也对该手册提出了一些完善建议。为了与时俱进，适应热处理行业和读者的需求，决定对《热处理工艺参数手册》进行修订，出版第2版。

　　本次修订全面贯彻了现行的热处理技术标准，对部分章节及内容进行了调整。增加了铁碳合金相图及合金元素对铁碳合金相图的影响、聚烷撑二醇水溶液的冷却特性等内容；对结构钢、弹簧钢及轴承钢按现行标准进行了增补，并增加了钢热处理后的力学性能；对工模具钢部分按现行标准增加了近50种新牌号，对新钢种的临界温度及工艺参数做了增补或计算，并对还在应用中的30多种非标准工模具钢也做了补充；高速工具钢部分增加了12种正在应用中的非标准钢材；有色金属材料热处理部分按现行标准增加了加工高铜的热处理等内容；特殊材料热处理部分增加了材料热处理后的特殊性能；对与生产结合不太密切的内容进行了删除，简化了内容。手册中的技术数据以表格形式列出，查阅方便，实用性强。

　　本手册共8章。第1章为热处理工艺基础，该章主要介绍了铁碳合金相图、热处理工艺及工艺材料的代号、热处理技术要求的表示方法、热处理加热及热处理冷却；第2章为钢的整体热处理，该章主要介绍了钢的正火与退火、淬火、回火、真空热处理、感应穿透加热、冷处理及钢的热处理工艺参数；第3章为钢的表面热处理，该章主要介绍了钢的感应淬火、火焰淬火、激光淬火、电子束淬火及电解液淬火；第4章为钢的化学热处理，该章主要介绍了渗碳、碳氮共渗、渗氮、氮碳共渗、渗硫、硫氮共渗、硫氮碳共渗、渗硼、渗硅、硼硅共渗、渗金属及硼铝共渗；第5章为铸钢的热处理，该章主要介绍了铸钢、承压钢铸件、通用耐蚀钢铸件的热处理工艺参数；第6章为铸铁的热处理，该章主要介绍了灰铸铁、球墨铸铁、可锻铸铁、蠕墨铸铁及抗磨白口铸铁的热处理工艺参数；第7章为有色金属材料的热处理，该章主要介绍了铜及铜合金、铝及铝合金、钛及钛合金、镁合金的热处理工艺参数；第8章为特殊材料的热处理，该章主要介绍了高温合金、钢结硬质合金、磁性合金、膨胀合金、耐蚀合金及铁基粉末冶金材料的热处理工艺参数。

在编写过程中，作者参考了国内外同行的大量文献资料及网络上的各种资料，在此向有关作者表示感谢！本手册的出版得到了江苏华苏工业炉制造有限公司的大力支持，在此表示感谢！

由于作者水平有限，书中难免存在不当之处，敬请读者批评指正。

作 者

目　　录

第1章　热处理工艺基础

1.1　铁碳合金相图

铁碳合金相图是研究钢和铸铁组织与性能的基础，是制订钢铁热处理工艺的科学依据之一。

1. Fe-Fe$_3$C 及 Fe-C 合金相图

铁碳合金相图有两个：一个是亚稳定的铁-渗碳体（Fe-Fe$_3$C）合金相图，它实际上是亚稳定的铁碳合金相图的铁端，即 $w(C) = 0 \sim 6.69\%$ 的部分；另一个是稳定的铁-石墨（Fe-C）合金相图，它的 $w(C) = 0 \sim 100\%$。一般把这两个相图中碳含量相同的部分画在一起，用实线表示 Fe-Fe$_3$C 合金相图，用虚线表示 Fe-C 合金相图，无虚线部分（左端）是两个相图共有的，如图 1-1 所示。

2. Fe-Fe$_3$C 及 Fe-C 合金相图中的各种组织及其力学性能

1）Fe-Fe$_3$C 及 Fe-C 合金相图中的各种组织见表 1-1。

2）Fe-Fe$_3$C 及 Fe-C 合金相图中各种组织的力学性能见表 1-2。

3. Fe-Fe$_3$C 合金相图中的三个重要转变（表 1-3）

4. Fe-Fe$_3$C 及 Fe-C 合金相图中的特性点和特性线

1）Fe-Fe$_3$C 及 Fe-C 合金相图中的特性点见表 1-4。

2）Fe-Fe$_3$C 及 Fe-C 合金相图中的特性线见表 1-5。

5. 热处理常用的临界温度符号（表 1-6）

6. 合金元素对 Fe-Fe$_3$C 相图的影响

在碳钢中加入一种或几种合金元素，会使 Fe-Fe$_3$C 相图中特性点的温度和碳含量发生变化，还会使奥氏体区的位置及大小发生变化，分别如图 1-2、图 1-3 和表 1-7、表 1-8 所示。

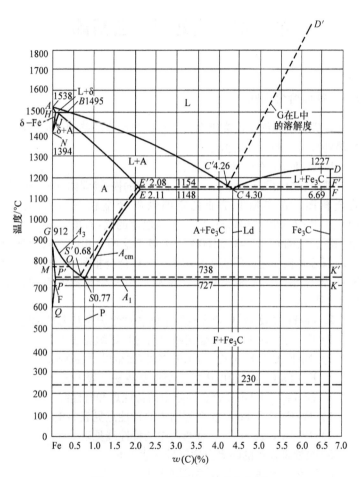

图 1-1　Fe-Fe₃C 及 Fe-C 合金相图

表 1-1 Fe-Fe₃C 及 Fe-C 合金相图中的各种组织

组织	代号	组织分类	$w(C)$ (%)	晶格结构	性能	说明
铁素体	F	单相	0 ~ 0.0218	体心立方	强度低，硬度低，塑性好	碳在 α-Fe 中的间隙固溶体
奥氏体	A	单相	0 ~ 2.11	面心立方	强度较低，硬度较低，塑性较好，无磁性	碳在 γ-Fe 中的间隙固溶体
δ铁素体	δ	单相	0 ~ 0.09	体心立方	—	碳在 δ-Fe 中的间隙固溶体
渗碳体	Fe₃C	单相	6.7 ± 0.2	正交晶系复杂结构	极硬，脆性大；形状对力学性能影响很大	碳和铁的金属化合物，形状有片状、条状、粒状、网状
珠光体	P	两相	0.77		强度、硬度与片层的粗细有关	由铁素体和渗碳体组成的机械混合物
莱氏体	Ld	两相	4.30			奥氏体与渗碳体的机械混合物
石墨	G	单相	100	密排六方		游离的碳晶体
液相	L					铁碳合金的液相

表 1-2 Fe-Fe₃C 及 Fe-C 合金相图中各种组织的力学性能

组织	硬度 HBW	抗拉强度 R_m/MPa	断后伸长率 A(%)	比体积/(cm²/g)
铁素体	≈80	245 ~ 291	30 ~ 50	0.1271
渗碳体	≈800			0.136 ± 0.001
奥氏体	170 ~ 220	834 ~ 1030	20 ~ 25	$0.1212 + 0.0033w(C)$

（续）

组织		硬度 HBW	抗拉强度 R_m/MPa	断后伸长率 A(%)	比体积/(cm²/g)
珠光体	片状	190 ~ 250	804 ~ 863	10 ~ 20	0.1271 + 0.0005w(C)
	球状	160 ~ 190	618	20 ~ 25	
索氏体		250 ~ 320	883 ~ 1079	10 ~ 20	0.1271 + 0.0005w(C)
屈氏体		330 ~ 400	1128 ~ 1373	5 ~ 10	0.1271 + 0.0005w(C)
贝氏体	上贝氏体	42 ~ 48HRC			0.1271 + 0.0015w(C)
	下贝氏体	60 ~ 55HRC			
马氏体	板条（低碳）	600 ~ 700	1177 ~ 1569		0.1271 + 0.00265w(C)
	片状（高碳）				
莱氏体		>700			

表 1-3　Fe-Fe₃C 合金相图中的三个重要转变

转变名称	代表线	转变温度/℃	转变方程式
包晶转变	HJB	1495	$L_B + \delta_H \rightleftharpoons A_J$
共晶转变	ECF	1148	$L_C \rightleftharpoons A_E + Fe_3C$
共析转变	PSK	727	$A_S \rightleftharpoons F_P + Fe_3C$

表 1-4　Fe-Fe₃C 及 Fe-C 合金相图中的特性点

点	温度/℃	w(C)(%)	说　　　明
A	1538	0	纯铁的熔点
B	1495	0.53	包晶线的端点
C	1148	4.3	共晶点（Fe-Fe₃C 系）
C'	1154	4.26	共晶点（Fe-C 系）
D	1227	6.69	渗碳体的熔点
D'	3927	100	石墨的熔点（在图 1-1 外）
E	1148	2.11	碳在 A 中的最大溶解度（Fe-Fe₃C 系）
E'	1154	2.08	碳在 A 中的最大溶解度（Fe-C 系）

（续）

点	温度/℃	$w(C)(\%)$	说　明
F	1148	6.69	共晶线的端点（Fe-Fe₃C 系）
F'	1154	6.69	共晶线的端点（Fe-C 系）
G	912	0	α-Fe⇌γ-Fe 同素异构转变点
H	1495	0.09	包晶线的端点
J	1495	0.17	包晶点
K	727	6.69	共析线的端点（Fe-Fe₃C 系）
K'	738	6.69	共析线的端点（Fe-C 系）
M	770	0	α-Fe 的磁性转变点
N	1394	0	γ-Fe⇌δ-Fe 同素异构转变点
O	770	≈0.50	铁素体的磁性转变点
P	727	0.0218	碳在 F 中的最大溶解度（Fe-Fe₃C 系）
P'	738	0.02	碳在 F 中的最大溶解度（Fe-C 系）
Q		0.008	碳在 F 中的常温溶解度
S	727	0.77	共析点（Fe-Fe₃C 系）
S'	738	0.68	共析点（Fe-C 系）

表 1-5　Fe-Fe₃C 及 Fe-C 合金相图中的特性线

特性线	说　明
AB	δ 相的液相线
BC	A 的液相线
CD	Fe₃C 的液相线
$C'D'$	G 的液相线（Fe-C 系）
AH	δ 的固相线
JE	A 的固相线
JE'	A 的固相线（Fe-C 系）
HN	δ→A 始温线
JN	δ→A 终温线
GS	A→F 始温线（A_3）
GS'	A→F 始温线（Fe-C 系）
230℃水平线	Fe₃C 的磁性转变线

（续）

特性线	说　　明
GP	A→F 终温线
ES	A→Fe_3C 始温线（A_{cm}）
$E'S'$	A→G 始温线（Fe-C 系）
PQ	碳在 F 中的溶解度线
$P'Q$	碳在 F 中的溶解度线（Fe-C 系）
MO	F 的磁性转变线
HJB	$L_B + \delta_H \rightleftharpoons \Lambda_J$ 包晶转变线
ECF	$L_C \rightleftharpoons A_E + Fe_3C$ 共晶转变线
$E'C'F'$	$L \rightleftharpoons A_{E'} + G$ 共晶转变线（Fe-C 系）
PSK	$A_S \rightleftharpoons F_P + Fe_3C$ 共析转变线（A_1）
$P'S'K'$	$A_S \rightleftharpoons F_{P'} + G$ 共析转变线（Fe-C 系）

表1-6　热处理常用的临界温度符号

符号	说　　明
A_0	渗碳体的磁性转变点
A_1	在平衡状态下，奥氏体、铁素体、渗碳体或碳化物共存的温度
A_3	亚共析钢在平衡状态下，奥氏体和铁素体共存的最高温度
A_{cm}	过共析钢在平衡状态下，奥氏体和渗碳体或碳化物共存的最高温度
A_4	在平衡状态下 δ 相和奥氏体共存的最低温度
Ac_1	钢加热时，珠光体转变为奥氏体的温度
Ac_3	亚共析钢加热时，铁素体全部转变为奥氏体的温度
Ac_{cm}	过共析钢加热时，渗碳体和碳化物全部溶入奥氏体的温度
Ac_4	低碳亚共析钢加热时，奥氏体开始转变为 δ 相的温度
Ar_1	钢高温奥氏体化后冷却时，奥氏体分解为铁素体和珠光体的温度
Ar_3	亚共析钢高温奥氏体化后冷却时，铁素体开始析出的温度
Ar_{cm}	过共析钢高温奥氏体化后冷却时，渗碳体或碳化物开始析出的温度
Ar_4	钢在高温形成的 δ 相冷却时，完全转变为奥氏体的温度

（续）

符号	说　　明
B_s	钢奥氏体化后冷却时，奥氏体开始分解为贝氏体的温度
B_f	奥氏体转变为贝氏体的终了温度
M_s	钢奥氏体化后冷却时，奥氏体开始转变为马氏体的温度
M_f	奥氏体转变为马氏体的终了温度

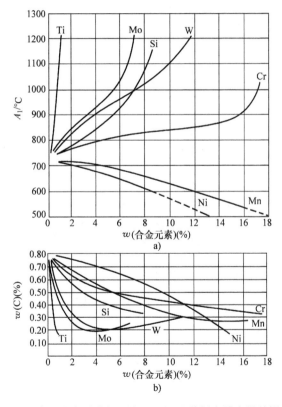

图 1-2　合金元素对共析温度（A_1）和共析点碳含量的影响

a）对共析温度（A_1）的影响　b）对共析点碳含量的影响

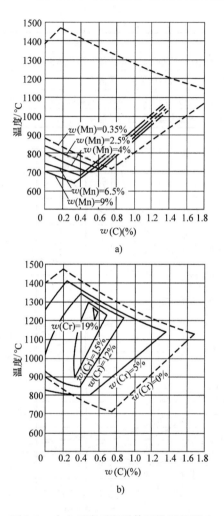

图 1-3　合金元素对奥氏体区位置的影响

a）Mn 对奥氏体区的影响　b）Cr 对奥氏体区的影响

表1-7　Si、Mn、Ni、Cr 对 C、S、E 点温度和成分坐标的影响

合金元素	合金元素的质量分数每增加1%，相应各点的温度变化 $\Delta T/℃$			合金元素的质量分数每增加1%，相应各点碳的质量分数的变化 $\Delta w(C)(\%)$		
	C 点	S 点	E 点	C 点	S 点	E 点
Si	– (15 ~ 20)	– 8	– (10 ~ 15)	– 0.3	– 0.06	– 0.11
Mn	+ 3	– 9.5	+ 3.2	+ 0.03	– 0.05	+ 0.04
Ni	– 6	– 20	+ 4.8	– 0.07	– 0.05	– 0.09
Cr	+ 7	+ 15	+ 7.3	– 0.05	– 0.05	– 0.07

表1-8　合金元素对临界温度及奥氏体区的影响

合金元素	晶格结构	A_4	A_3	A_1	γ 区
Mn	立方复杂	↑	↓	↓	扩大
Cr	体心立方		↓	↑	缩小
Ni	面心立方	↑	↓	↓（碳含量增加时）	扩大
Mo	体心立方	↓	↑	↑	缩小
W	体心立方		Ac_3↑　Ar_3↓ [$w(W)$ 为 6.6%]		缩小
V	体心立方	↓	↓（碳含量增加时）	→（碳含量增加时）↑	缩小
Ti	六方密集		↑	↑	1.0%缩小
Co	六方密集	↑	↑↑[$w(Co)$ >7% 时] ↓（钴含量低时）	↑↑	↑（碳含量增加时扩大）↓↓（高温时）
Al	面心立方	↓	↑ Ar_3↓	↑	缩小
B	六方密集		↑	↑	缩小
Si	立方（金刚石）	↓	↑	↑	缩小

1.2　金属热处理工艺分类及代号

1. 热处理工艺代号（表1-9）

表1-9　热处理工艺代号（GB/T 12603—2005）

工艺总称	代号	工艺类型	代号	工艺名称	代号
热处理	5	整体热处理	1	退火	1
				正火	2
				淬火	3
				淬火和回火	4
				调质	5
				稳定化处理	6
				固溶处理、水韧处理	7
				固溶处理＋时效	8
		表面热处理	2	表面淬火和回火	1
				物理气相沉积	2
				化学气相沉积	3
				等离子体增强化学气相沉积	4
				离子注入	5
		化学热处理	3	渗碳	1
				碳氮共渗	2
				渗氮	3
				氮碳共渗	4
				渗其他非金属	5
				渗金属	6
				多元共渗	7

2. 退火工艺代号（表1-10）

表1-10 退火工艺代号（GB/T 12603—2005）

退火工艺	去应力退火	均匀化退火	再结晶退火	石墨化处理	脱氢处理	球化退火	等温退火	完全退火	不完全退火
代号	St	H	R	G	D	Sp	I	F	P

3. 加热方式及代号（表1-11）

表1-11 加热方式代号（GB/T 12603—2005）

加热方式	可控气氛（气体）	真空	盐浴（液体）	感应	火焰	激光	电子束	等离子体	固体装箱	流态床	电接触
代号	01	02	03	04	05	06	07	08	09	10	11

4. 淬火冷却介质和冷却方法代号（表1-12）

表1-12 淬火冷却介质和冷却方法代号（GB/T 12603—2005）

冷却介质和方法	空气	油	水	盐水	有机聚合物水溶液	热浴	加压淬火	双介质淬火	分级淬火	等温淬火	形变淬火	气冷淬火	冷处理
代号	A	O	W	B	Po	H	Pr	I	M	At	Af	G	C

5. 常用热处理工艺代号（表1-13）

表1-13 常用热处理工艺代号（GB/T 12603—2005）

工艺	代号	工艺	代号
热处理	500	去应力退火	511-St
整体热处理	510	均匀化退火	511-H
可控气氛热处理	500-01	再结晶退火	511-R
真空热处理	500-02	石墨化退火	511-O
盐浴热处理	500-03	脱氢处理	511-D
感应热处理	500-04	球化退火	511-Sp
火焰热处理	500-05	等温退火	511-I
激光热处理	500-06	完全退火	511-F
电子束热处理	500-07	不完全退火	511-P
离子轰击热处理	500-08	正火	512
流态床热处理	500-10	淬火	513
退火	511	空冷淬火	513-A

（续）

工艺	代号	工艺	代号
油冷淬火	513-O	等离子体增强化学气相沉积	524
水冷淬火	513-W		
盐水淬火	513-B	离子注入	525
有机水溶液淬火	513-Po	化学热处理	530
盐浴淬火	513-H	渗碳	531
加压淬火	513-Pr	可控气氛渗碳	531-01
双介质淬火	513-I	真空渗碳	531-02
分级淬火	513-M	盐浴渗碳	531-03
等温淬火	513-At	固体渗碳	531-09
形变淬火	513-Af	流态床渗碳	531-10
气冷淬火	513-G	离子渗碳	531-08
淬火及冷处理	513-C	碳氮共渗	532
可控气氛加热淬火	513-01	渗氮	533
真空加热淬火	513-02	气体渗氮	533-01
盐浴加热淬火	513-03	液体渗氮	533-03
感应加热淬火	513-04	离子渗氮	533-08
流态床加热淬火	513-10	流态床渗氮	533-10
盐浴加热分级淬火	513-10M	氮碳共渗	534
盐浴加热盐浴分级淬火	513-10H + M	渗其他非金属	535
		渗硼	535 (B)
淬火和回火	514	气体渗硼	535-01 (B)
调质	515	液体渗硼	535-03 (B)
稳定化处理	516	离子渗硼	535-08 (B)
固溶处理、水韧化处理	517	固体渗硼	535-09 (B)
固溶处理 + 时效	518	渗硅	535 (Si)
表面热处理	520	渗硫	535 (S)
表面淬火和回火	521	渗金属	536
感应淬火和回火	521-04	渗铝	536 (Al)
火焰淬火和回火	521-05	渗铬	536 (Cr)
激光淬火和回火	521-06	渗锌	536 (Zn)
电子束淬火和回火	521-07	渗钒	536 (V)
电接触淬火和回火	521-11	多元共渗	537
物理气相沉积	522	硫氮共渗	537 (S-N)
化学气相沉积	523	氧氮共渗	537 (O-N)

（续）

工艺	代号	工艺	代号
铬硼共渗	537（Cr-B）	硫氮碳共渗	537（S-N-C）
钒硼共渗	537（V-B）	氧氮碳共渗	537（O-N-C）
铬硅共渗	537（Cr-Si）	铬铝硅共渗	537（Cr-Al-Si）
铬铝共渗	537（Cr-Al）		

1.3　热处理工艺材料分类及代号

1. 热处理工艺材料分类（大、中类）及代号（表1-14）

表1-14　热处理工艺材料分类（大、中类）及代号（JB/T 8419—2008）

总　　称	代号	大类名称	代号	中类名称	代号
热处理工艺材料	GYCL	加热介质	1	气态	1
				液态	2
				固态	3
		冷却介质	2	水及无机水溶液	1
				聚合物水溶液	2
				冷却油	3
				冷却用碱	4
				气体冷却介质	5
				流态床介质	6
				冷处理剂	7
		渗剂	3	渗碳与碳氮共渗剂	1
				渗氮与氮碳共渗剂	2
				渗非金属剂	3
				渗金属剂	4
				多元共渗剂	5
				其他	6
		涂料	4	涂料	0
		清洗剂	5	清洗剂	0
		防锈剂	6	防锈剂	0

2. 热处理工艺材料分类（小类）及代号（表1-15）

表1-15　热处理工艺材料分类（小类）及代号（JB/T 8419—2008）

大、中类代号	中类名称	小类代号 工艺材料名称														
---	---	01	05	10	15	20	25	30	35	40	45	50	55	60	65	70
11	气态介质	空气	氮气	氢气	丙烷	丁烷	氩气	天然气	液化石油气	瓶装可控气氛						
12	固态介质	低温盐	中温盐	高温盐	中温复合盐	高温复合盐	校正剂	煤		焦炭	木炭	氧化铝空心球	石墨			
13	液态介质	油														
21	水及无机水溶液	水	氯化钠水溶液	碳酸钠水溶液	氢氧化钠水溶液	氯化钙水溶液	硝盐水溶液	水玻璃水溶液								
22	聚合物水溶液	聚乙烯醇水溶液 PVA	聚二醇水溶液 PAG	聚乙二醇水溶液 PEG	聚丙烯醇水溶液 SPA	聚乙烯酰胺水溶液										

序号	类别												
23	冷却油	L-AN全损耗系统用油	普通淬火油	光亮淬火油	快速淬火油	等温淬火油	真空淬火油	分级淬火油					
24	冷却用盐碱	硝盐	氯化盐	碱	盐碱混合								
25	气体冷却介质	空气	氮气	氩气	氢气	混合气							
26	液态床流态床介质	流态床介质											
27	冷处理剂	干冰	氟利昂	液氮									
31	渗碳与碳氮共渗剂	专用滴注渗碳剂	可控气氛渗碳剂	盐浴渗碳剂	固体渗碳剂	专用渗碳煤油	甲醇	乙醇	苯	丙酮	醋酸乙酯	气体碳氮共渗剂	液体碳氮共渗剂

（续）

大、中类代号	中类名称	小类代号 工艺材料名称														
		01	05	10	15	20	25	30	35	40	45	50	55	60	65	70
32	渗氮与氮碳共渗剂	专用滴注渗氮剂	气体渗氮剂	盐浴渗氮剂								专用滴注氮碳共渗剂	盐浴氮碳共渗剂			
33	渗非金属剂	固体渗硼剂	粒状渗硼剂	膏状渗硼剂	熔盐渗硼剂	固体渗硅剂	盐浴渗硫剂					电解渗硫盐浴				
34	渗金属剂	固体渗铝剂	热浸铝剂		熔盐渗铬剂	固体渗铬剂				热浸锌剂	固体渗锌剂	熔盐渗钒剂	熔盐渗铌剂	熔盐渗钛剂	固体渗钛剂	

35	多元共渗剂	固体铬铝共渗剂	固体铬铝硅共渗剂	固体硼铝共渗剂	固体铬硅共渗剂	固体铝稀土共渗剂	固体硼氮共渗剂	热浸铝锌合金剂	熔盐铬稀土共渗剂		气体硫氮共渗剂	气体硫氮碳共渗剂	熔盐硫氮碳共渗剂	硫氮碳共渗再生盐	气体氧氮共渗剂
36	其他	激光熔渗剂	激光黑化剂	电子束熔渗剂	气相沉积材料										
40	热处理涂料	防氧化脱碳涂料	防渗碳涂料	防渗氮涂料	防碳氮共渗涂料	防渗硼涂料	防渗铬、铝涂料	多用防护涂料	保护膜	合金抗氧化涂料					
50	清洗剂	碱液清洗剂	有机溶剂清洗剂	金属清洗剂	残盐清洗剂	气相清洗剂	超声波清洗液	电解清洗液	酸洗剂						
60	防锈剂	水剂防锈液	防锈油												

1.4　热处理技术要求的表示方法

常用的热处理工艺方法及技术要求表示方法见表1-16。

表1-16　常用的热处理工艺方法及技术要求表示方法（JB/T 6609—2008）

热处理工艺方法		热处理技术要求表示举例	
名称	字母	汉字表示	代号表示
退火	Th	退火	Th
正火	Z	正火	Z
固溶处理	R	固溶处理	R
调质	T	调质 200~230HBW	T215
淬火	C	淬火 42~47HRC	C42
感应淬火	G	感应淬火 48~52HRC	G48
		感应淬火深度 0.8~1.6mm，48~52HRC	G0.8-48
调质感应淬火	T-G	调质 220~250HBW 感应淬火 48~52HRC	T235-G48
火焰淬火	H	火焰淬火 42~48HRC	H42
		火焰淬火深度 1.6~3.6mm，42~48HRC	H1.6-42
渗碳、淬火	S-C	渗碳淬火深度 0.8~1.2mm，58~63HRC	S0.8-C58
渗碳、感应淬火	S-G	渗碳感应淬火深度 1.0~2.0mm，58~63HRC	S1.0-G58
碳氮共渗、淬火	Td-C	碳氮共渗淬火深度 0.5~0.8mm，58~63HRC	Td0.5-C58
渗氮	D	渗氮深度 0.25~0.4mm，≥850HV	D0.3-850
调质、渗氮	T-D	调质 250~280HBW 渗氮深度 0.25~0.4mm，≥850HV	T265-D0.3-850
氮碳共渗	Dt	氮碳共渗≥480HV	Dt480

1.5 热处理的加热

1.5.1 盐浴加热

1. 盐浴的成分和使用温度（表1-17和表1-18）

表1-17 中性盐浴、硝盐浴的盐浴成分和使用温度（JB/T 6048—2004）

类别	盐浴成分（质量分数,%）	熔点 /℃	使用温度 /℃
中性盐浴	$100BaCl_2$	960	1100~1300
	$85~95BaCl_2+15~5NaCl$	760~850	900~1100
	$70~80BaCl_2+30~20NaCl$	635~700	750~1000
	$50BaCl_2+50NaCl$	640	700~900
	$50KCl+50NaCl$	670	720~950
	$50BaCl_2+30KCl+20NaCl$	560	580~880
硝盐浴	$100KNO_3$	337	350~600
	$100NaNO_3$	317	350~600
	$50KNO_3+50NaNO_3$	218	230~550
	$50KNO_3+50NaNO_2$	140	150~550
	$55KNO_3+45NaNO_2$（附加$3~5H_2O$）	137	150~360

表1-18 高温盐浴、中温盐浴及低温盐浴的盐浴
成分和使用温度

类别	盐浴成分（质量分数,%）	熔点 /℃	使用温度 /℃
高温盐浴	$70BaCl_2+30Na_2B_4O_7$	940	1050~1350
	$95~97BaCl_2+5~3MgF_2$	940~950	1050~1350
	$50BaCl_2+39NaCl+8Na_2B_4O_7+3MgO$		780~1350
中温盐浴	$50KCl+50Na_2CO_3$	560	590~820
	$45KCl+45Na_2CO_3+10NaCl$	590	630~850

（续）

类别	盐浴成分（质量分数,%）	熔点 /℃	使用温度 /℃
中温盐浴	$50BaCl_2 + 50CaCl_2$	595	630 ~ 850
	$50KCl + 20NaCl + 30CaCl_2$	530	560 ~ 870
	$34NaCl + 33BaCl_2 + 33CaCl_2$	570	600 ~ 870
	$73.5KCl + 26.5CaCl_2$	600	630 ~ 870
	$40.6BaCl_2 + 59.4Na_2CO_3$	606	630 ~ 870
	$50NaCl + 50Na_2CO_3$ （K_2CO_3）	560	590 ~ 900
	$35NaCl + 65Na_2CO_3$	620	650 ~ 900
	$50BaCl_2 + 50KCl$	640	670 ~ 1000
	$100Na_2CO_3$	852	900 ~ 1000
	$100KCl$	772	800 ~ 1000
	$100NaCl$	810	850 ~ 1100
	$44NaCl + 56MgCl_2$	430	480 ~ 780
	$21NaCl + 31BaCl_2 + 48CaCl_2$	435	480 ~ 780
	$27.5NaCl + 72.5CaCl_2$	500	550 ~ 800
	$5NaCl + 9KCl + 86Na_2B_4O_7$	640	900 ~ 1100
	$27.5KCl + 72.5Na_2B_4O_7$	660	900 ~ 1100
	$14NaCl + 86Na_2B_4O_7$	710	900 ~ 1100
低温盐浴	$20NaOH + 80KOH$, 另加 $6H_2O$	130	150 ~ 250
	$35NaOH + 65KOH$	155	170 ~ 250
	$95NaNO_3 + 5Na_2CO_3$	304	380 ~ 520
	$25KNO_3 + 75NaNO_3$	240	380 ~ 540
	$75NaOH + 25NaNO_3$	280	420 ~ 540
	$100NaNO_2$	317	325 ~ 550
	$25NaNO_2 + 25NaNO_3 + 50KNO_3$	175	205 ~ 600
	$100KOH$	360	400 ~ 650
	$100NaOH$	322	350 ~ 700
	$60NaOH + 40NaCl$	450	500 ~ 700

2. 不脱氧长效盐（表1-19）

表1-19 不脱氧长效盐

使用温度/℃	盐浴成分（质量分数，%）	使用条件	使用效果
700~940	$67.9BaCl_2 + 30NaCl + 2MgF_2 + 0.1B$	MgF_2在900℃，$BaCl_2$在600℃，NaCl在400℃焙烧	用$w(C)$为1.4%、厚度为0.08mm的钢片在900℃保持10min测定盐浴活性。经30~40h后，钢片的$w(C)$为1.3%~1.35%。用9SiCr钢检验无脱碳层
	$66.8BaCl_2 + 30NaCl + 3Na_2B_4O_7 + 0.2B$	硼砂预先经600℃焙烧，使用无晶形硼	用上述方法测试的钢片的$w(C)$为1.24%~1.30%。经60天使用，处理40万件各种钢件，脱碳质量合格
	$52.8KCl + 44NaCl + 3Na_2B_4O_7 + 0.2B$	硼砂经500~600℃焙烧3h	在250kg盐浴中，于760~820℃进行了T12钢丝锥加热，然后在碱浴中淬火。使用两个月后试验钢片的$w(C)$都保持在1.28%~1.30%
950~1050	$87.9BaCl_2 + 10NaCl + 2MgF_2 + 0.1B$	MgF_2的质量分数为1.5%时效果不良	钢片试验结果为$w(C)$保持1.05%。但在1050℃使用时，在前20~30h盐浴面有薄膜和熔渣，加热操作有困难
	$85.8BaCl_2 + 10NaCl + 4Na_2B_4O_7 + 0.2B$	硼砂经焙烧后盐浴稳定性好	钢片试验，$w(C)$保持1.30%以上
	$94.8BaCl_2 + 5MgF_2 + 0.2B$		钢片试验，$w(C)$保持在1.30%以上
	$96.9BaCl_2 + 3MgF_2 + 0.1B$		经一昼夜后，钢片试验结果为$w(C)$可保持1.1%
	$96.4BaCl_2 + 3Na_2B_4O_7 + 0.6B$	硼砂预先焙烧，盐浴稳定性好	1.4%~1.3%，经45h可保持1.1%

3. 盐浴校正剂

常用盐浴校正剂的使用条件及效果见表1-20。

表1-20　常用盐浴校正剂的使用条件及效果

盐浴校正剂	脱 氧 反 应	使 用 条 件	脱 氧 效 果
木　炭	$Na_2SO_4 + 4C \rightarrow 4CO\uparrow + Na_2S$	用尺寸约为15mm的炭块，经清水冲洗干燥后插入盐浴中	可除去盐浴中的硫酸盐杂质
SiC	$2Na_2CO_3 + SiC \rightarrow Na_2SiO_3 + Na_2O + 2CO + C$	粒度为100～120目（124～150μm）	产生的CO、C可使氧化物还原，但脱氧效果不理想
硅胶（SiO_2）	$BaO + SiO_2 \rightarrow BaSiO_3\downarrow$	与TiO_2配合使用	脱氧作用较弱，对电极有严重侵蚀
Ca-Si	$2Ca + O_2 \rightarrow 2CaO$ $Si + O_2 \rightarrow SiO_2$ $Ca + BaO \rightarrow CaO + Ba$ $2BaO + 5Si \rightarrow 2BaSi_2 + SiO_2$ $Ca + SiO_2 \rightarrow CaSiO_3\downarrow$ $BaO + SiO_2 \rightarrow BaSiO_3\downarrow$	Ca-Si的成分（质量分数）为 Si60%～70%，Ca20%～30%，少量Fe、Al。添加后具有迟效性。在高温盐浴，保持15～20min后才能促进行加热，在高温（>1200℃）不易捞渣	作用时间长，和TiO_2并用能弥补TiO_2的迟效性不佳
Mg-Al	$4Al + 3O_2 \rightarrow 2Al_2O_3$ $Al_2O_3 + Na_2O \rightarrow 2NaAlO_2\downarrow$	粒度为0.5～1mm，Mg与Al的质量比为1:1，具有速效性	具有强烈脱氧、脱硫作用，适于中温盐浴脱氧
TiO_2	$TiO_2 + BaO \rightarrow BaTiO_3\downarrow$ $TiO_2 + FeO \rightarrow FeTiO_3\downarrow$	不易捞渣，最好与硅胶配合使用	脱氧作用强，速效性好，迟效性差，适用于1000℃以上的高温盐浴，1000℃以下不宜单独使用
$Na_2B_4O_7 \cdot 10H_2O$	$Na_2B_4O_7 \rightarrow 2NaBO_2 + B_2O_3$ $B_2O_3 + BaO \rightarrow Ba(BO_2)_2$ $B_2O_3 + FeO \rightarrow Fe(BO_2)_2$	使用前先脱去结晶水，加入量大（质量分数为2%～5%）	不能完全防止脱碳，易侵蚀炉衬和电极
MgF_2	$MgF_2 + BaO \rightarrow BaF_2 + MgO$ $MgO + Fe_2O_3 \rightarrow MgO \cdot Fe_2O_3\downarrow$	对工件、炉衬、电极有侵蚀，添加萤石可缓和	添加萤石，用于高温盐浴时脱氧效果好，腐蚀小

1.5.2　可控气氛加热

1. 气氛类型基本代号（表 1-21）

表 1-21　气氛类型基本代号（JB/T 9208—2008）

气氛名称		基本代号	
放热式气氛	普通放热式气氛	FQ	PFQ
	净化放热式气氛		JFQ
吸热式气氛		XQ	
放热-吸热式气氛		FXQ	
有机液体裂解气氛		YLQ	
氨基气氛		DQ	
氨制备气氛	氨分解气氛	AQ	FAQ
	氨燃烧气氛		RAQ
木炭制备气氛		MQ	
氢气		QQ	

2. 气氛基本组分系列代号（表 1-22）

表 1-22　气氛基本组分系列代号（JB/T 9208—2008）

气氛基本组分	代　号	气氛基本组分	代　号
$CO\text{-}CO_2\text{-}H_2\text{-}N_2$	1	$H_2\text{-}N_2$	5
$CO\text{-}H_2\text{-}N_2$	2	H_2	6
$CO\text{-}H_2$	3	N_2	7
$CO\text{-}N_2$	4		

3. 气氛制备方式代号（表 1-23）

表 1-23　气氛制备方式代号（JB/T 9208—2008）

制备方式	代号
炉外制备	0
炉内直接生成	1

4. 可控气氛代号与典型气氛基本组分及用途（表 1-24）

表 1-24　可控气氛代号与典型气氛基本组分及用途（JB/T 9208—2008）

气氛名称		代　号		基本组分	一般用途
放热式气氛	普通放热式	FQ	PFQ10	CO-CO_2-H_2-N_2	铜光亮退火，粉末冶金烧结，低碳钢光亮退火、正火、回火
	净化放热式		JFQ20	CO-H_2-N_2	铜和低碳钢光亮退火、中碳钢和高碳钢洁净退火、淬火、回火
			JFQ60	H_2	
			JFQ50	H_2-N_2	不锈钢、高铬钢光亮淬火，粉末冶金烧结
吸热式气氛		XQ	XQ20	CO-H_2-N_2	渗碳、复碳、碳氮共渗、光亮淬火、钎焊、高速钢淬火
放热-吸热式气氛		FXQ	FXQ20	CO-H_2-N_2	渗碳、复碳、碳氮共渗、光亮淬火
有机液体裂解气氛		YLQ	YLQ30	CO-H_2	渗碳、碳氮共渗、一般保护加热
			YLQ31		
氮基气氛	H_2-N_2 系列	DQ	DQ50	H_2-N_2	低碳钢光亮退火、淬火、回火、钎焊、烧结
	N_2-CH 系列		DQ71	N_2	中碳钢光亮退火、淬火
	N_2-CH-O 系列		DQ21		渗碳
	N_2-CH_3OH 系列		DQ20	CO-H_2-N_2	渗碳、碳氮共渗、一般保护加热
			DQ21		
氨制备气氛	氨分解气氛	AQ	FAQ50	H_2-N_2	钎焊、粉末冶金烧结、表面氧化物还原，不锈钢、硅钢光亮退火
	氨燃烧气氛		RAQ50		硅钢光亮退火，不锈钢热处理、钎焊、粉末冶金烧结
			RAQ70	N_2	铜、低碳钢、高硅钢光亮退火，中碳和高碳钢光亮退火、淬火、回火
木炭制备气氛		MQ	MQ10	CO-CO_2-H_2-N_2	可锻铸铁退火，渗碳
			MQ40	CO-N_2	高碳钢光亮淬火、退火
氢气		QQ	QQ60	H_2	不锈钢、低碳钢、电工钢及有色合金退火，粉末冶金烧结，硬质合金烧结，不锈钢钎焊

5. 可控气氛的典型成分（表1-25）

表1-25　可控气氛的典型成分

气氛名称		CO	CO_2	H_2	CH_4	N_2	露点/℃	备注
放热式气氛	普通放热式 浓型	10.5	5.0	12.5	0.5	71.5	-4.5～4.5	$\alpha=0.63$
	普通放热式 淡型	1.5	10.5	1.2	—	86.8	-4.5～4.5	$\alpha=0.95$
	净化放热式	10.5	—	15.5	1.0	73.0	-40	
		0.7	0.7	—	—	98.6	-40	
		0.05	0.05	10.0	—	90.0	-40	
		0.05	0.05	3.0	—	97.0	-40	
吸热式气氛		23.0～25.0	0.2	32.0～33.0	0.4	余量	0.0	
放热-吸热式气氛		19.0	0.2	21.0	0.0	60.0	-46	制备100m³气需天然气12m³
有机液体裂解气氛		33.0	0.38	64.8	0.77	0.0	0.0	甲醇裂解气氛

（续）

气氛名称		典型成分（体积分数，%）					露点/℃	备注
		CO	CO₂	H₂	CH₄	N₂		
氮基气氛	N₂-H₂ 系列	—	—	5.0~10.0	—	90.0~95.0	—	
	N₂-CH 系列	—	—	—	1.0~2.0	98.0~99.0	—	
	N₂-CH-O₂ 系列	4.3	—	18.3	2.0	75.4	—	$\varphi(CH_4)/\varphi(CO_2)=6.0$
		11.6	—	32.1	6.9	49.4	—	$\varphi(CH_4)/\varphi(空气)=0.7$
	N₂-CH₃OH 系列	15.0~20.0	0.4	35.0~40.0	0.3	40.0	—	
氨制备气氛	氨分解气氛	—	—	75.0	—	25.0	−60~−40	
	氨燃烧气氛	—	—	20.0	—	80.0	−60~−40	$\varphi(空气)/\varphi(氨)=1.1/1.0$
		—	—	1.0	—	99.0	−60~−40	$\varphi(空气)/\varphi(氨)=15.0/4.0$
木炭制备气氛		30.0~32.0	1.0~2.0	1.5~7.0	0.0~0.5	余量	−25~20	燃烧
		32.0~34.0	0.5	—	—	余量	−25~20	外部加热
氢气		—	—	≥99.99	—	≤0.006	−50	

注：α 为空气系数，α=0.5~0.8 时为浓型放热式气氛，α=0.9~0.98 时为淡型放热式气氛。

1.6 热处理的冷却

1.6.1 水及无机盐水溶液

1. 自来水

（1）冷却特性 自来水的冷却特性见表 1-26。

表 1-26 自来水的冷却特性（JB/T 6955—2008）

水温/℃	状 态	冷却特性		
		最大冷却速度所在温度/℃	最大冷却速度/(℃/s)	300℃冷却速度/(℃/s)
10	静止	669	253	83.0
30	静止	614	218	83.0
30	搅拌	660	236	91.2
50	静止	584	172	83.0
70	静止	450	122	76.8

（2）使用条件 水温为 20~40℃，循环或搅拌。

（3）应用范围 适用于碳素结构钢、刃具模具用非合金钢、低合金结构钢、铝合金、铜合金及钛合金的淬火。

2. 无机盐水溶液

（1）冷却特性 30℃的无机盐水溶液在静止时的冷却特性见表 1-27。

表 1-27 30℃的无机盐水溶液在静止时的冷却特性（JB/T 6955—2008）

类别	质量分数（%）	密度/(g/cm³)	冷却特性		
			最大冷却速度所在温度/℃	最大冷却速度/(℃/s)	300℃冷却速度/(℃/s)
氯化钠水溶液	5	1.0311	714	266	96.0
	10	1.0744	720	272	93.0
	20	1.1477	678	178	88.6
	30	1.1999	650	146	81.5

（续）

类别	质量分数 (%)	密度 /(g/cm³)	冷却特性		
			最大冷却速度所在温度 /℃	最大冷却速度 /(℃/s)	300℃冷却速度 /(℃/s)
氯化钙水溶液	5	1.0399	692	247	90.2
	10	1.0818	691	243	88.1
	20	1.1838	671	241	84.2
	40	1.3299	661	233	78.3
碳酸钠水溶液	5	1.0232	699	262	86.5
	10	1.0421	699	245	87.2
	20	1.0818	664	210	85.3
氢氧化钠水溶液	5	1.0529	693	286	91.8
	10	1.1144	703	291	95.7
	15	1.2255	690	297	86.5
	20	1.3277	685	277	84.3
复合盐类水溶液	3	1.0261	638	239	94.2
	6	1.0502	660	260	96.3
	10	1.0853	669	264	95.3

（2）使用条件　液温为 20~45℃，循环或搅拌。

（3）应用范围　适用于碳素结构钢、低合金结构钢及刃具模具用非合金钢的淬火。

1.6.2　聚合物水溶液

1. 聚乙烯醇水溶液

（1）冷却特性　30℃的聚乙烯醇水溶液静止时的冷却特性见表 1-28。

（2）使用条件　液温为 20~50℃，循环或搅拌。

（3）应用范围　聚乙烯醇水溶液的适用范围见表 1-29。

2. 聚烷撑二醇（PAG）水溶液

（1）冷却特性　30℃的 PAG 水溶液静止时的冷却特性见表 1-30。

表 1-28　30℃的聚乙烯醇水溶液静止时的冷却特性（JB/T 6955—2008）

质量分数（%）	冷却特性		
	最大冷却速度所在温度/℃	最大冷却速度/（℃/s）	300℃冷却速度/（℃/s）
0.1	623	200	82.6
0.3	549	159	55.2
0.5	506	135	43.0
0.8	472	102	33.2

表 1-29　聚乙烯醇水溶液的适用范围（JB/T 4393—2011）

质量分数（%）	钢种	零件类别	热处理方法
0.2~0.4	15、20、35、45、40Cr、45Cr	花键轴、摇臂、螺钉上下端头、摇臂轴、齿轮、输出轴	感应淬火渗碳后淬火碳氮共渗后淬火
0.2~0.3	50Mn	轴承滚道、凸轮轴	火焰淬火
0.3~0.5	20CrMo	销套	淬火感应淬火
	40CrMnMo	轴类	
	35CrMo、42CrMo	曲轴、后半轴	
	40MnB、45MnB	叉型凸缘轴	
0.25~0.4	40CrMnMo、40CrMo	钻头接头	淬火调质
	30CrMnSi、40Mn	钻探工具	
	45MnB	管类零件	

表 1-30　30℃的 PAG 水溶液静止时的冷却特性（JB/T 13025—2017）

质量分数（%）	最大冷却速度/（℃/s）	最大冷却速度对应的温度/℃	300℃冷却速度/（℃/s）
5	170~200	≥600	60~85
10	150~180	≥650	50~70
15	130~170	≥650	25~60
20	110~150	≥650	20~45
30	80~110	≥550	10~30

（2）使用条件　液温为 20 ~ 50℃，循环或搅拌。

（3）应用范围　适合采用 PAG 水溶液淬火的材料及零件见表 1-31。

表 1-31　适合采用 PAG 水溶液淬火的材料及零件（JB/T 13025—2017）

质量分数(%)	材料及典型零件	热处理方法	适用炉型
3 ~ 10	15、20、35、45、40Cr、35CrMo、40MnB 钢等（大中尺寸，中低淬透性；紧固件、轴件、锻件、齿轮等产品）	整体淬火、感应淬火、渗碳淬火等	网带炉、铸链号炉、推杆炉、滚筒炉、井式炉、转底炉、感应加热炉
8 ~ 20	42CrMo、50CrV、60Si2Mn、65Mn、GCr15、20CrMnTi、20CrMo、40CrMnMo 钢等（中小尺寸，中高淬透性）	整体淬火、渗碳、碳氮共渗淬火、感应淬火等	
10 ~ 35	能够固溶时效强化的铝合金，如 2×××、6×××、7××× 等	固溶时效处理	铝合金固溶炉

3. 聚丙烯酸钠（PAS）水溶液

PAS 水溶液的特点是加热时不易分解，在工件表面不生成聚合物皮膜。PAS 的冷却速度比其他几种聚合物慢。调整 PAS 水溶液的浓度及温度，淬火工件可以得到贝氏体等非马氏体组织。

（1）冷却特性　30℃ 的 PAS 水溶液静止时的冷却特性见表 1-32。

表 1-32　30℃ 的 PAS 水溶液静止时的冷却特性（JB/T 6955—2008）

质量分数（%）	冷却特性		
	最大冷却速度所在温度/℃	最大冷却速度/(℃/s)	300℃冷却速度/(℃/s)
5	343	93	84.0
10	291	66	64.6
15	257	56	41.4
20	271	52	48.1

（2）使用条件 液温为 20~50℃，循环或搅拌。

（3）应用范围 质量分数为 30%~40% 的 PAS 水溶液可作为锻后余热处理的冷却介质。

4. 常用聚合物水溶液淬火冷却介质浓缩液的物理化学性能（表 1-33）

表 1-33 常用聚合物水溶液淬火冷却介质浓缩液的
物理化学性能（JB/T 6955—2008）

淬火冷却介质（浓缩液）	外观目测	密度 /(g/cm³)	运动黏度 (40℃)/(mm²/s)	浊点 /℃	pH 值	折光率
聚乙烯醇合成淬火冷却介质	浅黄色半透明液体	1.05~1.15	—	—	6~8	≥1.34
聚丙烯酸钠淬火冷却介质	浅黄色黏稠液体	1.05~1.15	—	—	6~8	
PAG 聚合物淬火冷却介质	浅黄色黏稠液体	1.05~1.15	200~700	≥70	8~10	≥1.39

1.6.3 冷却油

1. 全损耗系统用油

（1）质量指标 全损耗系统用油的质量指标见表 1-34。

（2）冷却特性 全损耗系统用油的冷却特性见表 1-35。

（3）使用条件 全损耗系统用油的最高使用温度应低于闪点 80℃；常规油温为 20~80℃；热油温度为 80℃ 以上；循环或搅拌。

（4）应用范围 适用于刃具模具用非合金钢、合金结构钢、合金工具钢、轴承钢、弹簧钢及高速工具钢的淬火。

2. 普通淬火油

（1）物理化学性能 普通淬火油的物理化学性能见表 1-36。

表1-34　全损耗系统用油的质量指标（GB 443—1989）

油品	黏度等级	40℃时的运动黏度/(mm²/s)	闪点(开口)/℃	机械杂质(质量分数,%)	色度	倾点/℃	水溶性酸或碱	中和值/(mgKOH/g)	水分(%)	腐蚀试验(铜片,100℃,3h)/级
L-AN5	5	4.14~5.06	≥80	无	≤2	≤-5	无	报告	痕迹	≤1
L-AN7	7	6.12~7.48	≥110							
L-AN10	10	9.00~11.0	≥130							
L-AN15	15	13.5~16.5	≥150	≤0.005	≤2.5					
L-AN22	22	19.8~24.2								
L-AN32	32	28.8~35.2			报告					
L-AN46	46	41.4~50.6	≥160	≤0.007						
L-AN68	68	61.2~74.8								
L-AN100	100	90.0~110	≥180							
L-AN150	150	135~165								

表1-35　全损耗系统用油的冷却特性（JB/T 6955—2008）

类别	油温/℃	冷却特性		
		最大冷却速度所在温度/℃	最大冷却速度/(℃/s)	特性温度/℃
L-AN32	40	526	49	580
	60	535	53	590
	80	532	52	586
L-AN15	40	510	57	576
	60	511	58	578
	80	518	56	570
L-AN15 + 8%冷速调整添加剂	80	597	99	695
L-AN15 + 10%冷速调整添加剂		605	101	702

表1-36　普通淬火油的物理化学性能

油品		1号普通淬火油	2号普通淬火油
40℃时的运动黏度/(mm²/s)		30	26
闪点（开口）/℃		170	170
倾点/℃		—	≤ -10
水分		无	无
残碳（质量分数,%）		0.2	0.4
酸值/(mgKOH/g)		0.1	0.1
热氧化安定性	黏度比	<1.5	<1.5
	残碳增值（质量分数,%）	1.5	1.5
冷却性能	特性温度/℃	≥480	≥580
	特性时间/s	≤4.7	≤3.8
	800℃→400℃冷却时间/s	≤5.0	≤4.5

　　（2）使用条件　普通淬火油的最高使用温度应低于闪点80℃；常规油温为20～80℃；热油温度为80℃以上；循环或搅

拌。

（3）应用范围 适用于具有一定淬透性的中高碳钢、合金结构钢、合金渗碳钢、轴承钢零件的淬火冷却。

3. 专用淬火油

（1）物理化学性能 专用淬火油的物理化学性能见表 1-37。

表 1-37 专用淬火油的物理化学性能 （JB/T 6955—2008）

油品	40℃时的运动黏度/（mm²/s）	闪点/℃	倾点/℃	光亮性无标准/级	水分/（%）
快速光亮淬火油	38	≥170	≤ -9	≤1	痕迹
快速淬火油	28	≥160	≤ -9	≤2	痕迹
快速等温（分级）淬火油	70	≥210	≤ -8	≤2	痕迹
等温（分级）淬火油	120	≥230	≤ -5	≤2	痕迹
快速真空淬火油	35	≥190	≤ -9	≤1	痕迹
真空淬火油	70	≥210	≤ -8	≤1	痕迹

（2）冷却特性 专用淬火油静止时的冷却特性见表 1-38。

表 1-38 专用淬火油静止时的冷却特性 （JB/T 6955—2008）

类 别	油温/℃	冷却特性		
		最大冷却速度所在温度/℃	最大冷却速度/（℃/s）	特性温度/℃
快速光亮淬火油	40	606	99	702
	60	598	100	702
	80	591	99	702
快速淬火油	40	608	100	700
	60	610	103	702
	80	609	102	700
快速等温（分级）淬火油（1号）	80	613	90	705
	100	623	92	705
	120	609	89	705
	140	608	88	702
	160	610	88	700

（续）

类　　别	油温/℃	冷却特性		
		最大冷却速度所在温度/℃	最大冷却速度/（℃/s）	特性温度/℃
等温（分级）淬火油（2 号）	100	656	78	710
	120	664	81	710
	140	658	80	710
快速真空淬火油（1 号）	40	590	94	700
	60	595	96	700
	80	592	95	700
真空淬火油（2 号）	40	554	76	660
	60	560	79	660
	80	562	78	660

（3）使用条件　专用淬火油的最高使用温度应低于闪点80℃；常规油温为 20~80℃；热油温度为 80℃以上；循环或搅拌。

（4）应用范围　适用于刃具模具用非合金钢、合金结构钢、合金工具钢、轴承钢、弹簧钢及高速工具钢的淬火。

1.6.4　冷却用盐浴、碱浴

1. 盐浴、碱浴的配方及使用温度（表 1-39）

表 1-39　盐浴、碱浴的配方及使用温度（JB/T 6955—2008）

类别	成分配方（质量分数，%）	熔点/℃	工作温度/℃
盐浴	$45NaNO_3 + 55KNO_3$	218	230~550
	$50NaNO_3 + 50KNO_3$	218	230~550
	$75NaNO_3 + 25KNO_3$	240	280~550
	$55NaNO_3 + 45KNO_2$	220	230~550
	$55KNO_3 + 45KNO_2$	218	230~550
	$50KNO_3 + 50NaNO_2$	140	150~550
	$55KNO_3 + 45NaNO_2$	137	150~550
	$46NaNO_3 + 27NaNO_2 + 27KNO_3$	120	140~260
	$75CaCl_2 + 25NaCl$	500	540~580
	$30KCl + 20NaCl + 50BaCl_2$	560	580~800
碱浴	$65KOH + 35NaOH$	155	170~300
	$80KOH + 20NaOH + 10H_2O$	130	150~300
	$80NaOH + 20NaNO_2$	250	280~550

2. 使用条件

盐浴、碱浴的使用温度允许波动范围为 ± 10℃。

3. 应用范围

盐浴、碱浴适用于 $w(C) \geqslant 0.45\%$ 的碳素结构钢、刃具模具用非合金钢、合金结构钢、合金工具钢及高速工具钢。

1.6.5 淬火冷却介质使用温度的控制范围（表 1-40）

表 1-40　淬火冷却介质使用温度的控制范围（GB/T 16924—2008）

淬火冷却设备	冷却介质使用温度控制范围/℃	适用工件类别
水及水溶液槽	设定温度 ± 10	1、2、3、4、5
油槽	设定温度 ± 20	1、2、3、4、5
热浴槽	设定温度 ± 10	1、2
空气或保护气氛	无特殊限制（室温）	1、2、3、4、5

注：1. 表中的设定温度是指冷却介质使用温度范围的中间值。
　　2. 工件类别见表 1-41。

表 1-41　工件类别（GB/T 16924—2008）

工件类别	淬透性								
	高			中			低		
	小件	中件	大件	小件	中件	大件	小件	中件	大件
1	√	√	—	√	—	—	—	—	—
2	√	√	√	√	√	—	√	—	—
3	—	√	√	√	√	—	√	√	—
4	—	—	√	√	√	√	√	√	√
5	—	—	—	—	√	√	√	√	—

注：1. 依据表面硬度精度等要求的高低分类。
　　2. 工件材料的淬透性高，淬透性中和淬透性低的钢号列举如下：
　　　 高淬透性：W18Cr4V、W9Cr4V2、Cr12、Cr12MoV、Cr12W、3W4Cr2V、3Cr2W8V、5CrNiMo、5CrMnMo、40CrNi2Mo、20Cr2Ni4 等。
　　　 中淬透性：45Mn2、20CrMo、30CrMo、35CrMo、42CrMo、40CrNi、40CrNiMo、CrW5、38CrMoAl、42Cr9Si2、40Cr10Si2Mo、CrWMn、5CrW2Si、60Si2Mn、GCr9、GCr15、20CrMnTi 等。
　　　 低淬透性：35、40、45、60、65、75、20Cr、30Cr、40Cr、45Cr、T10、T12、T13 等。
　　3. 以质量大小分类为原则，按下列规定进行：小件：<5kg；中件：5 ~ 30kg；大件：>30kg。
　　4. 也可根据工件有效尺寸或截面变化确定工件的分类，具体情况由相关方协商决定。

1.6.6 淬火冷却介质的淬冷烈度

1. 常用淬火冷却介质的淬冷烈度（表1-42）

表1-42 常用淬火冷却介质的淬冷烈度（GB/T 37435—2019）

搅动情况	淬冷烈度 H 值		
	矿物油	水	盐水
静止	0.25~0.30	0.9~1.0	2.0
弱搅动	0.30~0.35	1.0~1.10	2.0~2.2
中等搅动	0.35~0.40	1.2~1.3	
良好搅动	0.40~0.50	1.4~1.5	
强搅动	0.50~0.80	1.6~2.0	
猛烈搅动或高速喷射	0.80~1.10	4.0	5.0

2. 常用淬火冷却介质在700℃时的平均传热系数与淬冷烈度（表1-43）

表1-43 常用淬火冷却介质在700℃时的平均传热系数与淬冷烈度

类别	介质温度 /℃	搅拌速度 /(m/s)	平均传热系数 /[W/(m²·K)]	淬冷烈度 H 值
空气	27	0.0	35	0.05
		5.1	62	0.08
普通淬火油	65	0.51	3000	0.7
快速淬火油	60	0.00	200	0.5
		0.25	4500	1.0
		0.51	5000	1.1
		0.76	6500	1.5
水	32	0.00	5000	1.1
		0.25	9000	2.1
		0.51	11000	2.7
		0.76	12000	2.8
	55	0.00	1000	0.2
		0.25	2500	0.6
		0.51	6500	1.5
		0.76	10500	2.4

1.6.7 制冷剂

部分制冷剂的物理化学特性见表1-44。

表1-44 部分制冷剂的物理化学特性 (GB/T 7778—2017)

制冷剂编号	成分标识前级	化学名称	化学分子式	摩尔质量 /(g/mol)	标准沸点 /℃	安全分类	可燃下限 (体积分数, 10^{-4}%)	极性毒性接触极限 ATEL (体积分数, 10^{-4}%)	制冷剂含量极限 RCL (体积分数, 10^{-4}%)
R11	CFC	三氯一氟甲烷	CCl_3F	137.4	24	A1		1100	1100
R12	CFC	二氯二氟甲烷	CCl_2F_2	120.9	-30	A1		18000	18000
R14	PFC	四氟甲烷 (四氟化碳)	CF_4	88.0	-128	A1		110000	110000
R22	HCFC	氯二氟甲烷	$CHClF_2$	86.5	-41	A1		59000	59000
R23	HFC	三氟甲烷	CHF_3	70.0	-82	A1		51000	51000
R32	HFC	二氟甲烷 (亚甲基氟)	CH_2F_2		-52	A2L	144000	220000	220000
R170	HC	乙烷	CH_3CH_3	30.0	-89	A3	31000	7000	6200
R290	HC	丙烷	$CH_3CH_2CH_3$	44.0	-42	A3	21000	50000	4200
R600	HC	丁烷	$CH_3CH_2CH_2CH_3$	58.1	0	A3	16000	1000	1000
R702		氢	H_2	2.0	-253	A3	40000		
R704		氦	He	4.0	-269	A1			
R717		氨	NH_3	17.0	-33	B2L	167000	320	320
R744		二氧化碳	CO_2	44.0	-78	A1		40000	40000
R1270	HC	丙烯	$CH_3CH=CH_2$	42.1	-48	A3	27000	1000	1000

第2章 钢的整体热处理

2.1 钢的正火与退火

1. 钢的正火与退火加热温度（表2-1）

表2-1 钢的正火与退火加热温度（GB/T 16923—2008）

序号	工艺名称	加热温度/℃	允许温度偏差/℃
1	正火	Ac_3（或 Ac_{cm}）+ (30 ~ 80)	±15
2	等温正火	Ac_3（或 Ac_{cm}）+ (30 ~ 50)	±10
3	二段正火		±15
4	完全退火	Ac_3 + (30 ~ 50)	±15
5	不完全退火	Ac_1 + (30 ~ 50)	±15
6	等温退火	亚共析钢：Ac_3 + (30 ~ 50) 共析钢和过共析钢：Ac_1 + (20 ~ 40)	±10
7	球化退火	Ac_1 + (10 ~ 20)	±10
8	去应力退火	Ac_1 - (100 ~ 200)	±15
9	预防白点退火		±20
10	均匀化退火	Ac_3 + (150 ~ 200)	±20
11	再结晶退火	Ac_1 - (50 ~ 150)	±20
12	光亮退火		±15
13	稳定化退火		±20

2. 碳素钢与合金钢正火后硬度与直径的关系（表2-2）

表2-2　碳素钢与合金钢正火后硬度与直径的关系

牌号	正火温度 /℃	不同直径正火后硬度　HBW			
		ϕ12mm	ϕ25mm	ϕ50mm	ϕ100mm
15	930	126	121	116	116
20		131	131	126	121
20Mn		143	143	137	131
30		156	149	137	137
40	900	183	170	167	167
50		223	217	212	201
60		229	229	223	223
80		293	293	285	269
12Cr2Ni4	890	269	262	252	248
40Mn2	870	269	248	235	235
30CrMo		217	197	167	163
42CrMo		302	302	285	241
40CrNiMo		388	363	341	321
40Cr		235	229	223	217
50Cr		262	255	248	241

2.2　钢的淬火

2.2.1　淬火工艺

1. 淬火温度

淬火温度的选择见表2-3。

表2-3　淬火温度的选择

钢种	淬火温度	淬火后的组织
亚共析钢	$Ac_3 + (30 \sim 50)℃$	晶粒细小的马氏体
共析钢	$Ac_1 + (30 \sim 50)℃$	马氏体
过共析钢	$Ac_1 + (30 \sim 50)℃$	马氏体和渗碳体
合金钢	Ac_1 或 $Ac_3 + (30 \sim 50)℃$	

注：1. 空气炉中加热比在盐浴炉中加热一般高 10～30℃。

　　2. 采用油、硝盐作为淬火冷却介质时，比水淬时提高 20℃左右。

2. 加热速度

加热速度与加热方式有关，加热方式见表2-4。

表2-4 加热方式

加热方式	加热曲线	特点	适用工件材料	适用炉型
工件随炉升温		加热时间长，速度慢，在加热过程中工件的表面与心部的温度差小	大型铸件和高合金钢复杂零件，以及大型高合金工模具钢的淬火加热	真空炉大多采用这种加热方式，对于盐浴炉加热方式不适用
到温入炉		加热时间相对较短，但加热过程中工件的表面与心部的温度差较大	形状不太复杂的中小件的退火、正火、淬火、回火、化学热处理	盐浴炉、流态炉

（续）

加热方式	加热曲线	特点	适用工件材料	适用炉型
超温入炉到温出炉		炉温始终高于正常的加热温度，工件心部到温出炉。加热速度最快，工件表面内外温差最大	一般用于有效直径小于φ700mm的碳钢、低合金钢等；小零件和工具淬火也经常采用	盐浴炉、箱式炉、井式炉等
超温入炉		将炉子升到高于工艺要求的温度，装入工件，降温后再升温到要求的温度。加热速度较快，但工件内外表面的温差相对较大	锻件退火、正火，小件碳素钢淬火	箱式炉、井式炉

| 工件分段预热加热 | 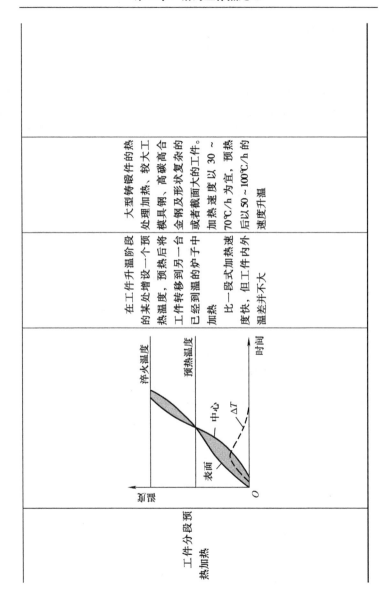 | 在工件升温阶段的某处增设一个预热温度，预热后将工件转移到另一台已经到温的炉子中加热

比一段式加热速度快，但工件内外温差并不大 | 大型锻件的热处理加热，较大工件、高碳高合金钢及形状复杂的工件。或者截面大的工件。加热速度以 30～70℃/h 为宜，预热后以 50～100℃/h 的速度升温 |

3. 加热时间

1）加热时间的经验计算公式为

$$\tau = \alpha K H \qquad (3-1)$$

式中　τ——保温时间（min）；

　　　α——保温时间系数（min/mm），参照表2-5选取；

　　　K——工件装炉方式修正系数，根据表2-6选取，通常取1.0~1.5。

　　　H——工件有效厚度（mm），如图2-1所示。

表2-5　钢在各种介质中的保温时间系数

（单位：min/mm）

钢种	工件直径/mm	<600℃气体介质炉中预热	800~900℃气体介质炉中加热	750~850℃盐浴炉中加热或预热	1100~1300℃盐浴炉中加热
碳素钢	≤50	—	1.0~1.2	0.3~0.4	—
	>50	—	1.2~1.5	0.4~0.5	—
低合金钢	≤50	—	1.2~1.5	0.45~0.5	—
	>50		1.5~1.8	0.5~0.55	—
高合金钢	—	0.35~0.4	—	0.3~0.35	0.17~0.2
高速工具钢	—	—	0.65~0.85	0.3~0.35	0.16~0.18

表2-6　装炉方式修正系数

装炉方式	修正系数
	1.0
	1.0
	2.0

（续）

装炉方式	修正系数
	1.4
	1.3
	1.7
	1.0
	1.4
	4.0
	2.2
	2.0
	1.8

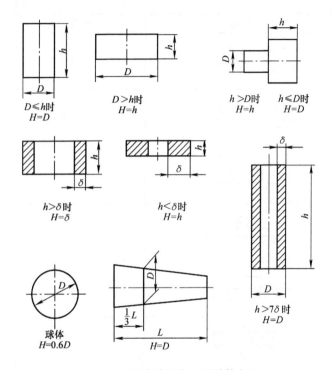

图2-1　工件有效厚度 H 的计算方法

2）加热时间的推荐计算公式为

$$\tau = KW \qquad (3\text{-}2)$$

式中　τ——加热保温时间（min）；

　　　K——与加热条件有关的综合加热系数；

　　　W——与工件尺寸和形状有关的几何因素（mm）；$W = V/A$，V 为工件体积（mm^3），A 为工件表面积（mm^2）。

各种钢件加热时间的 K、W 值见表2-7。

表 2-7　钢件加热时间计算表

工件形状		圆柱	板	薄管 $(\delta/D < 1/4,$ $l/D < 20)$	厚管 $(\delta/D \geqslant 1/4)$
盐浴炉	$K/(\text{min/mm})$	0.7	0.7	0.7	1.0
	W/mm	$(0.167 \sim 0.25)D$	$(0.167 \sim 0.5)B$	$(0.25 \sim 0.5)\delta$	$(0.25 \sim 0.5)\delta$
	KW/min	$(0.117 \sim 0.175)D$	$(0.117 \sim 0.35)B$	$(0.175 \sim 0.35)\delta$	$(0.25 \sim 0.5)\delta$
空气炉	$K/(\text{min/mm})$	3.5	4	4	5
	W/mm	$(0.167 \sim 0.25)D$	$(0.167 \sim 0.5)B$	$(0.25 \sim 0.5)\delta$	$(0.25 \sim 0.5)\delta$
	KW/min	$(0.6 \sim 0.9)D$	$(0.6 \sim 2)B$	$(1 \sim 2)\delta$	$(1.25 \sim 2.5)\delta$
备注		l/D 值大取上限,否则取下限	l/B 值大取上限,否则取下限	l/δ 值大取上限,否则取下限	l/D 值大取上限,否则取下限

注：D—工件外径（mm）；B—板厚（mm）；δ—管壁厚度（mm）；l—管长（mm）。

上述计算方法适用于单个工件或少量工件在炉内间隔排放（工件间距离 $> D/2$）加热。

3）工模具钢的加热时间见表 2-8。

表2-8　工模具钢的加热时间

钢种	盐浴炉		空气炉、可控气氛炉
	直径 d/mm	加热时间/min	
热锻 模具钢	5	5~8	厚度小于100mm：20~30min/25mm 大于100mm：10~20min/25mm 800~850℃预热
	10	8~10	
	20	10~15	
	30	15~20	
	50	20~25	
	100	30~40	
冷变形 模具钢	5	5~8	厚度小于100mm：20~30min/25mm 大于100mm：10~20min/25mm 800~850℃预热
	10	8~10	
	20	10~15	
	30	15~20	
	50	20~25	
	100	30~40	
刃具模具 用非合金钢 合金工 具钢	10	5~8	厚度小于100mm：20~30min/25mm 大于100mm：10~20min/25mm 500~550℃预热
	20	8~10	
	30	10~15	
	50	20~25	
	100	30~40	

4) 不锈钢和耐热钢的加热时间见表2-9。

表2-9　不锈钢和耐热钢的加热时间（JB/T 9197—2008）

加热设备	加热时间/min		
	正火、淬火或固溶		不完全退火、去应力 退火或高温回火
	钣金件、 焊接件	棒、锻件	钣金件、焊接件、 棒、锻件
空气电炉 （保护气氛炉）	$(5~10)+$ $(0.5~1)\delta$	$(10~30)+$ $(2~3)\delta$	>300℃，$(60~80)+(1~3)\delta$
			≤750℃，120~180
盐浴炉	$(3~5)+$ $(0.5~1)\delta$	$(5~10)+$ $(0.5~1)\delta$	$(15~20)+$ $(0.5~1)\delta$

（续）

加热设备	加热时间/min		
	正火、淬火或固溶		不完全退火、去应力 退火或高温回火
	钣金件、 焊接件	棒、锻件	钣金件、焊接件、 棒、锻件
真空炉	≤750℃，(10~15) + (3~4)δ		(60~80) + (3~4)δ
	>750℃，(10~15) + (1~2)δ		

注：1. 真空炉中加热时间计算公式系指内热式真空炉，外热式真空炉加热
　　　时间可适当延长。
　　2. δ 为工件的有效厚度或条件厚度（mm）。条件厚度等于实际厚度乘以
　　　工件形状系数，形状系数见下表。

工件形状		形状系数	备注
球、正方体		0.75	
圆棒、方棒		1.00	
板	$b \leq 2a$	1.50	a—厚度 b—宽度
	$2a < b \leq 4a$	1.75	
	$b > 4a$	2.00	
管	两端开口短管	≤2.00	
	一端封闭管	2.00~4.00	
	长管或两端封闭管	>4.00	

2.2.2　淬火方法

1. 预冷淬火

1）预冷工艺参数的选择见表2-10。

表2-10　预冷工艺参数的选择

淬火温度	见表2-3	
预冷温度	稍高于 Ar_3 或 Ar_1	
预冷时间	中、低淬透性的碳 钢、低合金钢	$\tau = 12 + R\delta$ 式中，τ 为工件预冷时间（s）；δ 为危险截面厚度（mm）；R 为与工件尺寸有关的系数，一般为 3~4s/mm
	高淬透性模具钢	$\tau = aD$ 式中，τ 为工件预冷时间（s）；a 为预冷系数，当 $D < 200$mm 时，取值 1~1.5s/mm；$D \geq 200$mm 时，取值 1.5~2s/mm；D 为工件有效尺寸（mm）

2）几种钢的预冷温度见表2-11。

2. 双介质淬火

常用的双介质淬火工艺是水淬油冷工艺，水淬油冷工艺参数的选择见表2-12。

表2-11　几种钢的预冷温度

牌号	预冷温度/℃	牌号	预冷温度/℃
45	770~790	GCr15	720~740
40Cr	750~770	9SiCr	750~770
T7~T12	720~740	3Cr2W8	840~860
Cr12Mo	730~750	Cr12MoV	1000~1100

表2-12　水淬油冷工艺参数的选择

淬火温度	见表2-3			
水中停留时间	计算法	工件尺寸	φ5~φ30mm	>φ30mm	形状复杂、变形要求高的模具

水中停留时间	计算法	工件尺寸	φ5~φ30mm	>φ30mm	形状复杂、变形要求高的模具
		水冷时间	2.5~3.3s/10mm	3.3~6.7s/10mm	1.25~2s/10mm
	听觉法	工件淬入水中后发出的"丝丝……"声由强变弱，在即将消失之前立即转入油中冷却			
	感觉法	根据工件淬入水中时因沸腾而振动的程度来判断，当手上感到振动大为减弱时即出水入油。从水槽转移到油槽的时间，小件应该控制在2s之内			
油中冷却时间	$\tau=(0.05~0.10)D$ 式中，τ为油中冷却时间（min）；D为工件有效厚度（mm）				

3. 分级淬火

（1）分级淬火工艺参数的选择（表2-13）

表2-13　分级淬火工艺参数的选择

淬火温度	可比普通淬火提高10~20℃
分级温度/℃	1）淬透性较好的钢：大于$Ms+(10~30)$℃ 2）要求淬火后硬度较高、淬硬层较深时，$Ms-(20~50)$℃
分级停留时间/s	1）经验公式：分级停留时间=$5D+30$，D为工件有效厚度（mm） 截面较小的工件的分级时间一般为1~5min 2）根据等温冷却曲线上等温转变时间确定，可以忽略工件的均温时间

（2）常用钢的分级淬火工艺参数（表2-14）

表2-14　常用钢的分级淬火工艺参数

牌号	淬火温度/℃	淬火冷却介质	硬度 HRC	备注
45	820~830	水	>45	<12mm 可淬硝盐
	860~870	160℃硝盐或碱浴	>45	<30mm 可淬碱浴
40Cr	850~870	油或160℃硝盐	>45	
65Mn	790~820	油或160℃硝盐	>55	
T7、T8	800~830	水	>60	<12mm 可淬硝盐
		160℃硝盐或碱浴		<25mm 可淬碱浴
T12A	770~790	水	>60	<12mm 可淬硝盐
	780~820	180℃硝盐或碱浴		<30mm 可淬碱浴
3Cr2W8	1070~1130	油或580~620℃分级	46~55	
W18Cr4V	1260~1280	油或600℃分级	>62	

4. 等温淬火

（1）等温淬火工艺参数的选择（表2-15）

表2-15　等温淬火工艺参数的选择

淬火温度	见表2-3
等温温度/℃	$Ms+（0~30）$
等温停留时间/min	1）经验公式：$t=aD$ 式中，D 为工件有效尺寸（mm）；a 为系数（min/mm），一般为0.5~0.8 2）根据等温冷却曲线上等温转变时间确定，可以忽略工件的均温时间

（2）常用钢等温淬火的等温温度（表2-16）

表2-16　常用钢等温淬火的等温温度

牌号	等温温度/℃	牌号	等温温度/℃
65	280~350	9SiCr	260~280
65Mn	270~350	3Cr2W8	280~300
30CrMnSi	320~400	W18Cr4V	260~280
T12	210~220	Cr12MoV	260~280

2.2.3　常用钢的淬火临界直径（表2-17）

表2-17　常用钢的淬火临界直径　　（单位/mm）

牌　　号	淬火冷却介质			
	静油	20℃水	40℃水	20℃$w(NaCl)=5\%$的水溶液
1. 结构钢				
15	2	7	5	7
20	3	8	6	8
25	6	13	10	13.5
30	7	15	12	16
35	9	18	15	19
40	9	18	15	19
45	10	20	16	21.5
50	10	20	16	21.5
55	10	20	16	21.5
20Mn	15	28	24	29
30Mn	15	28	24	29
40Mn	16	29	25	30
45Mn	17	31	26	32
50Mn	17	31	26	32
20Mn2	15	28	24	29
35Mn2	20	36	31.5	37
40Mn2	25	43		
45Mn2	25	42	38	43
50Mn2	28	45	41	46
35SiMn	25	42	38	43
42SiMn	25	42	38	43
25Mn2V	18	33	28	34
42Mn2V	25	42	38	43
40B	10	20	16	21.5
45B	10	20	16	21.5
40MnB	18	33	28	34
45MnB	18	33	28	34
20Mn2B	15	28	24	29
20MnVB	15	28	24	29
40MnVB	22	38	35	40
15Cr	8	17	14	18

（续）

牌　号	淬火冷却介质			
	静油	20℃水	40℃水	20℃ $w(NaCl)$ =5% 的水溶液
1. 结构钢				
20Cr	10	20	16	21.5
30Cr	15	28	24	29
35Cr	18	33	28	34
40Cr	22	38	35	40
45Cr	25	42	38	43
50Cr	28	45	41	46
20CrV	8	17	14	18
40CrV	17	31	26	32
20CrMo	8	17	14	18
30CrMo	15	28	24	29
35CrMo	25	42	38	43
42CrMo	40	58	54.5	59
25Cr2MoV	35	52	50	54
15CrMn	35	52	50	54
20CrMn	50	71	68	74
40CrMn	60	81	74	82
20CrMnSi	15	28	24	29
20CrMnMo	25	42	38	43
40CrMnMo	40	58	54.5	59
30CrMnTi	18	33	28	34
20CrNi	19	34	29	35
40CrNi	24	41	37	42
45CrNi	85	>100	>100	>100
12CrNi2	11	22	18	24
12Cr2Ni4A	36	56	52	57
40CrNiMoA	22.5	39	35.5	41
38CrMoAlA	47	69	65	70
2. 弹簧钢				
60	12	24	19.5	25.5
65	12	24	19.5	26
75	13	25	20.5	27
85	14	26	22	28

（续）

牌　　号	淬火冷却介质			
	静油	20℃水	40℃水	20℃ w(NaCl) =5% 的水溶液
2. 弹簧钢				
60Mn	20	36	31.5	37
65Mn	20	36	31.5	37
50CrVA	32	51	47	52
60Si2Mn	22	38	35	40
3. 轴承钢				
GCr15	15	28	24	29
GCr15SiMn	29	46	42	47
4. 工模具钢				
T10	<8	26	22	28
9Mn2V	33	52	50	54
9SiCr	32	51	47	52
9CrWMn	75	95	96	

2.2.4　常用钢整体淬火后表面硬度与有效厚度的关系（表2-18）

表2-18　常用钢整体淬火后表面硬度与有效厚度的关系

牌号与工艺	有效厚度/mm						
	<3	4～10	10～20	20～30	30～50	50～80	80～120
	淬火后表面硬度 HRC						
15，渗碳水淬	60～66	60～66	60～66	60～66	60～63	52～61	
15，渗碳油淬	59～63	42～61					
35，水淬	47～52	47～52	47～52	37～47	32～42		
45，水淬	58～61	52～60	52～57	50～54	47～52	42～47	27～37
45，油淬	42～47	32～37					
T8，水淬	61～66	61～66	61～66	61～66	58～63	52～57	42～47
T8，油淬	57～63						
T10，碱浴	61～64	61～64	61～64	60～62			
20Cr，渗碳油淬	61～66	61～66	61～66	61～66	58～63	47～57	

（续）

牌号与工艺	有效厚度/mm						
	<3	4 ~ 10	10 ~ 20	20 ~ 30	30 ~ 50	50 ~ 80	80 ~ 120
	淬火后表面硬度 HRC						
40Cr，油淬	52 ~ 61	52 ~ 57	52 ~ 57	42 ~ 52	42 ~ 47	37 ~ 42	
35SiMn，油淬	50 ~ 55	50 ~ 55	50 ~ 55	47 ~ 52	42 ~ 47	37 ~ 42	
65SiMn，油淬	60 ~ 65	60 ~ 65	52 ~ 61	50 ~ 57	47 ~ 52	42 ~ 47	37 ~ 42
GCr15，油淬	61 ~ 65	61 ~ 65	61 ~ 65	60 ~ 64	54 ~ 63	50 ~ 52	
CrWMn，油淬	61 ~ 66	61 ~ 66	61 ~ 66	61 ~ 65	60 ~ 64	58 ~ 63	58 ~ 61
9Mn2V，油淬	61 ~ 66	61 ~ 66	61 ~ 66	61 ~ 65	60 ~ 64	52 ~ 58	

2.3 钢的回火

2.3.1 回火温度

常用钢的回火经验方程见表 2-19。

表 2-19 常用钢的回火经验方程

序号	牌号	淬火温度/℃	淬火冷却介质	回火经验方程	
				H_i	T
1	30	855	水	$H_1 = 42.5 - \dfrac{1}{20}T$	$T = 850 - 20H_1$
2	40	835	水	$H_1 = 65 - \dfrac{1}{15}T$	$T = 950 - 15H_1$
3	45	840	水	$H_1 = 62 - \dfrac{1}{9000}T^2$	$T = \sqrt{558000 - 9000H_1}$
4	50	825	水	$H_1 = 70.5 - \dfrac{1}{13}T$	$T = 916.5 - 13H_1$
5	60	815	水	$H_1 = 74 - \dfrac{2}{25}T$	$T = 925 - 12.5H_1$
6	65	810	水	$H_1 = 78.3 - \dfrac{1}{12}T$	$T = 942 - 12H_1$

（续）

序号	牌号	淬火温度/℃	淬火冷却介质	回火经验方程	
				H_i	T
7	20Mn	900	水	$H_4 = 85 - \dfrac{1}{20}T$	$T = 1700 - 20H_4$
8	20Cr	890	油	$H_1 = 50 - \dfrac{2}{45}T$	$T = 1125 - 22.5H_1$
9	12Cr2Ni4	865	油	$H_1 = 72.5 - \dfrac{3}{40}T\,(T \leqslant 400)$ $H_1 = 67.5 - \dfrac{1}{16}T\,(T > 400)$	$T = 966.7 - 13.3H_1$ $(H_1 \geqslant 42.5)$ $T = 1080 - 16H_1\,(H_1 < 42.5)$
10	18Cr2Ni4W	850	油	$H_1 = 48 - \dfrac{1}{24000}T^2$	$T =$ $\sqrt{1.15 \times 10^6 - 2.4 \times 10^4 H_1}$
11	20CrMnTiA	870	油	$H_1 = 48 - \dfrac{1}{16000}T^2$	$T =$ $\sqrt{7.68 \times 10^5 - 1.6 \times 10^4 H_1}$
12	30CrMo	880	油	$H_1 = 62.5 - \dfrac{1}{16}T$	$T = 1000 - 16H_1$
13	30CrNi3	830	油	$H_1 = 600 - \dfrac{1}{2}T$	$T = 1200 - 2H_3\,(H_3 \leqslant 475)$
14	30CrMnSi	880	油	$H_1 = 62 - \dfrac{2}{45}T$	$T = 1395 - 22.5H_1$
15	35SiMn	850	油	$H_2 = 637.5 - \dfrac{5}{8}T$	$T = 1020 - 1.6H_2$
16	35CrMoV	850	水	$H_2 = 540 - \dfrac{2}{5}T$	$T = 1350 - 2.5H_2$
17	38CrMoAl	930	油	$H_1 = 64 - \dfrac{1}{25}T\,(T \leqslant 550)$ $H_1 = 95 - \dfrac{1}{10}T\,(T > 550)$	$T = 1600 - 25H_1\,(H_1 \geqslant 45)$ $T = 950 - 10H_1\,(H_1 < 45)$
18	40Cr	850	油	$H_1 = 75 - \dfrac{3}{40}T$	$T = 1000 - 13.3H_1$
19	40CrNi	850	油	$H_1 = 63 - \dfrac{3}{50}T$	$T = 1050 - 16.7H_1$

（续）

序号	牌号	淬火温度/℃	淬火冷却介质	回火经验方程	
				H_i	T
20	40CrNiMo	850	油	$H_1 = 62.5 - \dfrac{1}{20}T$	$T = 1250 - 20H_1$
21	50Cr	835	油	$H_1 = 63.5 - \dfrac{3}{55}T$	$T = 1164.2 - 18.3H_1$
22	50CrVA	850	油	$H_1 = 73 - \dfrac{1}{14}T$	$T = 1022 - 14H_1$
23	60Si2Mn	860	油	$H_1 = 68 - \dfrac{1}{11250}T^2$	$T = \sqrt{765000 - 11250H_1}$
24	65Mn	820	油	$H_1 = 74 - \dfrac{3}{40}T$	$T = 986.7 - 13.3H_1$
25	T7	810	水	$H_1 = 77.5 - \dfrac{1}{12}T$	$T = 930 - 12H_1$
26	T8	800	水	$H_1 = 78 - \dfrac{1}{80}T$	$T = 891.4 - 11.4H_1$
27	T10	780	水	$H_1 = 82.7 - \dfrac{1}{11}T$	$T = 930.3 - 11H_1$
28	T12	780	水	$H_1 = 72.5 - \dfrac{1}{16}T$	$T = 1160 - 16H_1$
29	CrWMn	830	油	$H_1 = 69 - \dfrac{1}{25}T$	$T = 1725 - 25H_1$
30	Cr12	980	油	$H_1 = 64 - \dfrac{1}{80}T(T \leqslant 500)$ $H_1 = 107.5 - \dfrac{1}{10}T(T > 500)$	$T = 5120 - 80H_1(H_1 \geqslant 57.75)$ $T = 1075 - 10H_1(H_1 < 57.75)$
31	Cr12MoV	1000	油	$H_1 = 65 - \dfrac{1}{100}T(T \leqslant 500)$	$T = 6500 - 100H_1(H_1 \geqslant 60)$
32	3Cr2W8V	1150	油	$H_3 = 1750 - 2T(T \geqslant 600)$	$T = 875 - 0.5H_3(H_3 \leqslant 550)$
33	8Cr3	870	油	$H_1 = 68 - \dfrac{7}{150}T(T \leqslant 520)$ $H_1 = 148 - \dfrac{1}{5}T(T > 520)$	$T = 1457 - 21.4H_1(H_1 < 44)$ $T = 740 - 5H_1(H_1 > 44)$
34	9SiCr	865	油	$H_1 = 69 - \dfrac{1}{30}T$	$T = 2070 - 30H_1$

（续）

序号	牌号	淬火温度/℃	淬火冷却介质	回火经验方程	
				H_i	T
35	5CrNiMo	855	油	$H_1 = 72.5 - \dfrac{1}{16}T$	$T = 1160 - 16H_1$
36	5CrMnMo	855	油	$H_1 = 69 - \dfrac{3}{50}T$	$T = 1150 - 16.7H_1$
37	W18Cr4V	1280	油	$H_1 = 93 - \dfrac{3}{31250}T^2$	$T = \sqrt{968750 - 104167H_1}$
38	GCr15	850	油	$H_2 = 733 - \dfrac{2}{3}T$	$T = 1099.5 - 1.5H_2$
39	12Cr13	1040	油	$H_1 = 41 - \dfrac{1}{100}T$ （$T \leqslant 450$） $H_1 = 1150 - \dfrac{3}{20}T$ （$450 < T \leqslant 620$）	$T = 4100 - 100H_1$ （$H_1 \geqslant 36.5$） $T = 7666.7 - 6.7H_1$ （$22 \leqslant H_1 < 47.5$）
40	20Cr13	1020	油	$H_1 = 150 - \dfrac{1}{5}T$（$T \geqslant 550$）	$T = 750 - 5H_1$ （$H_1 \leqslant 40$）
41	30Cr13	1020	油	$H_1 = 62 - \dfrac{5}{6}10^{-4}T^2$ （$T \geqslant 350$）	$T = \sqrt{7.4 \times 10^5 - 1.2 \times 10^4}$ （$H_1 \leqslant 47$）
42	40Cr13	1020	油	$H_1 = 68.5 - \dfrac{20}{21}10^{-4}T^2$ （$T \geqslant 400$）	$T = \sqrt{719250 - 10500H_1}$ （$H_1 \leqslant 52$）
43	14Cr17Ni2	1060	油	$H_1 = 60 - \dfrac{1}{20}T$ （$T \geqslant 400$）	$T = 1200 - 20H_1$（$H_1 \leqslant 40$）
44	95Cr18	1060	油	$H_1 = 62 - \dfrac{1}{50}T$（$T \leqslant 450$） $H_1 = 83 - \dfrac{1}{15}T$（$T > 450$）	$T = 3100 - 50H_1$（$H_1 \geqslant 53$） $T = 1245 - 15H_1$（$H_1 < 53$）

注：1. 表中符号 H_i 为硬度：H_1 表示 HRC，H_2 表示 HBW，H_3 表示 HV，H_4 表示 HRA；T 为回火温度（℃）。

2. 本表方程取自经验数据，使用时化学成分应符合相关标准规定；最大直径或厚度≤临界直径；限于常规淬火、回火工艺。

2.3.2　回火保温时间（表2-20）

表 2-20　回火保温时间

查表法

低温回火（150~250℃）

有效厚度/mm	<25	25~50	50~75	75~100	100~125	125~150
保温时间/min	30~60	60~120	120~180	180~240	240~270	270~300

中、高温回火（250~650℃）

有效厚度/mm	<25	25~50	50~75	75~100	100~125	125~150
保温时间/min　盐浴炉	20~30	30~45	45~60	75~90	90~120	120~150
空气炉	40~60	70~90	100~120	150~180	180~210	210~240

计算法

经验公式为

$$\tau_h = K_h + A_h D$$

式中，τ_h 为回火时间（min）；K_h 为回火时间基数，如下表所示；A_h 为回火时间系数，如下表所示；D 为工件有效厚度（mm）

回火温度/℃	<300		300~450		>450	
回火设备	箱式电炉	盐浴炉	箱式电炉	盐浴炉	箱式电炉	盐浴炉
K_h/mm	120	120	20	15	10	3
A_h/(mm/min)	1	0.4	1	0.4	1	0.4

2.3.3　常用钢产生回火脆性的温度范围（表2-21）

表2-21　常用钢产生回火脆性的温度范围

（单位：℃）

牌　号	第一类回火脆性	第二类回火脆性
30Mn2	250～350	500～550
20MnV	300～360	
35SiMn		500～650
15MnVB	250～350	
20MnVB	200～260	≈520
40MnVB	200～350	500～600
40Cr	300～370	450～650
38CrSi	250～350	450～550
35CrMo	250～400	无明显脆性
20CrMnMo	250～350	
30CrMnTi		400～450
30CrMnSi	250～380	460～650
20CrNi3A	250～350	450～550
12Cr2Ni4A	250～350	
37CrNi3	300～400	480～550
40CrNiMo	300～400	一般无脆性
38CrMoAlA	300～450	无脆性
50CrVA	200～300	
4CrW2Si	250～350	
5CrW2Si	300～400	
6CrW2Si	300～450	
3Cr2W8V		550～650
9SiCr	210～250	
CrWMn	250～300	
9Mn2V	190～230	

（续）

牌 号	第一类回火脆性	第二类回火脆性
T8 ~ T12	200 ~ 300	
GCr15	200 ~ 240	
12Cr13	520 ~ 560	
20Cr13	450 ~ 560	600 ~ 750
30Cr13	350 ~ 550	600 ~ 750
14Cr17Ni2	400 ~ 580	

2.4 真空热处理

1. 金属材料真空热处理温度和推荐真空压强（表2-22）

表2-22 金属材料真空热处理温度和推荐真空
压强（GB/T 22561—2008）

金属材料	退火温度范围/℃	推荐真空压强/Pa
铜丝	250 ~ 500	$(2.6 \sim 6.6) \times 10^2$
钼	1000 ~ 1100	$1.33 \times (10^{-4} \sim 10^{-1})$
钽	1000 ~ 1100	$1.33 \times (10^{-4} \sim 10^{-1})$
钛	700 ~ 750	$1.33 \times (10^{-2} \sim 1)$
锆	900 ~ 1000	$1.33 \times (10^{-2} \sim 1)$
钨	≥1400	$1.33 \times (10^{-2} \sim 10^{-1})$
铌和铌合金	1300 ~ 1400	$1.33 \times (10^{-4} \sim 10^{-3})$
不锈钢（非稳定型）	1050 ~ 1150	$1.33 \times (10^{-1} \sim 1)$
不锈钢（Ti 或 Nb 稳定型）	1050 ~ 1150	$1.33 \times (10^{-3} \sim 10^{-2})$

2. 常用钢材真空淬火与回火工艺参数（表2-23）

表 2-23 常用钢材真空淬火与回火工艺参数（GB/T 22561—2008）

牌　号	预热		淬火				回火		
	一次预热温度/℃	二次预热温度/℃	真空压强/Pa	加热温度/℃	真空压强/Pa	冷却介质	加热温度/℃	气体压强/Pa	冷却介质
W6Mo5Cr4V2	600~650	850~900	$1 \sim 10^{-1}$	1200~1220	50~100（N_2分压）	惰性气体	540~580	$(1.2 \sim 2.0) \times 10^5$	惰性气体
W6Mo5Cr4V2Al	600~650	850~900	$1 \sim 10^{-1}$	1200~1220			540~560		
W12Cr4V4Mo	600~650	850~900	$1 \sim 10^{-1}$	1220~1240			550~580		
W2Mo9Cr4VCo8	600~650	850~900	$1 \sim 10^{-1}$	1180~1200			540~580		
Cr12MoV	500~550	800~850	$1 \sim 10^{-1}$	1000~1050	10~1	油或惰性气体	170~250	空气炉	空气
Cr12	500~550	800~850	$1 \sim 10^{-1}$	950~980			180~200		
3Cr2W8V	480~520	800~850	$1 \sim 10^{-1}$	1050~1100			560~580		惰性气体
4Cr5MoSiV（H11）	600~650	800~850	$1 \sim 10^{-1}$	1000~1030	50~100（N_2分压）		600~640	$(1.2 \sim 2.0) \times 10^5$	
4Cr5MoSiV1（H13）	600~650	800~850	$1 \sim 10^{-1}$	1020~1030			530~560 540~560		

钢号	预热温度/℃	预热温度/℃	压力/Pa	加热温度/℃	压力/Pa	冷却介质	回火温度/℃	冷却介质
GCr15	—	520~580	10^{-1}	830~850	$1\sim10^{-1}$	油	150~160	空气炉、油
GCr15SiMn	—	520~580	$1\sim10^{-1}$	820~840	$10\sim1$	油	150~160	空气炉
60Si2MnVA	—	500~550	$1\sim10^{-1}$	860~800	$10\sim1$	油	410~460	惰性气体 $(1.2\sim2.0)\times10^{5}$
60Si2CrVA	—	500~550	$1\sim10^{-1}$	850~870	1	油	430~480	惰性气体 $(1.2\sim2.0)\times10^{5}$
50CrVA	—	500~550	10^{-1}	850~870	$1\sim10^{-1}$	油	470~420	惰性气体 $(1.2\sim2.0)\times10^{5}$
40Cr13	—	800~850	$1\sim10^{-1}$	1050~1100	1	油或惰性气体	200~300	空气、空气炉
95Cr18	—	800~850	$1\sim10^{-1}$	1010~1050	$1\sim10^{-1}$	油或惰性气体	200~300	空气、空气炉
05Cr17Ni4Cu4Nb	—	800~850	$1\sim10^{-1}$	1030~1050	1	油或惰性气体	480~630	惰性气体 $(1.2\sim2.0)\times10^{5}$

注：高速工具钢和高合金模具钢用于冷作模具时淬火加热温度也可采用低于淬火加热的下限温度。

2.5　钢的感应穿透加热

1. 穿透加热频率的选择

钢有效加热的临界频率与工件尺寸的关系如图 2-2 所示。

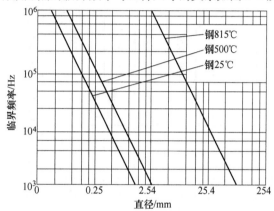

图 2-2　钢有效加热的临界频率与工件尺寸的关系

2. 穿透加热设备功率的选择

钢穿透加热所需的功率密度见表 2-24。

表 2-24　钢穿透加热所需的功率密度

频率/Hz	穿透加热温度/℃				
	150 ~ 425	425 ~ 760	760 ~ 980	980 ~ 1095	1095 ~ 1205
	功率密度/（W/cm²）				
60	9	23			
180	8	22			
1000	6.2	18.6	77.5	155	217
3000	4.7	15.5	62.0	85.3	109
10000	3.1	12.4	46.5	69.8	85

注：此表是在设备频率合适、总工作效率正常情况下得出的数据，适用于截面尺寸为 12 ~ 50mm 工件的淬火和回火加热。

2.6　冷处理

1. 冷处理工艺选择原则（表 2-25）

表 2-25　冷处理工艺选择原则

项　目	说　明
冷处理温度	在 Mf 附近或远远低于 Mf 点
冷处理时间	圆截面工件：$\tau = DCT_{终}/(T_{冷剂}+30)$ 方截面工件：$\tau = 2DCT_{终}/(T_{冷剂}+30)$ 式中，τ 为保温时间（min）；$T_{终}$ 为工件最终处理温度（℃）；$T_{冷剂}$ 为制冷剂的温度（℃）；D 为工件有效厚度（mm）；C 为常数，工件与制冷剂直接交换热量时，$C=1$，通过空气交换热量时，$C=1.15 \sim 1.20$
降温和升温速度	一般在 ≤40℃/h，也可以采用分段降温、升温的方式
冷却介质	干冰、氨、甲醇、氟利昂、液氮等

2. 常用冷处理工艺参数（表 2-26）

表 2-26　常用冷处理工艺参数（GB/T 25743—2010）

性能要求	工件形状	降温速度 /(℃/min)	冷处理温度 /℃	冷保温时间 /h	回温速度 /(℃/min)
提高硬度、耐磨性（一般）	一般形状	2.5 ~ 6.0	-100 ~ -70	1 ~ 2	2.0 ~ 10.0
	复杂形状	0.5 ~ 2.5			
提高硬度、耐磨性（特殊）	一般形状	2.5 ~ 6.0	-190 ~ -120	1 ~ 4	
	复杂形状	0.5 ~ 2.5			
提高尺寸稳定性（一般）	一般形状	2.5 ~ 6.0	-100 ~ -70	1 ~ 2	
	复杂形状	0.5 ~ 2.5			
提高尺寸稳定性（特殊）	一般形状	2.5 ~ 6.0	-150 ~ -120	1 ~ 4	
	复杂形状	0.5 ~ 2.5			

3. 几种钢的冷处理温度及性能变化（表 2-27）

表 2-27　几种钢的冷处理温度及性能变化

牌号	淬火温度/℃	冷处理温度/℃	马氏体增加量（体积分数,%）	硬度增量 HRC	长度增量（%）
T8	780	0	1.2	0.6	
			0	0	
T10	780	0	1.6	1.5	
			0.4	0	
T12	780	−20	3.2	0.3	
			0.8	0.3	
CrMn	850	−50	11.7	2.0	0.299
			10.6	1.5	0.231
CrWMn	820	−80	4.4	2.5	0.087
			2.4	2.5	0.050
GCr15	850	−30	3.0	2.5	0.0499
			2.0	2.5	0.0259
18Cr2Ni4WA	850	−85	24.0	3.8	0.211
			22.0	3.8	0.161
	790	−50	4.0	1.3	0.0875
			1.0	1.2	0.062
12Cr2Ni4A	850	−85	16.0	3.8	0.112
			14.5	3.0	0.079
9SiCr	860~880	−70		0~1	
Cr06	780~800	−50		0~1	
Cr2	830~860	−70		1~2	

2.7　钢的热处理工艺参数

2.7.1　优质碳素结构钢的热处理工艺参数

1. 优质碳素结构钢的临界温度、退火与正火工艺参数（表 2-28）

表 2-28　优质碳素结构钢的临界温度、退火与正火工艺参数

牌号	临界温度/℃						退火		正火	
	Ac_1	Ar_1	Ac_3	Ar_3	Ms	Mf	温度/℃	硬度 HBW	温度/℃	硬度 HBW
08	732	680	874	854	480		900 ~ 930		920 ~ 940	≤137
10	724	682	876	850			900 ~ 930	≤137	900 ~ 950	≤143
15	735	685	863	840	450		880 ~ 960	≤143	900 ~ 950	≤143
20	735	680	855	835			800 ~ 900	≤156	920 ~ 950	≤156
25	735	680	840	824	380		860 ~ 880		870 ~ 910	≤170
30	732	677	813	796	380		850 ~ 900		850 ~ 900	≤179
35	724	680	802	774	350	190	850 ~ 880	≤187	850 ~ 870	≤187
40	724	680	790	760	310	65	840 ~ 870	≤187	840 ~ 860	≤207
45	724	682	780	751	330	50	800 ~ 840	≤197	850 ~ 870	≤217
50	725	690	760	720	300	50	820 ~ 840	≤229	820 ~ 870	≤229
55	727	690	774	755	290		770 ~ 810	≤229	810 ~ 860	≤255
60	727	690	766	743	265	− 20	800 ~ 820	≤229	800 ~ 820	≤255
65	727	696	752	730	265		680 ~ 700	≤229	820 ~ 860	≤255
70	730	693	743	727	270	− 40	780 ~ 820	≤229	800 ~ 840	≤269
75	725	690	745	727	230	− 55	780 ~ 800	≤229	800 ~ 840	≤285
80	725	690	730	727	230	− 55	780 ~ 800	≤229	800 ~ 840	≤285
85	723	690	737	695	220		780 ~ 800	≤255	800 ~ 840	≤302
15Mn	735	685	863	840					880 ~ 920	≤163
20Mn	735	682	854	835	420		900	≤179	900 ~ 950	≤197
25Mn	735	680	830	800					870 ~ 920	≤207
30Mn	734	675	812	796	345		890 ~ 900	≤187	900 ~ 950	≤217
35Mn	734	675	812	796	345		830 ~ 880	≤197	850 ~ 900	≤229
40Mn	726	689	790	768			820 ~ 860	≤207	850 ~ 900	≤229
45Mn	726	689	790	768			820 ~ 850	≤217	830 ~ 860	≤241
50Mn	720	660	760	754	304		800 ~ 840	≤217	840 ~ 870	≤255
60Mn	727	689	765	741	270	− 55	820 ~ 840	≤229	820 ~ 840	≤269
65Mn	726	689	765	741	270		775 ~ 800	≤229	830 ~ 850	≤269
70Mn	721	670	740							

注：退火冷却方式为炉冷，正火冷却方式为空冷。

2. 优质碳素结构钢的淬火与回火工艺参数（表 2-29）

表 2-29　优质碳素结构钢淬火与回火工艺参数

牌号	淬火			回火							
	温度 /℃	冷却 介质	硬度 HRC	不同温度回火后的硬度值 HRC							
				150℃	200℃	300℃	400℃	500℃	550℃	600℃	650℃
20	870~900	水或 盐水	≥140 HBW	170 HBW	165 HBW	158 HBW	152 HBW	150 HBW	147 HBW	144 HBW	
25	860	水或 盐水	≥380 HBW	380 HBW	370 HBW	310 HBW	270 HBW	235 HBW	225 HBW	<200 HBW	
30	860	水或 盐水	≥44	43	42	40	30	20	18		
35	860	水或 盐水	≥50	49	48	43	35	26	22	20	
40	840	水	≥55	55	53	48	42	34	29	23	20
45	840	水或油	≥59	58	55	50	41	33	26	22	
50	830	水或油	≥59	58	55	50	41	33	26	22	
55	820	水或油	≥63	63	56	50	45	34	30	24	21
60	820	水或油	≥63	63	56	50	45	34	30	24	21
65	800	水或油	≥63	63	58	50	45	37	32	28	24
70	800	水或油	≥63	63	58	50	45	37	32	28	24
75	800	水或油	≥55	55	53	50	45	35			
80	800	水或油	≥63	63	61	52	47	39	32	28	24
85	780~820	油	≥63	63	61	52	47	39	32	28	24
30Mn	850~900	水	49~53								
35Mn	850~880	油或水	50~55								
40Mn	800~850	油或水	53~58								
45Mn	810~840	油或水	54~60								
50Mn	780~840	油或水	54~60								
60Mn	810	油	57~64	61	58	54	47	39	34	28	25
65Mn	810	油	57~64	61	58	54	47	39	34	28	25
70Mn	780~800	油	≥62	>62	62	55	46	37			

3. 优质碳素结构钢的力学性能（表2-30）

表2-30　优质碳素结构钢的力学性能（GB/T 699—2015）

牌号	试样毛坯尺寸①/mm	推荐的热处理制度② 温度/℃			力学性能					交货硬度 HBW ≤	
		正火	淬火	回火	抗拉强度 R_m /MPa	下屈服强度 R_{eL}③ /MPa	断后伸长率 A（%）	断面收缩率 Z（%）	冲击吸收能量 KU_2/J	未热处理钢	退火钢
					≥						
08	25	930	—	—	325	195	33	60		131	
10	25	930	—	—	335	205	31	55		137	
15	25	920	—	—	375	225	27	55		143	
20	25	910	—	—	410	245	25	55		156	
25	25	900	870	600	450	275	23	50	71	170	
30	25	880	860	600	490	295	21	50	63	179	
35	25	870	850	600	530	315	20	45	55	197	
40	25	860	840	600	570	335	19	45	47	217	187
45	25	850	840	600	600	355	16	40	39	229	197
50	25	830	830	600	630	375	14	40	31	241	207
55	25	820	—	—	645	380	13	35		255	217
60	25	810	—	—	675	400	11	35		255	229
65	25	810	—	—	695	410	10	30		255	229
70	25	790	—	—	715	420	9	30		269	229
75	试样④	—	820	480	1080	880	7	30		285	241
80	试样④	—	820	480	1080	930	6	30		285	241
85	试样④	—	820	480	1130	980	6	30		302	255

（续）

牌号	试样毛坯尺寸①/mm	推荐的热处理制度② 温度/℃			力学性能					交货硬度 HBW	
		正火	淬火	回火	抗拉强度 R_m/MPa	下屈服强度③ R_{eL}/MPa	断后伸长率 A（%）	断面收缩率 Z（%）	冲击吸收能量 KU_2/J	未热处理钢	退火钢
					≥					≤	≤
15Mn	25	920	—	—	410	245	26	55		163	
20Mn	25	910	—	—	450	275	24	50		197	
25Mn	25	900	870	600	490	295	22	50	71	207	
30Mn	25	880	860	600	540	315	20	45	63	217	187
35Mn	25	870	850	600	560	335	18	45	55	229	197
40Mn	25	860	840	600	590	355	17	45	47	229	207
45Mn	25	850	840	600	620	375	15	40	39	241	217
50Mn	25	830	830	600	645	390	13	40	31	255	217
60Mn	25	810	—	—	690	410	11	35		269	229
65Mn	25	830	—	—	735	430	9	30		285	229
70Mn	25	790	—	—	785	450	8	30		285	229

注：表中的力学性能适用于公称直径或厚度不大于80mm的钢棒。公称直径或厚度>80～250mm的钢棒，允许其断后伸长率、断面收缩率比本表的规定分别降低2%（绝对值）和5%（绝对值）。其结果应符合本表的规定。
① 钢棒尺寸小于试样毛坯尺寸时，用原尺寸钢棒进行热处理。成70～80mm的试料取样检验，其结果应符合本表的规定。
② 热处理温度允许调整范围：正火±30℃、淬火±20℃、回火±50℃；推荐保温时间，正火不少于30min、空冷；淬火不少于30min，75、80和85钢油冷，其他钢棒水冷；600℃回火不少于1h。
③ 当屈服现象不明显时，可用规定塑性延伸强度 $R_{p0.2}$ 代替。
④ 留有加工余量的试样，其性能为淬火＋回火状态下的性能。

2.7.2　合金结构钢的热处理工艺参数

1. 合金结构钢的临界温度、退火与正火工艺参数（表2-31）

表2-31　合金结构钢的临界温度、退火及正火工艺参数

牌号	临界温度/℃						退火		正火	
	Ac_1	Ar_1	Ac_3	Ar_3	Ms	Mf	温度/℃	硬度HBW	温度/℃	硬度HBW
20Mn2	725	610	840	740	400		850~880	≤187	870~890	
30Mn2	718	627	804	727	360		830~860	≤207	840~880	
35Mn2	713	630	793	710	325		830~880	≤207	840~860	≤241
40Mn2	713	627	766	704	320		820~850	≤217	830~870	
45Mn2	711	640	765	704	320		810~840	≤217	820~860	187~241
50Mn2	710	596	760	680	320		810~840	≤229	820~860	206~241
20MnV	715	630	825	750	415		670~700	≤187	880~900	≤207
27SiMn	750		880	750	355		850~870	≤217	930	≤229
35SiMn	750	645	830		330		850~870	≤229	880~920	
42SiMn	765	645	820	715	330		830~850	≤229	860~890	≤244
20SiMn2MoV	830	740	877	816	312		710±20	≤269	920~950	
25SiMn2MoV	830	740	877	816	312		680~700	≤255	920~950	
37SiMn2MoV	729		823		314		870	269	880~900	
40B	730	690	790	727			840~870	≤207	850~900	
45B	725	690	770	720	280		780~800	≤217	840~890	
50B	725	690	755	719	253		800~820	≤207	880~950	≥20HRC
25MnB	725[1]		798[2]		385[3]					
35MnB	725[1]		780[2]		343[3]					
40MnB	730	650	780	700	325		820~860	≤207	860~920	≤229
45MnB	727		780				820~910	≤217	840~900	≤229
20MnMoB	740	690	850	750			680	≤207	900~950	≤217
15MnVB	730	645	850	765	430		780	≤207	920~970	149~179
20MnVB	720	635	840	770	435		700±10	≤207	880~900	≤207
40MnVB	740	645	786	720	300		830~900	≤207	860~900	≤229
20MnTiB	720	625	843	795	395				900~920	143~149

（续）

牌号	临界温度/℃						退火		正火	
	Ac_1	Ar_1	Ac_3	Ar_3	Ms	Mf	温度/℃	硬度 HBW	温度/℃	硬度 HBW
25MnTiBRE	708	605	810	705	391		670~690	≤229	920~960	≤217
15Cr	766	702	838	799			860~890	≤179	870~900	≤197
20Cr	766	702	838	799	390		860~890	≤179	870~900	≤197
30Cr	740	670	815		355		830~850	≤187	850~870	
35Cr	740	670	815		365		830~850	≤207	850~870	
40Cr	743	693	782	730	355		825~845	≤207	850~870	≤250
45Cr	721	660	771	693	355		840~850	≤217	830~850	≤320
50Cr	721	660	771	692	250		840~850	≤217	830~850	≤320
38CrSi	763	680	810	755	330		860~880	≤255	900~920	≤350
12CrMo	720	695	880	790					900~930	
15CrMo	745	695	845	790	435		600~650		910~940	
20CrMo	743		818	746	400		850~860	≤197	880~920	
25CrMo	750	665	830	745	365					
30CrMo	757	693	807	763	345		830~850	≤229	870~900	≤400
35CrMo	755	695	800	750	371		820~840	≤229	830~870	241~286
42CrMo	730	690	800		310		820~840	≤241	850~900	
50CrMo	725		760		290					
12CrMoV	820		945				960~980	≤156	960~980	
35CrMoV	755	600	835				870~900	≤229	880~920	
12Cr1MoV	774 ~ 803	761 ~ 787	882 ~ 914	830 ~ 895	400		960~980	≤156	910~960	
25Cr2MoV	760	680 ~ 690	840	760 ~ 780	340				980~1000	
25Cr2Mo1V	780	700	870	790					1030 ~ 1050	
38CrMoAl	760	675	885	740	360		840~870	≤229	930~970	

（续）

牌号	临界温度/℃						退火		正火	
	Ac_1	Ar_1	Ac_3	Ar_3	Ms	Mf	温度/℃	硬度 HBW	温度/℃	硬度 HBW
40CrV	755	700	790	745	281		830~850	≤241	850~880	
50CrV	752	688	788	746	270		810~870	≤254	850~880	≈288
15CrMn	750	690	845		400		850~870	≤179	870~900	
20CrMn	765	700	838	798	360		850~870	≤187	870~900	≤350
40CrMn	740	690	775		350	170	820~840	≤229	850~870	
20CrMnSi	755	690	840				860~870	≤207	880~920	
25CrMnSi	760	680	880		305		840~860	≤217	860~880	
30CrMnSi	760	670	830	705	360		840~860	≤217	880~900	
35CrMnSi	775	700	830	755	330		840~860	≤229	890~910	≤218
20CrMnMo	710	620	830	740	249		850~870	≤217	880~930	190~228
40CrMnMo	735	680	780		246		820~850	≤241	850~880	≤321
20CrMnTi	715	625	843	795	360		680~720	≤217	950~970	156~217
30CrMnTi	765	660	790	740					950~970	156~216
20CrNi	733	666	804	790	410		860~890	≤197	880~930	≤197
40CrNi	731	660	769	702	305		820~850	≤207	840~860	≤250
45CrNi	725	680	775		310		840~850	≤217	850~880	≤219
50CrNi	735	657	750	690	300		820~850	≤207	870~900	
12CrNi2	732	671	794	763	395		840~880	≤207	880~940	≤207
34CrNi2	738①		790②		338③					
12CrNi3	720	600	810	715	409		870~900	≤217	885~940	
20CrNi3	700	500	760	630	340		840~860	≤217	860~890	
30CrNi3	699	621	749	649	320		810~830	≤241	840~860	
37CrNi3	710	640	770		310		790~820	179 ~ 241	840~860	
12Cr2Ni4	720	605	800	660	390	245	650~680	≤269	890~940	187~255
20Cr2Ni4	705	580	765	640	395		650~670	≤229	860~900	

（续）

牌号	临界温度/℃						退火		正火	
	Ac_1	Ar_1	Ac_3	Ar_3	Ms	Mf	温度/℃	硬度 HBW	温度/℃	硬度 HBW
15CrNiMo	740①		812②		423③					
20CrNiMo	725		810		396		660	≤197	900	
30CrNiMo	730		775		340					
30Cr2Ni2Mo	740		780		350					
30Cr2Ni4Mo	706①		768④		307③					
34Cr2Ni2Mo	750		790		350					
35Cr2Ni4Mo	720		765		278③					
40CrNiMo	720		790	680	308		840 ~ 880	≤269	860 ~ 920	
40CrNi2Mo	680		775		300					
18CrMnNiMo	730	490	795	690	380					
45CrNiMoV	740	650	770		250		840 ~ 860	20 ~ 23HRC	870 ~ 890	23 ~ 33HRC
18Cr2Ni4W	700	350	810	400	310				900 ~ 980	≤415
25Cr2Ni4W	700	300	720		180 ~ 200				900 ~ 950	≤415

注：1. 退火冷却方式：25SiMn2MoV 为堆冷，20MnVB、20CrMnTi、50CrNi
　　　为炉冷至600℃空冷，15CrMo 为空冷，其余为炉冷。

　　2. 正火冷却方式均为空冷。

① $Ac_1 = 723 + 25w(\text{Si}) + 15w(\text{Cr}) + 30w(\text{W}) + 40w(\text{Mo}) + 50w(\text{V}) - 7w(\text{Mn}) - 15w(\text{Ni})$。

② $Ac_3 = 855 - 180w(\text{C}) - 14w(\text{Mn}) - 18w(\text{Ni}) - 2w(\text{Cr}) + 45w(\text{Si})$。

③ $Ms = 539 - 423w(\text{C}) - 30.4w(\text{Mn}) - 17.7w(\text{Ni}) - 12.1w(\text{Cr}) - 7.5w(\text{Mo})$。

④ $Ac_3 = 910 - 203\sqrt{w(\text{C})} - 15.2w(\text{Ni}) + 44.7w(\text{Si}) + 104w(\text{V}) + 31.5w(\text{Mo}) + 13.1w(\text{W})$。

2. 合金结构钢的淬火与回火工艺参数（表2-32）

表 2-32　合金结构钢淬火与回火工艺参数

牌号	淬火			回火							
	温度/℃	冷却介质	硬度 HRC	不同温度回火后的硬度值 HRC							
				150℃	200℃	300℃	400℃	500℃	550℃	600℃	650℃
20Mn2	860~880	水	>40								
30Mn2	820~850	油	≥49	48	47	45	36	26	24	18	11
35Mn2	820~850	油	≥57	57	56	48	38	34	23	17	15
40Mn2	810~850	油	≥58	58	56	48	41	33	29	25	23
45Mn2	810~850	油	≥58	58	56	48	43	35	31	27	19
50Mn2	810~840	油	≥58	58	56	49	44	35	31	27	20
20MnV	880	油									
27SiMn	900~920	油	≥52	52	50	45	42	33	28	24	20
35SiMn	880~900	油	≥55	55	53	49	40	31	27	23	20
42SiMn	840~900	油	≥55	55	50	47	45	35	30	27	22
20SiMn2MoV	890~920	油或水	≥45								
25SiMn2MoV	880~910	油或水	≥46		200~250℃ ≥45						
37SiMn2MoV	850~870	油或水	56					44	40	33	24
40B	840~860	盐水或油				48	40	30	28	25	22
45B	840~870	盐水或油				50	42	37	34	31	29
50B	840~860	油	52~58	56	55	48	41	31	28	25	20
25MnB	850	油									
35MnB	850	油									
40MnB	820~860	油	≥55	55	54	48	38	31	29	28	27
45MnB	840~860	油	≥55	54	52	44	38	34	31	26	23
20MnMoB	860~880	油	≥46	46	45	41	40	38	35	31	22

（续）

牌号	淬火			回火							
	温度/℃	冷却介质	硬度HRC	不同温度回火后的硬度值 HRC							
				150℃	200℃	300℃	400℃	500℃	550℃	600℃	650℃
15MnVB	860~880	油	38~42	38	36	34	30	27	25	24	
20MnVB	860~880	油									
40MnVB	840~880	油或水	>55	54	52	45	35	31	30	27	22
20MnTiB	860~890	油	≥47	47	47	46	42	40	39	38	
25MnTiBRE	840~870	油	≥43								
15Cr	870	水	>35	35	34	32	28	24	19	14	
20Cr	860~880	油或水	>28	28	26	25	24	22	20	18	15
30Cr	840~860	油	>50	50	48	45	35	25	21	14	
35Cr	860	油	48~56								
40Cr	830~860	油	>55	55	53	51	43	34	32	28	24
45Cr	820~850	油	>55	55	53	49	45	33	31	29	21
50Cr	820~840	油	>56	56	55	54	52	40	37	28	18
38CrSi	880~920	油或水	57~60	57	56	54	48	40	37	35	29
12CrMo	900~940	油									
15CrMo	910~940	油									
20CrMo	860~880	水或油	≥33	33	32	28	28	23	20	18	16
25CrMo	860~880	水或油									
30CrMo	850~880	水或油	>52	52	51	49	44	36	32	27	25
35CrMo	850	油	>55	55	53	51	43	34	32	28	24
42CrMo	840	油	>55	55	54	53	46	40	38	35	31
50CrMo	840	油									
12CrMoV	900~940	油									
35CrMoV	880	油	>50	50	49	47	43	39	37	33	25

（续）

牌号	淬火			回火							
	温度 /℃	冷却介质	硬度 HRC	不同温度回火后的硬度值 HRC							
				150 ℃	200 ℃	300 ℃	400 ℃	500 ℃	550 ℃	600 ℃	650 ℃
12Cr1MoV	960 ~ 980	水冷后油冷	>47								
25Cr2MoV	910 ~ 930	油						41	40	37	32
25Cr2Mo1V	1040	空气									
38CrMoAl	940	油	>56	56	55	51	45	39	35	31	28
40CrV	850 ~ 880	油	≥56	56	54	50	45	35	30	28	25
50CrV	830 ~ 860	油	>58	57	56	54	46	40	35	33	29
15CrMn		油	44								
20CrMn	850 ~ 920	油或水淬油冷	≥45								
40CrMn	820 ~ 840	油	52 ~ 60						34	28	
20CrMnSi	880 ~ 910	油或水	≥44	44	43	44	40	35	31	27	20
25CrMnSi	850 ~ 870	油									
30CrMnSi	860 ~ 880	油	≥55	55	54	49	44	38	34	30	27
35CrMnSi	860 ~ 890	油	≥55	54	53	45	42	40	35	32	28
20CrMnMo	850	油	>46	45	44	43	35				
40CrMnMo	840 ~ 860	油	>57	57	55	50	45	41	37	33	30
20CrMnTi	880	油	42 ~ 46	43	41	40	39	35	30	25	17
30CrMnTi	880	油	>50	49	48	46	44	37	32	26	23
20CrNi	855 ~ 885	油	>43	43	42	40	26	16	13	10	8
40CrNi	820 ~ 840	油	>53	53	50	47	42	33	29	26	23
45CrNi	820	油	>55	55	52	48	38	35	30	25	

（续）

牌号	淬火			回火							
	温度 /℃	冷却介质	硬度 HRC	不同温度回火后的硬度值 HRC							
				150 ℃	200 ℃	300 ℃	400 ℃	500 ℃	550 ℃	600 ℃	650 ℃
50CrNi	820~840	油	57~59								
12CrNi2	850~870	油	>33	33	32	30	28	23	20	18	12
34CrNi2	840	油									
12CrNi3	860	油	>43	43	42	41	39	31	28	24	20
20CrNi3	820~860	油	>48	48	47	42	38	34	30	25	
30CrNi3	820~840	油	>52	52	50	45	42	35	29	26	22
37CrNi3	830~860	油	>53	53	51	47	42	36	33	30	25
12Cr2Ni4	760~800	油	>46	46	45	41	38	35	33	30	
20Cr2Ni4	840~860	油									
15CrNiMo	850	油									
20CrNiMo	850	油									
30CrNiMo	850	油									
30Cr2Ni2Mo	850	油									
30Cr2Ni4Mo	850	油									
34Cr2Ni2Mo	850	油									
35Cr2Ni4Mo	850	油									
40CrNiMo	840~860	油	>55	55	54	49	44	38	34	30	27
40CrNi2Mo	850	油						46	44	40	36
18CrMnNiMo	830	油									
45CrNiMoV	860~880	油	55~58		55	53	51	45	43	38	32
18Cr2Ni4W	850	油	>46	42	41	40	39	37	28	24	22
25Cr2Ni4W	850	油	>49	48	47	42	39	34	31	27	25

3. 合金结构钢的力学性能（表 2-33）

表 2-33　合金结构钢的力学性能（GB/T 3077—2015）

牌号	试样毛坯尺寸①/mm	推荐的热处理制度					纵向力学性能					供货状态为退火或高温回火钢棒布氏硬度 HBW ≤
		淬火			回火		抗拉强度 R_m /MPa	下屈服强度 R_{eL}② /MPa	断后伸长率 A (%)	断面收缩率 Z (%)	冲击吸收能量 $KU_2$③/J	
		温度/℃ 第1次淬火	第2次淬火	冷却介质	温度/℃	冷却介质	≥					
20Mn2	15	850	—	水、油	200	水、空气	785	590	10	40	47	187
		880	—	水、油	440	水、空气						
30Mn2	25	840	—	水	500	水	785	635	12	45	63	207
35Mn2	25	840	—	水	500	水	835	685	12	45	55	207
40Mn2	25	840	—	水、油	540	水	885	735	12	45	55	217
45Mn2	25	840	—	油	550	水、油	885	735	10	45	47	217
50Mn2	25	820	—	油	550	水、油	930	785	9	40	39	229
20MnV	15	880	—	水、油	200	水、空气	785	590	10	40	55	187
27SiMn	25	920	—	水	450	水、油	980	835	12	40	39	217
35SiMn	25	900	—	水	570	水、油	885	735	15	45	47	229
42SiMn	25	880	—	水	590	水	885	735	15	40	47	229
20SiMn2MoV	试样	900	—	油	200	水、空气	1380		10	45	55	269
25SiMn2MoV	试样	900	—	油	200	水、空气	1470		10	40	47	269
37SiMn2MoV	25	870	—	水、油	650	水、空气	980	835	12	50	63	269
40B	25	840	—	水	550	水	785	635	12	45	55	207
45B	25	840	—	水	550	水	835	685	12	45	47	217
50B	20	840	—	油	600	空气	785	540	10	45	39	207

(续)

牌号	试样毛坯尺寸① /mm	推荐的热处理制度					纵向力学性能					供货状态为退火或高温回火钢棒布氏硬度 HBW ≤
		淬火/℃			回火		抗拉强度 R_m /MPa	下屈服强度 R_{eL}② /MPa	断后伸长率 A (%) ≥	断面收缩率 Z (%)	冲击吸收能量 $KU_2$③ /J	
		第1次淬火 温度/℃	第2次淬火	冷却介质	温度/℃	冷却介质						
25MnB	25	850	—	油	500	水、油	835	635	10	45	47	207
35MnB	25	850	—	油	500	水、油	930	735	10	45	47	207
40MnB	25	850	—	油	500	水、油	980	785	10	45	47	207
45MnB	25	840	—	油	500	水、油	1030	835	9	40	39	217
20MnMoB	15	880	—	油	200	油、空气	1080	885	10	50	55	207
15MnVB	15	860	—	油	200	水、空气	885	635	10	45	55	207
20MnVB	15	860	—	油	200	水、空气	1080	885	10	45	55	207
40MnVB	25	850	—	油	520	水、油	980	785	10	45	47	207
20MnTiB	15	860	—	油	200	水、空气	1130	930	10	45	55	187
25MnTiBRE	试样	860	—	油	200	水、空气	1380		10	40	47	229
15Cr	15	880	770 ~ 820	水、油	180	油、空气	685	490	12	45	55	179
20Cr	15	880	780 ~ 820	水、油	200	水、空气	835	540	10	40	47	179

牌号												
30Cr	25	860	—	油	500	水,油	885	685	11	45	47	187
35Cr	25	860	—	油	500	水,油	930	735	11	45	47	207
40Cr	25	850	—	油	520	水,油	980	785	9	45	47	207
45Cr	25	840	—	油	520	水,油	1030	835	9	40	39	217
50Cr	25	830	—	油	520	水,油	1080	930	9	40	39	229
38CrSi	25	900	—	油	600	水,油	980	835	12	50	55	255
12CrMo	30	900	—	空气	650	空气	410	265	24	60	110	179
15CrMo	30	900	—	空气	650	空气	440	295	22	60	94	179
20CrMo	15	880	—	水,油	500	水,油	885	685	12	50	78	197
25CrMo	25	870	—	水,油	600	水,油	900	600	14	55	68	229
30CrMo	15	880	—	油	540	水,油	930	735	12	50	71	229
35CrMo	25	850	—	油	550	水,油	980	835	12	45	63	229
42CrMo	25	850	—	油	560	水,油	1080	930	12	45	63	229
50CrMo	25	840	—	油	560	水,油	1130	930	11	45	48	248
12CrMoV	30	970	—	空气	750	空气	440	225	22	50	78	241
35CrMoV	25	900	—	油	630	水,油	1080	930	10	50	71	241
12Cr1MoV	30	970	—	空气	750	空气	490	245	22	50	71	179
25Cr2MoV	25	900	—	油	640	油	930	785	14	55	63	241
25Cr2Mo1V	25	1040	—	空气	700	空气	735	590	16	50	47	241
38CrMoAl	30	940	—	水,油	640	水,油	980	835	14	50	71	229

（续）

牌号	试样毛坯尺寸①/mm	推荐的热处理制度 淬火温度/℃ 第1次淬火	第2次淬火	淬火冷却介质	回火温度/℃	回火冷却介质	纵向力学性能 抗拉强度 R_m/MPa	下屈服强度 R_{eL}②/MPa ≥	断后伸长率 A(%) ≥	断面收缩率 Z(%) ≥	冲击吸收能量 $KU_2$③/J ≥	供货状态为退火或高温回火钢棒布氏硬度 HBW ≤
40CrV	25	880	—	油	650	水、油	885	735	10	50	71	241
50CrV	25	850	—	油	500	水、油	1280	1130	10	40		255
15CrMn	15	880	—	油	200	水、空气	785	590	12	50	47	179
20CrMn	15	850	—	油	200	水、空气	930	735	10	45	47	187
40CrMn	25	840	—	油	550	水、油	980	835	9	45	47	229
20CrMnSi	25	880	—	油	480	水、油	785	635	12	45	55	207
25CrMnSi	25	880	—	油	480	水、油	1080	885	10	40	39	217
30CrMnSi	25	880	—	油	540	水、油	1080	835	10	45	39	229
35CrMnSi	试样	加热到880℃,于280～310℃等温淬火				空气、油	1620	1280	9	40	31	241
35CrMnSi	试样	950	890	油	230	空气、油						
20CrMnMo	15	850	—	油	200	水、空气	1180	885	10	45	55	217
40CrMnMo	25	850	—	油	600	水、油	980	785	10	45	63	217
20CrMnTi	15	880	870	油	200	水、空气	1080	850	10	45	55	217
30CrMnTi	试样	880	850	油	200	水、空气	1470		9	40	47	229
20CrNi	25	850	—	水、油	460	水、油	785	590	10	50	63	197
40CrNi	25	820	—	油	500	水、油	980	785	10	45	55	241
45CrNi	25	820	—	油	530	水、油	980	785	10	45	55	255

50CrNi	25	820	—	油	500	水、油	1080	835	8	40	39	255
12CrNi2	15	860	780	水、油	200	水、空气	785	590	12	50	63	207
34CrNi2	25	840	—	水、油	530	水、油	930	735	11	45	71	241
12CrNi3	15	860	780	油	200	水、空气	930	685	11	50	71	217
20CrNi3	25	830	—	水、油	480	水、油	930	735	11	55	78	241
30CrNi3	25	820	—	油	500	水、油	980	785	9	45	63	241
37CrNi3	25	820	—	油	500	水、油	1130	980	10	50	47	269
12Cr2Ni4	15	860	780	油	200	水、空气	1080	835	10	50	71	269
20Cr2Ni4	15	880	780	油	200	水、空气	1180	1080	10	45	63	269
15CrNiMo	15	850	—	油	200	空气	930	750	10	40	46	197
20CrNiMo	15	850	—	油	200	空气	980	785	9	40	47	197
30CrNiMo	25	850	—	油	500	水、油	980	785	10	50	63	269
40CrNiMo	25	850	—	油	600	水、油	980	835	12	55	78	269
40CrNi2Mo	25	正火890	850	油	560~580	空气	1050	980	12	45	48	269
40CrNi2Mo	试样	正火890	850	油	220两次回火	空气	1790	1500	6	25		269

（续）

牌号	试样毛坯尺寸① /mm	推荐的热处理制度				纵向力学性能					供货状态为退火或高温回火钢棒布氏硬度 HBW ≤
		淬火/℃		回火		抗拉强度 R_m /MPa	下屈服强度 R_{eL}② /MPa	断后伸长率 A (%) ≥	断面收缩率 Z (%)	冲击吸收能量 $KU_2$③ /J	
		温度/℃ 第1次淬火 / 第2次淬火	冷却介质	温度/℃	冷却介质						
30Cr2Ni2Mo	25	850 / —	油	520	水、油	980	835	10	50	71	269
34Cr2Ni2Mo	25	850 / —	油	540	水、油	1080	930	10	50	71	269
30Cr2Ni4Mo	25	850 / —	油	560	水、油	1080	930	10	50	71	269
35Cr2Ni4Mo	25	850 / —	油	560	水、油	1130	980	10	50	71	269
18CrMnNiMo	15	830 / —	油	200	空气	1180	885	10	45	71	269
45CrNiMoV	试样	860 / —	油	460	油	1470	1330	7	35	31	269
18Cr2Ni4W	15	950 / 850	空气	200	水、空气	1180	835	10	45	78	269
25Cr2Ni4W	25	850 / —	油	550	油	1080	930	11	45	71	269

注：1. 表中所列热处理温度允许调整范围：淬火温度±15℃，低温回火温度±20℃，高温回火温度±50℃。

2. 钢棒在淬火前可先经正火，正火温度应不高于其高于淬火温度，铬锰钛钢第一次淬火可用正火代替。

① 钢棒尺寸小于试样毛坯尺寸时，用原尺寸钢棒进行热处理。

② 当屈服现象不明显时，可用规定塑性延伸强度 $R_{p0.2}$ 代替。

③ 直径小于16mm的圆钢和厚度小于12mm的方钢、扁钢，不做冲击试验。

2.7.3　弹簧钢的热处理工艺参数

1. 弹簧钢的临界温度、退火与正火工艺参数（表2-34）

表2-34　弹簧钢的临界温度、退火与正火工艺参数

牌号	临界温度/℃						退火		正火	
	Ac_1	Ar_1	Ac_3	Ar_3	Ms	Mf	温度/℃	硬度 HBW	温度/℃	硬度 HBW
65	727	696	752	730	265		680~700	≤210	820~860	
70	730	693	743	727	270	-40	780~820	≤255	800~840	≤275
80	725	690			230	-55	780~800	≤229	800~840	≤285
85	723		737	695	220		780~800	≤229	800~840	
65Mn	726	689	765	741	270		780~840	≤229	820~860	≤269
70Mn	721	670	740						790±30	
28SiMnB	730		818		408	209			880~920	
40SiMnVBE	736①		838②		320③					
55SiMnVB	750	670	775	700			800~840		840~880	
38Si2	763①		853②		348③					
60Si2Mn	755	700	810	770	305		750	≤222	830~860	≤302
55CrMn	750	690	775		250		800~820	≤272	800~840	≤493
60CrMn	735①		765②		260③					
60CrMnB	735①		765②		260③					
60CrMnMo	700	655	805		255				900	
55SiCr	765①		825②		290③					
60Si2Cr	765	700	780						850~870	
56Si2MnCr	766①		834②		267③					
52SiCrMnNi	757①		814②		263③					
55SiCrV	763①		833②		273③					
60Si2CrV	770	710	780							
60Si2MnCrV	764①		841②		250③					
50CrV	752	688	788	746	300		810~870		850~880	≤288
51CrMnV	734①		790②		278③					
52CrMnMoV	733①		793②		269③					
30W4Cr2V	820	690	840		400		740~780			

注：1. 退火冷却方式为炉冷。

2. 正火冷却方式为空冷。

① $Ac_1 = 723 - 10.7w(\mathrm{Mn}) - 16.9w(\mathrm{Ni}) + 29.1w(\mathrm{Si}) + 16.9w(\mathrm{Cr}) + 290w(\mathrm{As}) + 6.38w(\mathrm{W})$。

② $Ac_3 = 910 - 203\sqrt{w(\mathrm{C})} - 15.2w(\mathrm{Ni}) + 44.7w(\mathrm{Si}) + 104w(\mathrm{V}) + 31.5w(\mathrm{Mo}) + 13.1w(\mathrm{W})$。

③ $Ms = 539 - 423w(\mathrm{C}) - 30.4w(\mathrm{Mn}) - 17.7w(\mathrm{Ni}) - 12.1w(\mathrm{Cr}) - 7.5w(\mathrm{Mo})$。

2. 弹簧钢淬火与回火工艺参数 (表2-35)

表2-35 弹簧钢的淬火与回火工艺参数

牌号	淬火 温度/℃	淬火 冷却介质	淬火 硬度HRC	不同温度回火后的硬度值 HRC 150℃	200℃	300℃	400℃	500℃	550℃	600℃	650℃	常用回火 温度/℃	常用回火 冷却介质	硬度 HRC
65	800	水	62~63	63	58	50	45	37	32	28	24	320~420	水	35~48
70	800	水	62~63	63	58	50	45	37	32	28	24	380~400	水	45~50
80	780~800	水-油	62~64	64	60	55	45	35	31	27				
85	780~820	油	62~63	63	61	52	47	39	32	28	24	375~400	水	40~49
65Mn	780~840	油	57~64	61	58	54	47	39	34	29	25	350~530	空气	36~50
70Mn	780~820	油	≥62	>62	55	46	37							
28SiMnB	900±20	水或油										320±30		
40SiMnVBE	880	油	>60									320		
55SiMnVB	840~880	油			59	55	47	40	34	30		400~500	水	40~50
38Si2	880	水												
60Si2Mn	870	油	>61	61	60	56	51	43	38	33	29	430~480	水、空气	40~50
55CrMn	840~860	油	63~66	60	58	55	50	42	31			400~500	水	
60CrMn	830~860	油										460~520		42~50

牌号	淬火温度/℃	冷却剂	淬火硬度 HRC									回火温度/℃	冷却	回火硬度
60CrMnB	830~860	油										460~520		
60CrMnMo	860	油										460~520		
55SiCr	840~860	油										450		
60Si2Cr	850~860	油	62~66									450~480	水	45~50
56Si2MnCr	860	油												
52SiCrMnNi	860	油												
55SiCrV	860	油										450		
60Si2CrV	850~860	油	62~66									450~480	水	45~50
60Si2MnCrV	860	油												
50CrV	860	油	56~62	56	55	51	45	39	35	31	28	370~400	水	45~50
51CrMnV	850	油												
52CrMnMoV	860	油										400~450	水	≤415HBW
30W4Cr2V	1050~1100	油	52~58									520~540 600~670	空气 或水	43~47

3. 弹簧钢的力学性能（表2-36）

表2-36　弹簧钢的力学性能（GB/T 1222—2016）

牌号	热处理制度			纵向力学性能				
	淬火温度/℃	冷却介质	回火温度/℃	抗拉强度 R_m /MPa	下屈服强度 R_{eL} /MPa	断后伸长率 A （%）	$A_{11.3}$ （%）	断面收缩率 Z （%）
65	840	油	500	980	785		9.0	35
70	830	油	480	1030	835		8.0	30
80	820	油	480	1080	930		6.0	30
85	820	油	480	1130	980		6.0	30
65Mn	830	油	540	980	785		8.0	30
70Mn	①	—	—	785	450	8.0		30
28SiMnB	900	水或油	320	1275	1180		5.0	25
40SiMnVBE	880	油	320	1800	1680	9.0		40
55SiMnVB	860	油	460	1375	1225		5.0	30
38Si2	880	水	450	1300	1150	8.0		35
60Si2Mn	870	油	440	1570	1375		5.0	20
55CrMn	840	油	485	1225	1080	9.0		20
60CrMn	840	油	490	1225	1080	9.0		20
60CrMnB	840	油	490	1225	1080	9.0		20
60CrMnMo	860	油	450	1450	1300	6.0		30
55SiCr	860	油	450	1450	1300	6.0		25
60Si2Cr	870	油	420	1765	1570	6.0		20
56Si2MnCr	860	油	450	1500	1350	6.0		25
52SiCrMnNi	860	油	455	1450	1300	6.0		35
55SiCrV	860	油	400	1650	1600	5.0		35
60Si2CrV	850	油	410	1860	1665	6.0		20
60Si2MnCrV	860	油	400	1700	1650	5.0		30
50CrV	850	油	500	1275	1130	10.0		40

（续）

牌号	热处理制度			纵向力学性能				
	淬火温度/℃	冷却介质	回火温度/℃	抗拉强度 R_m /MPa	下屈服强度 R_{eL} /MPa	断后伸长率 A（%）	$A_{11.3}$（%）	断面收缩率 Z（%）
51CrMnV	850	油	450	1350	1200	6.0		30
52CrMnMoV	860	油	450	1450	1300	6.0		35
30W4Cr2V	1075	油	600	1470	1325	7.0		40

注：热处理试样由直径或边长不大于 80mm 的棒材以及厚度不大于 40mm 的扁钢毛坯制成。直径或边长大于 80mm 的棒材、厚度大于 40mm 的扁钢，允许其断后伸长率、断面收缩率比表中的规定值分别降低 1%（绝对值）及 5%（绝对值）。

① 70Mn 的推荐热处理制度为正火 790℃。

2.7.4　滚动轴承钢的热处理工艺参数

1. 滚动轴承钢的临界温度、退火与正火工艺参数（表2-37）

表 2-37　滚动轴承钢的临界温度、退火与正火工艺参数

1. 高碳铬轴承钢

牌号	临界温度/℃						普通退火		等温退火		
	Ac_1	Ar_1	Ac_{cm}	Ar_3	Ms	Mf	温度/℃	硬度HBW	加热温度/℃	等温温度/℃	硬度HBW
G8Cr15	752	684	824	780	240		770~800				
GCr15	760	695	900	707	185	-90	790~810	179~207	790~810	710~720	270~390
GCr15SiMn	770	708	872		200		790~810	179~207	790~810	710~720	270~390
GCr15SiMo	750	695	785		210		790~810	179~217			
GCr18Mo	758~764	718	919~931		202		850~870	179~207			

（续）

2. 高碳铬不锈轴承钢

牌号	临界温度/℃						普通退火		等温退火		
	Ac_1	Ar_1	Ac_{cm}	Ar_3	Ms	Mf	温度/℃	硬度HBW	加热温度/℃	等温温度/℃	硬度HBW
G95Cr18	815~865	765~665			145	-90~-70	850~870	≤255	850~870	730~750	≤255
G65Cr14Mo	828[①]								870	720	180~240
G102Cr-18Mo	815~865	765~665			145	-90~-70	850~870℃，4~6h，以30~40℃/h冷至600℃，空冷，硬度≤255HBW		再结晶退火：730~750℃，空冷		

3. 渗碳轴承钢

牌号	临界温度/℃						退火		正火	
	Ac_1	Ar_1	Ac_3	Ar_3	Ms	Mf	温度/℃	硬度HBW	温度/℃	硬度HBW
G20CrMo	743	504	818	746	380		850~860	≤197	880~900	167~215
G20CrNiMo	730	669	830	770	395		660	≤197	920~980	
G20CrNi2Mo	725	650	810	740	380				920±20	
G20Cr2Ni4	685	585	775	630	305		800~900	≤269	890~920	
G10CrNi3Mo	690[②]		811[③]		405[④]					

（续）

3. 渗碳轴承钢

牌号	临界温度/℃						退火		正火	
	Ac_1	Ar_1	Ac_3	Ar_3	Ms	Mf	温度/℃	硬度 HBW	温度/℃	硬度 HBW
G20Cr2Mn-2Mo	725	615	835	700	310		600℃, 4 ~ 6h, 空冷至 280 ~ 300℃, 再加热至 640 ~ 660℃, 2 ~ 6h, 空冷, 硬度 ≤269HBW		900 ~ 930	
G23Cr2Ni2-Si1Mo	745[2]		847[3]		371[4]					

注：1. 退火冷却方式：普通退火为炉冷，等温退火为空冷。

　　2. 正火冷却方式为空冷。

① $Ac_1 = 820 - 25w(Mn) - 30w(Ni) - 11w(Co) - 10w(Cu) + 25w(Si) + 7[w(Cr) - 13] + 30w(Al) + 20w(Mo) + 50w(V)$。

② $Ac_1 = 723 - 10.7w(Mn) - 16.9w(Ni) + 29.1w(Si) + 16.9w(Cr) + 290w(As) + 6.38w(W)$。

③ $Ac_3 = 910 - 203\sqrt{w(C)} - 15.2w(Ni) + 44.7w(Si) + 104w(V) + 31.5w(Mo) + 13.1w(W)$。

④ $Ms = 539 - 423w(C) - 30.4w(Mn) - 17.7w(Ni) - 12.1w(Cr) - 7.5w(Mo)$。

2. 滚动轴承钢的淬火与回火工艺参数（表 2-38）

表 2-38　滚动轴承钢淬火与回火工艺参数

1. 高碳铬轴承钢

牌号	淬火			回火							常用回火温度/℃	硬度 HRC
	温度/℃	冷却介质	硬度 HRC	不同温度回火后的硬度值 HRC								
				150℃	200℃	300℃	400℃	500℃	550℃	600℃		
G8Cr15	840 ~ 860	油	≥63								150 ~ 170	61 ~ 64

（续）

1. 高碳铬轴承钢

牌号	淬火			回火								
	温度/℃	冷却介质	硬度HRC	不同温度回火后的硬度值 HRC							常用回火温度/℃	硬度HRC
				150℃	200℃	300℃	400℃	500℃	550℃	600℃		
GCr15	835~850	油	≥63	64	61	55	49	41	36	31	150~170	61~65
GCr15SiMn	820~840	油	≥64	64	61	58	50				150~180	≥62
GCr15SiMo	835~850	油	≥63								150~170	61~65
GCr18Mo	860~870	油	≥63								150~170	61~65

2. 高碳铬不锈轴承钢

牌号	淬火			回火								
	温度/℃	冷却介质	硬度HRC	不同温度回火后的硬度值 HRC							常用回火温度/℃	硬度HRC
				150℃	200℃	300℃	400℃	500℃	550℃	600℃		
G95Cr18	1050~1100	油	≥59	60	58	57	55				150~160	58~62
G65Cr14Mo	1050										150~160	≥58
G102Cr18Mo	1050~1100	油	≥59	58	58	56	54				150~160	≥58

3. 渗碳轴承钢

牌号	渗碳温度/℃	淬火				回火		
		一次淬火温度/℃	二次淬火温度/℃	直接淬火温度/℃	冷却介质	温度/℃	硬度 HRC 表面	心部
G20CrMo	920~940			840	油	160~180	≥56	≥30
G20CrNiMo	930	880±20	790±20	820~840	油	150~180	≥56	≥30
G20CrNi2Mo	930	880±20	800±20		油	150~200	≥56	≥30
G20Cr2Ni4	930	880±20	790±20		油	150~200	≥56	≥30
G10CrNi3Mo	930~950	870~890	790~810		油	160~180	≥58	≥28

（续）

3. 渗碳轴承钢							
牌号	渗碳温度 /℃	淬火				回火	
		一次淬火 温度/℃	二次淬火 温度/℃	直接淬火 温度/℃	冷却 介质	温度 /℃	硬度 HRC
							表面 心部
G20Cr2Mn2Mo	920～950	870～890	810～830		油	160～180	≥58 ≥30
G23Cr2Ni2-Si1Mo		860～900	790～830		油	150～200	

3. 渗碳轴承钢热处理后的力学性能（表2-39）

表2-39 渗碳轴承钢热处理后的力学性能（GB/T 3203—2016）

牌号	毛坯 直径 /mm	淬火			回火		纵向力学性能			
		温度/℃		冷却 介质	温度 /℃	冷却 介质	抗拉强 度 R_m /MPa	断后伸 长率 A （%）	断面收 缩率 Z（%）	冲击吸 收能量 KU_2/J
		一次	二次					≥		
G20CrMo	15	860～900	770～810	油	150～200	空气	880	12	45	63
G20CrNiMo	15	860～900	770～810		150～200		1180	9	45	63
G20CrNi2Mo	25	860～900	780～820		150～200		980	13	45	63
G20Cr2Ni4	15	850～890	770～810		150～200		1180	10	45	63
G10CrNi3Mo	15	860～900	770～810		180～200		1080	9	45	63
G20Cr2Mn2Mo	15	860～900	790～830		180～200		1280	9	40	55
G23Cr2Ni2-Si1Mo	15	860～900	790～830		150～200		1180	10	40	55

注：表中所列力学性能适用于公称直径≤80mm 的钢材，公称直径为81～100mm 的钢材，允许其断后伸长率、断面收缩率及冲击吸收能量比表中的规定值分别降低1%（绝对值）、5%（绝对值）及5%；公称直径为101～150mm 的钢材，允许其断后伸长率、断面收缩率及冲击吸收能量较表中的规定分别降低3%（绝对值）、15%（绝对值）及15%；公称直径>150mm 的钢材，其力学性能指标由供需双方协商。

2.7.5 工模具钢的热处理工艺参数

1. 刃具模具用非合金钢的热处理工艺参数

1) 刃具模具用非合金钢的临界温度、退火与正火工艺参数见表2-40。

表2-40　刀具模具用非合金钢的临界温度、退火与正火工艺参数

牌号	临界温度/℃						普通退火			等温退火				球化退火				正火		
	Ac_1	Ar_1	Ac_3 (Ac_{cm})	Ar_3	Ms	Mf	温度/℃	冷却方式	硬度 HBW	加热温度/℃	等温温度/℃	冷却方式	硬度 HBW	加热温度/℃	球化温度/℃	冷却方式	硬度 HBW	温度/℃	冷却方式	硬度 HBW
T7	730	700	770		240	−40	750 ~ 760	炉冷	≤187	760 ~ 780	660 ~ 680	空冷	≤187	730 ~ 750	600 ~ 700	空冷	≤187	800 ~ 820	空冷	229 ~ 280
T8	730	700	740		230	−55	750 ~ 760	炉冷	≤187	760 ~ 780	660 ~ 680	空冷	≤187	730 ~ 750	600 ~ 700	空冷	≤187	800 ~ 820	空冷	229 ~ 280
T8Mn	725	680					690 ~ 710	炉冷	≤187	760 ~ 780	660 ~ 680	空冷	≤187	730 ~ 750	600 ~ 700	空冷	≤187	800 ~ 820	空冷	229 ~ 280
T9	730	700	737	695	220	−55	750 ~ 760	炉冷	≤192	760 ~ 780	660 ~ 680	空冷	≤187	730 ~ 750	600 ~ 700	空冷	≤187	800 ~ 820	空冷	229 ~ 280
T10	730	700	(800)		210	−60	750 ~ 770	炉冷	≤197	750 ~ 770	620 ~ 660	空冷	≤197	730 ~ 750	600 ~ 700	空冷	≤197	820 ~ 840	空冷	225 ~ 310
T11	730	700	(810)		220		750 ~ 770	炉冷	≤207	740 ~ 760	640 ~ 680	空冷	≤207	730 ~ 750	680 ~ 700	空冷	≤207	820 ~ 840	空冷	225 ~ 310
T12	730	700	(820)		170	−60	760 ~ 780	炉冷	≤207	740 ~ 760	640 ~ 680	空冷	≤207	730 ~ 750	680 ~ 700	空冷	≤207	820 ~ 840	空冷	225 ~ 310
T13	730	700	(830)		130		760 ~ 780	炉冷	≤217	750 ~ 770	620 ~ 680	空冷	≤207	730 ~ 750	680 ~ 700	空冷	≤217	810 ~ 830	空冷	179 ~ 217

2）刃具模具用非合金钢的淬火与回火工艺参数见表2-41。

表 2-41　刃具模具用非合金钢的淬火与回火工艺参数

牌号	淬火			回火								
	温度/℃	冷却介质	硬度HRC	不同温度回火后的硬度值 HRC							常用回火温度范围/℃	硬度HRC
				150℃	200℃	300℃	400℃	500℃	550℃	600℃		
T7	820	水→油	62~64	63	60	54	43	35	31	27	200~250	55~60
T8	800	水→油	62~64	64	60	55	45	35	31	27	150~240	55~60
T8Mn	800	水→油	62~64	64	60	55	45	35	31	27	180~270	55~60
T9	800	水→油	63~65	64	62	56	46	37	33	27	180~270	55~60
T10	790	水→油	62~64	64	62	56	46	37	33	27	200~250	62~64
T11	780	水→油	62~64	64	62	57	47	38	33	28	200~250	62~64
T12	780	水→油	62~64	64	62	57	47	38	33	28	200~250	58~62
T13	780	水→油	62~66	65	62	58	47	38	33	28	150~270	60~64

2. 量具刃具用钢的热处理工艺参数

1）量具刃具用钢的临界温度、退火与正火工艺参数见表2-42。

2）量具刃具用钢的淬火与回火工艺参数见表2-43。

3. 耐冲击工具用钢的热处理工艺参数

1）耐冲击工具用钢的临界温度、退火与正火工艺参数见表2-44。

表2-42　量具刃具用钢的临界温度、退火与正火工艺参数

牌号	临界温度/℃						退火							正火		
							普通退火			等温退火						
	Ac_1	Ar_1	Ac_{cm}	Ar_{cm}	Ms	Mf	加热温度/℃	冷却方式	硬度HBW	加热温度/℃	等温温度/℃	冷却方式	硬度HBW	温度/℃	冷却方式	硬度HBW
9SiCr	770	730	870		160	-30	790~810	炉冷	197~241	790~810	700~720	空冷	207~241	900~920	空冷	321~415
8MnSi	760	708	865		240		760~780	炉冷	≤229	760~780	680~700	炉冷	≤229			
Cr06	730	700	950	740	145	-95	750~770	炉冷	187~241	750~790	680~700	空冷	187~241	980~1000	空冷	
Cr2	745	700	900		240	-25	700~790	炉冷	179~229	770~790	680~700	空冷	187~229	930~950	空冷	302~388
9Cr2	730	700	860		270		800~820	炉冷	179~217	800~820	670~680	空冷	179~217			
W	740	710	820				750~770	炉冷	187~229	780~800	650~680	空冷	≤229			

表 2-43 量具刀具用钢的淬火与回火工艺参数

牌号	淬火温度/℃	冷却介质	淬火硬度 HRC	150℃	200℃	300℃	400℃	500℃	550℃	600℃	650℃	常用回火温度范围/℃	硬度 HRC
9SiCr	860~880	油	62~65	65	63	59	54	48	44	40	36	180~200	60~62
8MnSi	800~820	油	>60		60~64	60~63						100~200	60~64
												200~300	60~63
Cr06	780~800	油	62~65	63	60	55	50	40				150~200	60~62
	800~820	水											
Cr2	830~850	油	62~65	61	60	55	50	41	36	31	28	150~170	60~62
9Cr2	820~850	油	61~63	61	60	55	50	41	36	31	28	160~180	59~61
W	800~820	水	62~64	61	58	52	44					150~180	59~61

表2-44 耐冲击工具用钢的临界温度、退火与正火工艺参数

牌号	临界温度/℃						普通退火			等温退火				正火		
	Ac_1	Ar_1	Ac_3	Ar_3	Ms	Mf	加热温度/℃	冷却方式	硬度 HBW	加热温度/℃	等温温度/℃	冷却方式	硬度 HBW	温度/℃	冷却方式	硬度 HBW
4CrW2Si	780		840		315 ~ 335		800 ~ 820	炉冷	179 ~ 217							
5CrW2Si	775	725	860		295		800 ~ 820	炉冷	207 ~ 255	830 ~ 840	680 ~ 700	炉冷				
6CrW2Si	775	725	810		280		800 ~ 820	炉冷	229 ~ 285	830 ~ 840	680 ~ 700	炉冷	≤289			
6CrMnSi2Mo1V	773[1]		892				760 ~ 780	炉冷	≤229	760 ~ 780	680 ~ 700	炉冷	≤229			
5Cr3MnSiMo1V	792[1]		835[2]		254[3]		800 ~ 820	炉冷	≤235	800 ~ 820	700 ~ 720	炉冷				
6CrW2SiV	775[1]		832[2]		263[3]				≤225							

注: 炉冷为炉冷至500℃以下出炉空冷。

[1] $Ac_1 = 723 - 10.7w(\mathrm{Mn}) - 16.9w(\mathrm{Ni}) + 29.1w(\mathrm{Si}) + 16.9w(\mathrm{Cr}) + 290w(\mathrm{As}) + 6.38w(\mathrm{W})$。

[2] $Ac_3 = 910 - 203\sqrt{w(\mathrm{C})} - 15.2w(\mathrm{Ni}) + 44.7w(\mathrm{Si}) + 104w(\mathrm{V}) + 31.5w(\mathrm{Mo}) + 13.1w(\mathrm{W})$。

[3] $Ms = 539 - 423w(\mathrm{C}) - 30.4w(\mathrm{Mn}) - 17.7w(\mathrm{Ni}) - 12.1w(\mathrm{Cr}) - 7.5w(\mathrm{Mo})$。

2) 耐冲击工具用钢的淬火与回火工艺参数见表 2-45。

表 2-45　耐冲击工具用钢的淬火与回火工艺参数

牌号	淬火			回火									常用回火温度范围/℃	硬度 HRC
	温度/℃	冷却介质	硬度 HRC	不同温度回火后的硬度值 HRC										
				150℃	200℃	300℃	400℃	500℃	550℃	600℃	653℃			
4CrW2Si	860~900	油	≥53	55	53	51	49	42	38	33		200~250	53~58
												430~470	45~50
5CrW2Si	860~900	油	≥55	58	56	52	48	42	38	34		200~250	53~58
												430~470	45~50
6CrW2Si	860~900	油	≥57	59	58	53	48	42	38	35	31	200~250	53~58
												430~470	45~50
6CrMnSi2Mo1V	预热: 667±15; 加热: 885（盐浴）或900±6（炉控气氛）	油	≥58									58~204	≥58
5Cr3MnSiMo1V	预热: 667±15; 加热: 941（盐浴）或955±6（炉控气氛）	空气	≥56									56~204	≥56
6CrW2SiV	870~910	油	≥58										

4. 轧辊用钢的热处理工艺参数

1) 轧辊用钢的临界点温度、退火与正火工艺参数见表2-46。

表2-46　轧辊用钢的临界点温度、退火与正火工艺参数

牌号	临界点温度/℃						普通退火			等温球化退火				正火		
	Ac_1	Ar_1	Ac_{cm}	Ar_{cm}	Ms	Mf	加热温度/℃	冷却方式	硬度HBW	加热温度/℃	等温温度/℃	冷却方式	硬度HBW	温度/℃	冷却方式	硬度HBW
9Cr2V	770				215		820±10，3~4h	以≤15℃/h缓冷至650℃以下空冷	≤229							
9Cr2Mo	740	700	850		190				≤229	790~810 加热，670 等温，650~500 出炉空冷				900~920		302~388
9Cr2MoV	765①						850~860，炉冷至500℃以下空冷		≤229	790~810，炉冷；700~720 等温，炉冷至			≤217			
8Cr3NiMoV	763	690	805	650	210				≤229	730	640	炉冷	≤269	880		
9Cr5NiMoV	780	730			210				≤229	球化退火及扩氢处理：740 保温，炉冷至650 保温，再炉冷至200 出炉			269	900		

① $Ac_1 = 723 - 10.7w(\mathrm{Mn}) - 16.9w(\mathrm{Ni}) + 29.1w(\mathrm{Si}) + 16.9w(\mathrm{Cr}) + 290w(\mathrm{As}) + 6.38w(\mathrm{W})$。

2) 轧辊用钢的淬火与回火工艺参数见表2-47。

表2-47 轧辊用钢的淬火与回火工艺参数

牌号	淬火			回火									
	温度/℃	冷却介质	硬度HRC	不同温度回火后的硬度值 HRC								常用回火温度/℃	硬度HRC
				150℃	200℃	300℃	400℃	500℃	550℃	600℃	650℃		
9Cr2V	试样：830~900	空气	≥64									700~720	≤45HS
	调质：870~890												
	整体淬火：810~850											130~170，粗磨后再于120回火1次	90~100HS
	感应淬火：900~930												
9Cr2Mo	试样：830~900	空气	≥64										
	830~850		62~65									130~150	62~65
	840~860		61~63									150~170	60~62
9Cr2MoV	试样：880~900	空气	≥64										
	930~950	油										180~200，2次	58~62
8Cr3NiMoV	试样：900~920	空气	≥64									120~140	
	试样：930~950	空气	≥64										
9Cr5NiMoV	调质：930											690~720	40~50HS
	感应淬火：930~950											140~200	

5. 冷作模具用钢的热处理工艺参数

1) 冷作模具用钢的临界温度、退火与正火工艺参数见表2-48。

表2-48 冷作模具用钢的临界温度、退火与正火工艺参数

牌号	临界点温度/℃						普通退火			等温退火				正火		
	Ac1	Ar1	Ac3(Accm)	Ar3(Arcm)	Ms	Mf	加热温度/℃	冷却方式	硬度HBW	加热温度/℃	等温温度/℃	冷却方式	硬度HBW	温度/℃	冷却方式	硬度HBW
9Mn2V	730	655	(760)	690	125		750~770	炉冷	≤229	760~780	680~700	空冷	≤229			
9CrWMn	750	700	(900)		205		760~790	炉冷	190~230	780~800	670~720	空冷	197~243	880~900	空冷	302~388
CrWMn	750	710	(940)		260	-50	770~790	炉冷	207~255	790±10	720±10	空冷	207~255	970~990	空冷	388~514
MnCrWV	750	655	(780)		190			缓冷至≤500℃,空冷	≤255	820±10	720±10	缓冷至≤600℃,空冷	≤197			
7CrMn2Mo	738	690	768				720~750		≤235							
5Cr8MoVSi	840		900				870~890	炉冷	≤229							
7CrSiMnMoV	776	694	834	732	211				≤235	820~840	680~700	空冷	≤255			

钢号											
Cr8Mo2SiV	845	715	800	115	850±10	以≤30℃/h冷至550℃空冷	≤255				
Cr4W2MoV	795	760(900)		142	860±10	炉冷	≤269	860±10	760±10	空冷	≤209
6Cr4W3Mo-2VNb	810~830	720~740		220							
6W6Mo5Cr4V	820	730		240	850~860	炉冷	≤269	850~860	740~750	空冷	≤209
W6Mo5Cr4V2	835	736(885)(781)		131			≤255	840~860	740~760	空冷	197~229
Cr8	810	755(835)(770)		180			≤255	880	740	空冷	≤229
Cr12	710	755(835)	770	180	-55	860±10	炉冷	217~269	830~850	720~740	空冷	≤269

（续）

牌号	临界点温度/℃						普通退火			等温退火				正火		
	Ac_1	Ar_1	Ac_3 (Ac_{cm})	Ar_3 (Ar_{cm})	Ms	Mf	加热温度/℃	冷却方式	硬度 HBW	加热温度/℃	等温温度/℃	冷却方式	硬度 HBW	温度/℃	冷却方式	硬度 HBW
Cr12W	815	715	(865)		180				≤255							
7Cr7Mo2V2Si	856	720	915	806	105		860	炉冷	≤255	860	740	炉冷到 550℃空冷	220 ~ 250			
Cr5Mo1V	785	705	(835)	(750)	180		840 ~ 870	炉冷	≤229	840 ~ 870	760	空冷				
Cr12MoV	830	750	(855)	785	230	0	850 ~ 870	炉冷	≤255	850 ~ 870	730 ± 10	空冷	207 ~ 255			
Cr12Mo1V1	810	750	(875)	(695)	190		870 ~ 900	炉冷	207 ~ 255							

2) 冷作模具用钢的淬火与回火工艺参数见表2-49。

表 2-49　冷作模具用钢的淬火与回火工艺参数

牌号	淬火			回火										
	温度/℃	冷却介质	硬度 HRC	不同温度回火后的硬度值 HRC								常用回火		硬度 HRC
				150℃	200℃	300℃	400℃	500℃	550℃	600℃	650℃	温度/℃		
9Mn2V	780~820	油	≥62	60	59	55	48	40	36	32	27	150~200		60~62
9CrWMn	820~840	油	64~66	62	60	58	52	45	40	35	35	170~230		60~62
CrWMn	820~840	油	63~65	64	62	58	53	47	45	39		160~200		61~62
MnCrWV	840~860	油										660~680		207~229HBW
MnCrWV	840~860	油										160~180		60~62
7CrMn2Mo	820~870	油或空气	62~65									170~205,油冷或空冷		62~65
5Cr8MoVSi	980~1050	油或空气	60~61									480~510,2~3次		58~60
7CrSiMnMoV	870~890	油或空气	≥60									150±10		≥60
Cr8Mo2SiV	550、850 两次预热,1020~1040	油或风冷	61~63									180~200,2h,2次		62~63
Cr8Mo2SiV												520~530,2h,2次		62~64

（续）

牌号	淬火			回火									
	温度/℃	冷却介质	硬度 HRC	不同温度回火后的硬度值 HRC								常用回火	
				150℃	200℃	300℃	400℃	500℃	550℃	600℃	650℃	温度/℃	硬度 HRC
Cr4W2MoV	960~980	油或空气	≥62	65	63	61	59	58	55			280~300	60~62
6Cr4W3Mo2VNb	1080~1180	油	≥61		61	58	59	60	61	56		540~580	≥56
6W6Mo5Cr4V	1180~1200	硝盐或油	60~63					61	62	59		500~580	58~63
W6Mo5Cr4V2	730~840 预热，1210~1230（盐浴或炉控气氛）	油										540~560，2h，2 次	≥64（盐浴）≥63（炉控气氛）
Cr8	1040~1060		≥64									520~540	
Cr12	950~980	油	61~64	63	61	57	55	53	49	44	39	180~200	60~62
												320~350	57~58
Cr12W	950~980	油	≥60	63								180±10	
7Cr7Mo2V2Si	1100~1150	热油或分级淬火	63~64									530~540，1~2h，2~3 次	57~63
	550、800 预热，1090~1100	预冷淬油										520~540，2 次	58~60

钢号	淬火加热温度/℃	冷却介质	硬度 HRC									回火温度/℃	硬度 HRC
7Cr7Mo2V2Si	1080；1120	油冷至300~400℃，空冷	61.5~62.5									350~450，1h，硝盐，回火，540，1h，2~3次；630，3次；610，3次；590，3次	50~52；56~58；59~61
Cr5Mo1V	920~980	油或空气	>62	64	63	58	57	56	55	50		175~530	
	980~1010	油	≥62									510~520，2次	57~60
Cr12MoV	1020~1040	油	62~63	63	62	59	57	55	53	47	40	200~275；400~425	57~59；55~57
Cr12Mo1V1	980~1020	油或空气	>62									200~530	

6. 热作模具用钢的热处理工艺参数

1) 热作模具用钢的临界温度与退火工艺参数

热作模具用钢的临界温度与退火工艺参数见表2-50。

表2-50　热作模具用钢的临界温度与退火工艺参数

牌号	临界点温度/℃						普通退火			等温退火			
	Ac_1	Ar_1	Ac_3 (Ac_{cm})	Ar_3 (Ar_{cm})	Ms	Mf	加热温度 /℃	冷却方式	硬度 HBW	加热温度 /℃	等温温度 /℃	冷却方式	硬度 HBW
5CrMnMo	710	650	760		220		760~780	炉冷	197~241	850~870	680	空冷	197~243
5CrNiMo	730	610	780	640	230		740~760	炉冷	197~241	760~780	680	空冷	197~243
4CrNi4Mo	660		780		260		610~650	≤10℃/h慢冷到500℃，空冷	≤285				
4Cr2NiMoV	716		770		331		780~800	以≤30℃/h 炉冷到500℃，空冷	≤241				
5CrNi2MoV	710		770		250	10	650~700	以30/h慢冷到500℃，空冷	≤255				
5Cr2NiMoVSi	750	625	784	751	243				≤255				
8Cr3	785	750	830	770	370	110	790~810	炉冷	207~255				
4Cr5W2VSi	875	730	915	840	275		860~880	炉冷	≤229				
3Cr2W8V	800	690	(850)	750	380		840~860	炉冷	207~255	830~850	710~740	空冷	207~255
4Cr5MoSiV	853	735	912	810	310	103	860~890	炉冷	≤229	860~890	720~740	炉冷	≤229
4Cr5MoSiV1	860	775	915	815	340	215	860~890	炉冷	≤229	860~890	720~740	炉冷	≤229

钢号	Ac1	Ar1	Ac3	Ar3	Ms	退火冷却	硬度HBW	淬火加热温度/℃	回火温度/℃	回火冷却	硬度HBW
4Cr3Mo3SiV	810	750	910		360		≤229	860	720	炉冷	≤229
5Cr4Mo3SiMnVAl	837		902		277		≤255	870~890	280~320 640~680	空冷	≤241
4CrMnSiMoV	792	660	855	770	325 165		≤255				
5Cr5WMoSi	840①					以≤10℃/h 慢冷到500℃, 空冷	≤248				
4Cr5MoWVSi	835	740	920	825	290		≤235	860±10	以≤30℃冷却500~ 600,再于740±10 等温	以≤30℃/h 冷却到400℃, 再以≤15℃/h 冷却到150℃, 空冷	220~265
3Cr3Mo3W2V	850	735	930	825	400		≤255	870	730	空冷	≤253
5Cr4W5Mo2V	830	744	893	816	250		≤269	850~870	720~740	空冷	≤255
4Cr5Mo2V							≤220	880	以≤30℃/h 冷却500, 空冷	200	

（续）

牌号	临界点温度/℃						普通退火			等温退火			
	Ac_1	Ar_1	Ac_3 (Ac_{cm})	Ar_3 (Ar_{cm})	Ms	Mf	加热温度 /℃	冷却 方式	硬度 HBW	加热温度 /℃	等温温度 /℃	冷却 方式	硬度 HBW
3Cr3Mo3V	820		915		340		750~800	≤20℃/h慢冷到500℃, 空冷	≤229				
4Cr5Mo3V	830		880		280		700~850	≤10℃/h慢冷到500℃, 空冷	≤229				
3Cr3Mo3VCo3①	777①							次货状态	≤229				

① $Ac_1 = 723 - 10.7w(\mathrm{Mn}) - 16.9w(\mathrm{Ni}) + 29.1w(\mathrm{Si}) + 16.9w(\mathrm{Cr}) + 290w(\mathrm{As}) + 6.38w(\mathrm{W})$。

2) 热作模具用钢的淬火与回火工艺参数见表2-51。

表2-51　热作模具用钢的淬火与回火工艺参数

牌号	淬火			回火										
	温度 /℃	冷却 介质	硬度 HRC	不同温度回火后的硬度值 HRC								常用回火		
				150℃	200℃	300℃	400℃	500℃	550℃	600℃	650℃	温度/℃	硬度 HRC	
5CrMnMo	830~860	油	53~58	58	57	52	47	41	37	34	30	490~510	41~47	
												520~540	38~41	

钢号	淬火加热温度/℃	冷却介质	淬火硬度 HRC	559	58	53	48	43	38	35	31	回火温度/℃	硬度 HRC
5CrNiMo	830~860	油	53~59									490~510 520~540 560~580	44~47 38~42 34~37
4CrNi4Mo	840~870	油或空气盐浴										200~220 500~520	
4Cr2NiMoV	910~960	油冷到200℃,空冷	55~56									580~610	44~45
	880	油										380	44~46
5CrNi2MoV	850~880	油冷和气冷	58~60									550~630	35~42
5Cr2Ni-MoVSi	600~650 预热, 970~980	油冷到650~700℃,在300~350℃等温										670~680, 2次	40~44

（续）

牌号	淬火			回火								常用回火	
	温度/℃	冷却介质	硬度 HRC	不同温度回火后的硬度值 HRC								温度/℃	硬度 HRC
				150℃	200℃	300℃	400℃	500℃	550℃	600℃	650℃		
8Cr3	820~850	油	60~63	62	60	58	55	50	43	39		480~520	41~46
	850~880	油	≥55										
4Cr5W2VSi	1060~1080	空冷或油	56~58	57	56	56	56	57	55	52	43	580~620	48~53
3Cr2W8V	1050~1100	油或硝盐	49~52	52	51	50	49	47	48	45	40	600~620	40~48
4Cr5MoSiV	1000~1030	空气或油	>55		54	53	53	54	52	50	43	530~560	47~49
4Cr5MoSiV1	1020~1050	空气或油	50~58	55	52	51	51	52	53	45	35	560~580	47~49
4Cr3Mo3SiV	1010~1040	空气或油	52~59									540~650	
5Cr4Mo3SiMnVAl	1090~1120	油	>60									580~620	50~54
4CrMnSiMoV	870±10	油	56~58				50	47	45	43	38	520~660	37~49
5Cr5WMoSi	990~1020	油冷	59~62									150~320	53~60
4Cr5Mo-WVSi	1000~1030	油或空气											

钢号	淬火温度	淬火介质	淬火硬度							回火温度	回火硬度
3Cr3Mo3-W2V	1060~1130	油	52~56							680	39~41
5Cr4W5-Mo2V	1100~1150	油	57~62							640	52~54
4Cr5Mo2V	550 预热, 1030	油冷	57.7	58	58	58	57		58	52.5	450~670	50~62
3Cr3Mo3V	1010~1050	油或盐浴、高压气体	52~56							600, 2次	47.27
4Cr5Mo3V	1010~1050	油或空气或盐浴	52~56							530~560, 至少 2 次	47~49
3Cr3Mo3-VCo3	1000~1050	油								600~650, 2次	44~50

7. 塑料模具用钢的热处理工艺参数

1) 塑料模具用钢的临界点温度、退火与正火工艺参数见表2-52。

表2-52　塑料模具用钢的临界点温度、退火与正火工艺参数

牌号	临界点温度/℃						交货状态		普通退火			等温退火				正火		
	Ac₁	Ar₁	Ac₃(Ac_cm)	Ar₃(Ar_cm)	Ms	Mf	退火 硬度HBW	预硬化 硬度HRC	加热温度/℃	冷却方式	硬度HBW	加热温度/℃	等温/℃	冷却方式	硬度HBW	温度/℃	冷却方式	硬度HBW
SM45	724	751	780		340		热轧交货状态 硬度155~215		820~830	炉冷至550℃								
SM50	725	720	760		335		热轧交货状态 硬度165~225		810~830	炉冷至550℃								
SM55	727	755	774		325		热轧交货状态 硬度170~230		770~810	空冷						810~860	空冷	
3Cr2Mo	770	755	825	640	335	180	≤235	28~36				840~860	710~730	炉冷至500℃	≤229			
3Cr2MnNiMo	715		770		280		≤235	30~36				840~860	690~710	空冷	≤229			
4Cr2Mn1MoS①	750						≤235	28~36										
8Cr2Mn-WMoVS							≤235	40~48				790~810	700~720	炉冷至500℃ 空冷	≤229			

牌号	Ac_1	Ac_3	Ms	退火加热温度/℃	退火冷却	退火硬度 HBW	正火加热温度/℃	正火冷却	硬度 HBW	硬度 HRC
5CrNiMnMo-VSCa	695	735	220	760~780	炉冷至500℃空冷	≤255	880~900	空冷	≤220	35~45
2CrNiMo-MnV	720①	≈780	≈290	760~780	炉冷至500℃空冷	≤235				30~38
2CrNi3MoAl	≈730			680~700	炉冷	≤241				38~43
1Ni3MnCu-MoAl	663①					—				38~42
06Ni6CrMo-VTiAl	654①		155~100			≤255				43~48
00Ni18Co8-Mo5TiAl						协议				协议

（续）

牌号	临界点温度/℃						交货状态		普通退火			等温退火				正火		
	Ac_1	Ar_1	Ac_3 (Ac_{cm})	Ar_3 (Ar_{cm})	Ms	Mf	退火硬度 HBW	预硬化硬度 HRC	加热温度/℃	冷却方式	硬度 HBW	加热温度/℃	等温温度/℃	冷却方式	硬度 HBW	温度/℃	冷却方式	硬度 HBW
2Cr13 (20Cr13)	820				320		≤220	30~36										
4Cr13 (40Cr13)	820		1100		270		≤235	30~36	760~780	炉冷	≤217							
4Cr13NiVSi							≤235	30~36										
2Cr17Ni2	810	780			357		≤285	28~32	660~680	炉冷								
3Cr17Mo							≤285	33~38	850~860	炉冷	≤285							
3Cr17NiMoV							≤285	33~38	780~820	炉冷	≤230							
9Cr18 (95Cr18)	830	810			145		≤255	协议	880~920	炉冷	≤269							
9Cr18MoV (90Cr18MoV)							≤269	协议	880~920	炉冷	≤241	850~880	680~700	炉冷至500℃空冷				

① $Ac_1 = 723 - 10.7w(\mathrm{Mn}) - 16.9w(\mathrm{Ni}) + 29.1w(\mathrm{Si}) + 16.9w(\mathrm{Cr}) + 290w(\mathrm{As}) + 6.38w(\mathrm{W})$。

2）塑料模具用钢的淬火与回火工艺参数见表2-53。

表2-53　塑料模具用钢的淬火与回火工艺参数

牌号	淬火			回火										
	温度/℃	冷却介质	硬度 HRC	不同温度回火后的硬度值 HRC								常用回火		硬度 HRC
				150℃	200℃	300℃	400℃	500℃	550℃	600℃	650℃	温度/℃		
SM45	840	水-油	57~58	—	55	50	41	33	26	22				
SM50	830	水	57~58	—	56	51	42	33	27	23	23			
SM55	820	水	58~59	—	57	52	45	35	30	25	26			
3Cr2Mo	850~880	油	≥52	—	—	—		41	38	33		580~640		28~35
3Cr2MnNiMo	830~870	油或空气	≥48	—	—	—		42	38	36	32	550~650		30~38
4Cr2Mn1MoS	830~870	油	≥51											
8Cr2MnWMoVS	860~900	油或空气	≥62	62	60	57	55	53	51	47		160~200 / 550~650		60~64 / 40~48
5CrNiMnMoVSCa	860~920	油	≥62		58	54	51	48	46	43	36	600~650		35~45
2CrNiMoMnV	850~930	油或空气冷	≥48											
2CrNi3MoAl （参考 2CrNi3MoAlS）	880±20 水或空冷		48~50									680 (4~6h)		22~23
	渗碳：900~920 淬火：820~840	油冷	≥60									160~180		≥58
	碳氮共渗：840~860	油冷	≥60									160~180		≥58

（续）

牌号	淬火 温度/℃	淬火 冷却介质	淬火 硬度 HRC	回火 不同温度回火后的硬度值 HRC 150℃	200℃	300℃	400℃	500℃	550℃	600℃	650℃	常用回火 温度/℃	硬度 HRC
1Ni3MnCuMoAl	固溶870											时效 500~540	37~43
06Ni6CrMoVTiAl	固溶850~880，油冷或空冷											时效 500~540	
00Ni18Co8Mo5TiAl	固溶805~825，空冷 时效460~530，空冷											480，6h	≥48
2Cr13 (20Cr13)	1000~1050	油	≥45		48	45	43	40	38	33			
4Cr13 (40Cr13)	1000~1050	油	52~55		54	50	50	50	42	33	30	200~300 500~600	52~53 32~50
4Cr13NiVSi	1000~1030	油	≥50										
2Cr17Ni2	1000~1050	油	≥49										
3Cr17Mo	1000~1040	油	≥46		47	47.5	47.5	47	38	34		160~180	47~48
3Cr17NiMoV	1030~1070	油	≥50	48	47	46	46	47		32			
9Cr18 (95Cr18)	1000~1050	油	≥55									200~300 500~600	56~60 40~53
9Cr18MoV (90Cr18MoV)	1050~1075	油	≥55										

8. 特殊用途模具用钢的热处理工艺参数（表2-54）

表2-54 特殊用途模具用钢的热处理工艺参数

牌号	退火硬度	固溶		时效		
		温度/℃	冷却方式	温度/℃	冷却方式	硬度 HRC
7Mn15Cr2Al3V2WMo	870~890℃，炉冷到500℃以下空冷，28~30HRC	试样 1170~1190	水冷	650~700	空冷	≥45
		1150~1180	水冷	650 (10h)		46
				700 (4h)		48
2Cr25Ni20Si2		试样1040~1150	水或空冷	470~630	空冷	
0Cr17Ni4Cu4Nb	协议	试样1020~1060	空冷	480~630	空冷	
		1040	冷至30℃ (Mf点) 或30℃以下	过时效处理 630~650	空冷	
Ni25Cr15Ti2MoMn	交货状态 ≤300HBW	试样950~980	水或空冷	720+620	空冷	248~341 HBW
		990±10	空冷、油或水冷	720±10	空冷	
Ni53Cr19Mo3TiNb	交货状态 ≤300HBW	试样980~1000	水、油或空冷	710~730	空冷	
		950~980	空冷或水冷	720±10	以50℃/h冷至620℃±10℃，保温8h，空冷	

9. 其他工模具钢的热处理工艺参数

1) 其他工模具钢的临界温度、退火与正火工艺参数见表2-55。

表 2-55　其他工模具钢的临界温度、退火与正火工艺参数

牌号	临界点温度/℃						普通退火			等温退火				正火		
	Ac_1	Ar_1	Ac_3 (Ac_{cm})	Ar_3 (Ar_{cm})	Ms	Mf	加热温度/℃	冷却方式	硬度 HBW	加热温度/℃	等温温度/℃	冷却方式	硬度 HBW	温度/℃	冷却方式	硬度 HBW
5SiMnMoV	764		788				860~880	炉冷	≤241	860~880	700~720	空冷	≤241			
5CrMnSiMoV							850~870	炉冷	≤241	850~870	740~760	空冷	≤241			
30CrMnSiNi2A	705		815		314		840~860	炉冷	≤255					900~920	空冷	高温回火: 650~680, 空冷, ≤255
6CrMnNiMoSi	705	580	740		172					840~850	720~740	空冷	≤241			
Y55CrNiMnMoVS	712		772		290					810~820	680~700	空冷	≤255			
4CrNiMnMoVSCa	695		735		220					760~780	660~680	空冷	≤230			
5Mn15Cr8Ni-5Mo3V2							870~890	炉冷	≤283							
7Mn10Cr8Ni-10Mo3V2							870~890	炉冷	28~30 HRC							
3Cr2MoWVNi	816		833		268					810~830	700~720	空冷	≤255			

钢号										
5Cr2NiMoVSi	750	623	874		243	800~820炉冷		800~820	720~740空冷	≤255
3Cr3Mo3W2V	850	735	930		400			850~870	720~740空冷	≤255
3Cr3Mo3VNb	825	734	920		355	850~870炉冷		850~870	700~720空冷	≤255
4Cr3Mo2MnVB	801	680	874		342	840~860炉冷		840~860	720~740空冷	≤255
4Cr3Mo2MnVNbB	789		910		263			840~860	680~700空冷	≤255
4Cr3Mo2NiVNb	770				320	840~860炉冷	≤255			
4Cr3Mo2WVMn	790		912					840~860	710~730空冷	≤255
4Cr3Mo3SiV	845		920					860~880	710~730空冷	≤229
4Cr3Mo3W4VNb	821	752	880	850		840~860炉冷	≤255	840~860	720~740空冷	
4Cr4WMoSiV	840	775	880	845				860~890	720~740空冷	
4Cr5Mo2MnVSi	815		893		271			840~860	680~700空冷	170~187
4Cr5W2VSi	800	730	875		275	860~880炉冷		860~880	720~740空冷	≤241
5Cr3Mn1SiMo1V						800~820炉冷		800~820	700~720空冷	≤229
5Cr4Mo2W2VSi	810	700	885		290	860~880炉冷	≤227	860~880	740~760空冷	≤227
5Cr4Mo3SiMnVAl	837		902		277			850~870	710~720空冷	≤255
5Cr4W5Mo2V	836	744	893		250			850~870	720~740空冷	≤255

（续）

牌号	临界点温度/℃						普通退火			等温退火				正火		
	Ac₁	Ar₁	Ac₃(Ac_cm)	Ar₃(Ar_cm)	Ms	Mf	加热温度/℃	冷却方式	硬度 HBW	加热温度/℃	等温温度/℃	冷却方式	硬度 HBW	温度/℃	冷却方式	硬度 HBW
6Cr4Mo3Ni2WV	737	650	822		180					800~820	650~670	空冷 反复等温退火：830℃保温，炉冷至680℃保温，再加热至830℃保温，炉冷至680℃保温，炉冷至500℃以下空冷	≤255			
6Cr4W3Mo2VNb	810~830	740~760			220					850~870	730~750	空冷	≤241			
Cr6WV	815	625	(845)		150		830~850	炉冷	≤229	830~850	700~720	空冷	≤229			
Cr12Mo	810	695	(875)		230		870~890	炉冷	≤229	870~890	720~740	空冷	≤255		高温回火：760~790	
Cr12V	810	760			180					850~870	720~740	空冷	≤255		高温回火：760~790	
Cr14Mo4V	856	722	722 (915)	722						880~1000	以15~30℃/h速度冷至720~740℃，保温1~2h，再以同样的冷速冷至600℃，保温2~5h，炉冷至500℃出炉空冷	炉冷	≤241			

2）其他工模具钢的淬火及回火工艺参数见表2-56。

表 2-56　其他工模具钢的淬火及回火工艺参数

牌号	淬火			回火	
	温度 /℃	冷却 介质	硬度 HRC	温度 /℃	硬度 HRC
5SiMnMoV	840～870	油	≥56		
	中型：840～870	水	≥60	490～510	40～46
5CrMnSiMoV	870～890	油		小型：520～580	44～49
				中型：580～630	41～44
				大型：610～630	38～42
30CrMnSiNi2A	880～900	油	≥50	240～330	≥45
	900	180～220℃ 硝盐等温	47～48	250～300	≥45
6CrMnNiMoSi	870～930	油	62～64	180～230	60～62
	870～890	250～270 等温		190～210，2次	60～61
Y55CrNiMnMoVS	820～860	油	57～59	600～650	38～42
4CrNiMnMoVSCa	870～900	油	≥55	600～650	33～40
				500～600	40～45
5Mn15Cr8Ni- 5Mo3V2	固溶： 1150～1180	水	18～25	时效：680～700	45～47
7Mn10Cr8Ni- 10Mo3V2	固溶： 1150～1180	水	18～25	时效：700	46～47
	气体氮碳共渗： 550～570， 4～6h 渗层深度为0.03～0.04mm		950～ 1100HV		
3Cr2MoWVNi	980～1020	油	50～52	610～660	41～43
5Cr2NiMoVSi	960～980	油	54～61	600～680	35～48

（续）

牌号	淬火			回火	
	温度 /℃	冷却 介质	硬度 HRC	温度 /℃	硬度 HRC
3Cr3Mo3W2V	1060~1130	油或熔盐	52~56	640~680	39~54
3Cr3Mo3VNb	1060~1090	油	47~49	570~600	47~49
				600~630	42~47
4Cr3Mo2MnVB	1020~1040	油或熔盐	52~57	600~650	41~49
4Cr3Mo2MnVNbB	1050~1100	油	58~60	600~630	44~52
4Cr3Mo2NiVNb	1130	油	≥50	650~700	40~47
4Cr3Mo2WVMn	1050~1100	油	≥50	570~650，2次	45~50
4Cr3Mo3SiV	1010~1040	油	50~55	600~620	50~55
				620~640	40~50
4Cr3Mo3W4VNb	1160~1200	油	≥55	630+600	
4Cr4WMoSiV	1060~1080	油		610~640	48~51
4Cr5Mo2MnVSi	950~1050	油	50~56	550~620	42~51
4Cr5W2VSi	1030~1080	油	≥53	530~590	47~52
5Cr3Mn1SiMo1V	950~960	油	≥56	160~180	56~58
5Cr4Mo2W2VSi	1180~1120	油	61~63	540~560，3次	58~60
5Cr4Mo3SiMnVAl	冷作模具 1090~1120	油	61~62	510	60~62
	热作模具 1090~1120	油	61~62	580~600，2次	52~54
	压铸模具 1120~1140	油	62	620~630，2次	42~44
5Cr4W5Mo2V	1130~1140	油	58~60	600~630，2次	50~56

（续）

牌号	淬火			回火	
	温度 /℃	冷却 介质	硬度 HRC	温度 /℃	硬度 HRC
6Cr4Mo3Ni2WV	冷作模具 1100~1140	油		550~560，2 次	60~61
	热作模具 1120~1180	油		620~630，2 次	51~53
6Cr4W3Mo2VNb	1120~1160	油冷、油淬 空冷	≥62	540~560	≥58
	1160	硝盐分级淬火			
	超细化处理 1200	油		700	
Cr6WV	950~970	油	62~64	150~170	62~63
				190~210	58~60
	990~1010	400~450℃ 硝盐，空冷	62~64	500 + （190~200）	57~58
Cr12Mo	980~1050	油	62~64	160~180，2 次	60~62
				400~450，2 次	50~60
	1100~1120	油		500~520，2 次	58~60
Cr12V	1060~1080	油冷或经 350~400℃ 硝盐淬火	62~64	150~170（油）	62~64
				190~210（硝盐）	58~60
				400~425（硝盐）	55~57
Cr14Mo4V	1100~1120	油	≥58	500~525，4 次	61~63

2.7.6 高速工具钢的热处理工艺参数

1. 高速工具钢的临界温度与退火工艺参数（表 2-57、表 2-58）

表2-57　高速工具钢的临界温度与退火工艺参数（1）

牌号	临界温度/℃				交货状态（退火态）	软化退火			等温退火		
	Ac_1	Ar_1	Ac_3	M_s	HBW	加热温度/℃	冷却方式	硬度 HBW	加热温度/℃	冷却方式	硬度 HBW
W3Mo3Cr4V2					≤255						
W4Mo3Cr4V4Si	815~855			170	≤255				840~860	②	≤255
W18Cr4V	820	760	860	210	≤255	860~880	①	≤277	860~880	②	≤255
W2Mo8Cr4V	825~857				≤255						
W2Mo9Cr4V2	835~860			140	≤255	800~850	①	≤277	800~850	②	≤255
W6Mo5Cr4V2	835	770	885	225	≤255	840~860	①	≤255	840~860	②	≤255
CW6Mo5Cr4V2					≤255	830~850	①		830~850	②	
W6Mo6Cr4V2					≤262						
W9Mo3Cr4V	835			200	≤255	830~850	①		830~850	②	
W6Mo5Cr4V3	835~860			140	≤262	850~870	①	≤277	850~870	②	
CW6Mo5Cr4V3	835~860			140	≤262						
W6Mo5Cr4V4					≤269						
W6Mo5Cr4V2Al	835	770	885	120	≤269	850~870	①	≤285	850~870	②	≤269
W12Cr4V5Co5	841~873	740		220	≤277						
W6Mo5Cr4V2Co5	825~851			220	≤269	840~860	①	≤285	840~860	②	≤269
W6Mo5Cr4V3Co8					≤285						
W7Mo4Cr4V2Co5					≤269				850~870	②	≤269
W2Mo9Cr4VCo8	841~873	740		210	≤269	870~880	①	≤269	870~880	②	≤269
W10Mo4Cr4V3Co10	830	765	870	175	≤285	850~870	①	≤311	850~870	②	≤302

① 以20~30℃/h冷却至500~600℃，炉冷或空冷。

② 炉冷至740~750℃，保温2~4h，再炉冷至500~600℃，出炉空冷。

表 2-58　高速工具钢的临界温度与退火工艺参数（2）

牌号	临界点温度/℃				软化退火			等温退火		
	Ac_1	Ar_1	Ac_3(Ac_{cm})	Ms	加热温度/℃	冷却方式	硬度 HBW	加热温度/℃	冷却方式	硬度 HBW
W3Mo2Cr4VSi								870~880	②	
6W6Mo5Cr4V2	820	730		180	850~860	①	197~207	850~860	②	197~207
W6Mo5Cr4V2Si					850~870	①	≤269	850~870	②	≤269
W6Mo3Cr4V5Co5	825~851			220	850~870	①	≤285	850~870	②	≤277
W6Mo5Cr4V5SiNbAl	835	770	885		850~870	①	≤285	850~870	②	≤269
W7Mo3Cr5VNb	835~900			180	840~860	①	≤255			
W10Mo4Cr4V3Al	835	770	885	115	840~860	①	≤285	840~860	②	≤269
W12Cr4V4Mo	835	770	885	225	840~860	①	≤285	840~860	②	≤262
W12Mo3Cr4V3N	830	763	870	175	840~860	①	≤293	840~860	②	≤285
W12Mo3Cr4V3Co5Si					860~880	①	≤285	860~880	②	≤269
9W18Cr4V	835	770	885	225	850~870	①	≤285	850~870	②	≤262
W18Cr4V4SiNbAl	830	765	870	175	870~890	①	≤352	870~890	②	≤341

① 以 20~30℃/h 冷却至 500~600℃，炉冷或空冷。

② 炉冷至 740~750℃，保温 2~4h，再炉冷至 500~600℃，出炉空冷。

2. 高速工具钢的淬火与回火工艺参数 (表2-59、表2-60)

表2-59　高速工具钢的淬火与回火工艺参数 (1)

牌号	预热 温度/℃	预热 时间/(s/mm)	淬火加热 加热介质	淬火加热 温度/℃	淬火加热 时间/(s/mm)	冷却介质	回火制度	回火后硬度HRC
W3Mo3Cr4V2	800~850			1120~1180			540~560℃×2h,2次	≥63
W4Mo3Cr4VSi	800~850			1170~1190			540~560℃×2h,2次	≥63
W18Cr4V	850			1260~1280			560℃×1h,3次	≥62
				1200~1240				
W2Mo8Cr4V	800~850			1120~1180			550~570℃×1h,2次	≥63
W2Mo9Cr4V2	800~850			1180~1210			550~580℃×1h,3次	≥65
				1210~1230				
W6Mo5Cr4V2	850	24	中性盐浴	1200~1220①	12~15	油	560℃×1h,3次	≥62
				1230②				≥63
				1240③				≥64
				1150~1200④				≥60
CW6Mo5Cr4V2	850			1190~1210			560℃×1h,3次	≥65
W6Mo6Cr4V2	850			1190~1210			550~570℃×1h,2次	≥64
W9Mo3Cr4V	850			1200~1220			540~560℃×2h,2次	≥64

牌号				
W6Mo5Cr4V3	850	1200~1230	550~570℃×1h,3次	≥64
CW6Mo5Cr4V3	800~850	1180~1200	540~560℃×2h,2次	≥64
W6Mo5Cr4V4	850	1200~1220	550~570℃×1h,2次	≥64
W6Mo5Cr4V2Al	850	1220~1240	550~570℃×1h,4次	≥65
W12Cr4V5Co5	800~850	1210~1230	530~550℃×1h,3次	≥65
W6Mo5Cr4V2Co5	800~850	1210~1230	550~580℃×1h,3次	≥64
W6Mo5Cr4V3Co8	800~850	1170~1190	550~570℃×1h,2次	≥65
W7Mo4Cr4V2Co5	800~850	1180~1200	550~580℃×1h,3次	≥66
W2Mo9Cr4VCo8	850	1180~1220 / 1200~1220	550~570℃×1h,4次	≥66
W10Mo4Cr4V3Co10	800~850	1200~1230 / 1230~1250	550~570℃×1h,3次	≥66

① 高强薄刃刀具淬火温度。
② 复杂刀具淬火温度。
③ 简单刀具淬火温度。
④ 冷作模具淬火温度。

表 2-60　高速工具钢的淬火与回火工艺参数 (2)

牌号	预热温度/℃	预热时间/(s/mm)	淬火加热温度/℃	淬火加热时间/(s/mm)	淬火冷却介质	淬火硬度HRC	回火制度	回火硬度HRC
W3Mo2Cr4VSi	800~850		刀具: 1175~1210	12~15	油	>65	540~560℃×1h, 3次	≥64
W3Mo2Cr4VSi			模具: 1150~1160	12~15	油		580~590℃×1h, 1次 +540~560℃×1h, 2次	59~63
6W6Mo5Cr4V2	850	24	1180~1200	12~15	一般工件: 500~600℃中性盐浴或油; 复杂工件: 550℃、250℃两次分级后再入240℃级盐等温	≥62	550℃×1h, 3次	63
W6Mo5Cr4V2Si	880		1180~1210	12~15	600℃、280℃两次分级	61~64	560℃×1.5h, 3次	≥67
W6Mo3Cr4V5Co5	800~850		1210~1230	12~15	油		540~560℃×1h, 3次	≥64
W6Mo5Cr4V5SiNbAl	850		1220~1240	12~15	油	>66	500~530℃×1h, 3次 或560℃×1h, 3次	≥65

钢号	第一温度/℃	淬火温度/℃	时间/s	淬火介质	硬度HRC	回火	硬度HRC
W7Mo3Cr5VNb	800~850	1180~1220			61.5~63	550℃×1h, 3次	64~66
W10Mo4Cr4V3Al	860~880	1230~1250	20	油		540~560℃×1h, 4次	≥66
W12Cr4V4Mo	850	1240~1250① 1260② 1270~1280③	12~15	油	≥64	550~570℃×1h, 3次	≥62
W12Mo3Cr4V3N	850	1220~1280（常用1260~1280）	15~20	油	>66	550~570℃×1h, 4次	≥65
W12Mo3Cr4V3Co5Si	850	1210~1240	12~15	油	≥65	560℃×1h, 4次	≥66
9W18Cr4V	850	1260~1280	12~15	油		570~590℃×1h, 4次	≥63
W18Cr4V4SiNbAl	850	1230~1250	12~15	油	≥64	530~560℃×1h, 4次	≥65

注：加热介质为中性盐浴。

① 适用于高强薄刃刀具。

② 适用于复杂刀具。

③ 适用于简单刀具。

2.7.7 不锈钢和耐热钢的热处理工艺参数（表2-61）

表2-61 不锈钢和耐热钢的热处理工艺参数（JB/T 9197—2008）

1. 不完全退火、去应力退火或高温回火及正火

组织类型	序号	牌号	不完全退火 加热温度/℃	冷却介质	硬度 HBW	正火 加热温度/℃	冷却介质	硬度 HBW	去应力退火或高温回火 加热温度/℃	冷却介质	硬度 HBW
马氏体型	1	1Cr13	730~780 830~900	空气	≤229 ≤170	—	—	—	—	—	—
	2	2Cr13	870~900	炉冷	187	—	—	—	730~780	空气	≤229
	3	3Cr13	870~900	炉冷	≤206	—	—	—	730~780	空气	≤229
	4	4Cr13	870~900	炉冷	≤229	—	—	—	730~780	空气	≤254
	5	2Cr13Ni2	840~860		206~285	—	—	—	730~780	空气	≤285
	6	1Cr17Ni2	—			—	—	—	670~690	空气	197~269
	7	1Cr11Ni2W2MoV	—			900~1010	空冷	—	730~750	空气	229~320
	8	1Cr12Ni2WMoVNb	—			1140~1160	空冷	—	680~720	空气	197~254
	9	1Cr14Ni3W2VB	—			930~950	—	—	670~690	空气	≤269
	10	9Cr18	880~920	炉冷	≤269	—	—	—	730~790	空气	

序号	牌号	退火 加热温度/℃	冷却介质	硬度HBW	加热温度/℃	冷却介质	加热温度/℃	冷却介质	硬度HBW
11	9Cr18MoV	880~920	炉冷	≤241	—	—	—	730~790	空气	≤254
12	3Cr13Ni7Si2	淬火并退火与回火：1040~1070℃，水冷，860~880℃，保温6h，随炉冷却至300℃后空冷，600~680℃空冷								
13	4Cr10Si2Mo	等温退火：1000~1040℃，保温1h，随炉冷却至750℃，保温3~4h，空冷；197~269HBW								
14	2Cr3WMoV	—	—	—	1040~1060	空气	740~760	空气	187~269
15	3Cr13Mo	870~900	炉冷	229	—	730~780	空气	≤269

2. 淬火或固溶处理、回火或时效

组织类别	序号	牌号	淬火或固溶处理 加热温度/℃	冷却介质	按强度选择的回火或时效规范 抗拉强度/MPa	回火或时效温度①/℃	冷却介质	按硬度选择的回火或时效规范 硬度HBW	回火或时效温度①/℃	冷却介质
马氏体型	1	1Cr13	1000~1050	油或空气	780~980	580~650	油或空气	254~302	580~650	油或水
					880~1080	560~620		285~341	560~620	
					980~1180	550~580		354~362	550~580	

（续）

2. 淬火或固溶处理、回火或时效

组织类别	序号	牌号	淬火或固溶处理		抗拉强度/MPa	回火或时效规范		按硬度选择的回火或时效规范		
			加热温度/℃	冷却介质		回火或时效温度①/℃	冷却介质	硬度HBW	回火或时效温度①/℃	冷却介质
马氏体型	1	1Cr13	1000~1050	油或空气	1080~1270	520~560	油或水	341~388	520~560	油或水
					>1270	<300	空气	>388	<300	空气
	2	2Cr13	980~1050	油或空气	690~880	640~690	油或空气	229~269	650~690	油或空气
					880~1080	560~640		254~285	600~650	
					980~1180	540~590		285~341	570~600	
					1080~1270	520~560		341~388	540~570	
					1180~1370	500~540		388~445	510~540	
					>1370	<350	空气	>445	<350	油或空气
	3	3Cr13	980~1050	油或空气	880~1080	580~620	油或空气	254~285	620~680	油或水
					980~1180	560~610		285~341	580~610	
					1080~1270	550~600		341~388	550~600	
					1180~1370	540~590		388~445	520~570	
					1270~1470	530~570		445~514	500~530	

序号	牌号	淬火温度/冷却		回火温度	冷却		回火温度	冷却
4	4Cr13	1000~1050 油或空气	>1470	<350	空气	>514	<350	空气
			980~1180	590~640	油或水	285~341	600~650	油或空气
			1080~1270	570~620	油或水	341~388	570~610	油或空气
			1180~1370	550~600	油或水	388~445	530~580	油或空气
			1270~1470	540~580	油或水	—	—	油或水
			1370~1570	300~357	空气	445~514	300~370	空气
5	2Cr13Ni2	1000~1020 油或空气	>1570	<350	空气	>514	<350	空气
			880~1080	580~680	油或水	269~302	580~680	油或水
			980~1180	540~630	油或水	285~362	540~630	油或水
			1080~1270	520~580	油或水	302~388	520~580	油或水
			1180~1370	500~540	油或水	362~445	500~540	油或水
		900~930	1370~1570	<300	空气	≥44HRC	<300	空气

（续）

2. 淬火或固溶处理、回火或时效

序号	牌号	淬火或固溶处理		按强度选择的回火或时效规范			按硬度选择的回火或时效规范			组织类别
		加热温度/℃	冷却介质	抗拉强度/MPa	回火或时效温度①/℃	冷却介质	硬度HBW	回火或时效温度①/℃	冷却介质	
6	1Cr17Ni2	950~1040	油	690~880	580~680	油或水	229~269	580~700	油或空气	马氏体型
				780~980	590~650		254~302	600~680		
				880~1080	540~600		285~341	520~580		
				980~1180	500~560		320~375	480~540		
				1080~1270	480~547		—	—		
				>1270	300~360	空气	>375	<350	空气	
7	1Cr11Ni2W2MoV	990~1010	油或空气	<880	680~740	空气	241~258	680~740	空气	
				880~1080	640~680		269~320	650~710		
				>1080	550~590		311~388	550~590		
8	1Cr12Ni2WMoVNb	1140~1160	油或空气	<880	680~740	空气	241~258	680~740	空气	
				880~1080	640~680		269~320	650~710		
				>1080	570~600		320~401	570~600		
9	1Cr14Ni3W2VB	1040~1060	油或空气	>930	600~680	空气	285~341	600~680	空气	
				>1130	500~600		330~388	550~600		

序号	钢号	淬火温度	冷却介质				硬度	回火温度	冷却
10	9Cr18②	1010~1070	油	—	—	—	50~55HRC	250~380	空气
							>55HRC	160~250	空气
11	9Cr18MoV②	1050~1070	油	—	—	—	50~55HRC	260~320	空气
							>55HRC	160~250	空气
12	3Cr13Ni7Si2③	790~810	油	—	—	—	341~401	—	—
13	4Cr10Si2Mo	1010~1050	油或空气	—	—	—	302~341	700~760	空气
14	2Cr3WMoV	1030~1080	油	>880	660~700	—	285~341	660~700	空气
15	0Cr18Ni9	1050~1100	空气或水	—	—	—	—	—	—
16	1Cr18Ni9	1050~1150	空气或水	—	—	—	—	—	—
17	2Cr18Ni9	1100~1150	空气或水	—	—	—	—	—	—
18	1Cr18Ni9Ti④	1050~1150	空气或水	—	—	—	—	—	—
19	2Cr13Ni4Mn9	1120~1150	空气或水	—	—	—	—	—	—
20	4Cr14Ni14W2Mo	1040~1060	水	—	—	—	197~285	620~680	空气
							179~285	810~830	

奥氏体型

（续）

2. 淬火或固溶处理、回火或时效

组织类别	序号	牌　号	淬火或固溶处理 加热温度/℃	淬火或固溶处理 冷却介质	回火或时效 抗拉强度/MPa	回火或时效 回火或时效温度①/℃	回火或时效 冷却介质	按硬度选择的回火或时效规范 硬度 HBW	按硬度选择的回火或时效规范 回火或时效温度①/℃	按硬度选择的回火或时效规范 冷却介质
奥氏体型	21	2Cr18Ni8W2	1020~1060	水	—	—	—	≤276	640~660	空气
奥氏体型	22	1Cr21Ni5Ti	950~1050	空气或水	—	—	—	234~276	810~830	—
奥氏体型	23	1Cr18Mn8Ni5N	940~960 / 1060~1080	空气或水	—	—	—	—	—	—
奥氏体型	24	1Cr19Ni11Si4AlTi	980~1020	水	—	—	—	—	—	—
奥氏体型	25	1Cr14Mn14Ni	1000~1150	空气或水	—	—	—	—	—	—
奥氏体型	26	1Cr14Mn14Ni3Ti	1050~1100	空气或水	—	—	—	—	—	—
奥氏体型	27	1Cr23Ni18	1050~1150	空气或水	—	—	—	—	—	—
奥氏体型	28	0Cr17Ni4Cu4Nb⑤	1030~1050	空气或水	>930	580~620	空气	30~35HRC	600~620	空气
奥氏体型	28	0Cr17Ni4Cu4Nb⑤	1030~1050	空气或水	>980	550~580	空气	35~40HRC	550~580	空气
奥氏体型	28	0Cr17Ni4Cu4Nb⑤	1030~1050	空气或水	>1080	500~550	空气	38~43HRC	500~550	空气
奥氏体型	28	0Cr17Ni4Cu4Nb⑤	1030~1050	空气或水	>1180	480~500	空气	41~45HRC	460~500	空气

序号	类型	牌号	处理						
29	沉淀硬化型	0Cr17Ni7Al⑥	Ⅰ：1050~1070	—	—	空气或水	—	—	—
			Ⅱ	—	—	>1140	—	≥39HRC	—
			Ⅲ	—	—	>1250	—	≥41HRC	—
30		0Cr15Ni7Mo2Al⑥	Ⅰ：1050~1070	—	—	空气或水	—	—	—
			Ⅱ	—	—	>1210	—	≥40HRC	—
			Ⅲ	—	—	>1250	—	≥41HRC	—

注：表中牌号为旧牌号，牌号新旧对照见附录A。

① 在保证强度和硬度的前提下，回火温度可适当调整。

② 当采用上限淬火温度时，可进行深冷处理，并低温回火。

③ 可采用930~990℃淬火或850~900℃稳定化退火。

④ 淬火前应经1040~1070℃，水冷，860~880℃保温6h，随炉冷却至300℃空冷，600~680℃空冷。

⑤ 如工件要冷变形时，应适当提高固溶温度，进行调整处理，然后再进行回火处理。

⑥ Ⅰ处理后可进行冷变形。Ⅱ或Ⅲ为连续进行的热处理工艺：

Ⅱ 1050~1070℃（空气或水）+760℃×90min（空气）+565℃回火×90min（空气）。

Ⅲ 1050~1070℃（空气或水）+950℃×10min（空气）+深冷处理-70℃×8h，恢复至室温后再加热到510℃回火30~60min，空冷。

2.7.8　不锈钢棒的热处理工艺参数

1. 奥氏体型不锈钢

1) 奥氏体型不锈钢棒或试样的热处理工艺参数见表2-62。

表2-62　奥氏体型不锈钢棒或试样的热处理工艺参数

（GB/T 1220—2007）

牌号	固溶处理
12Cr17Mn6Ni5N	1010~1120℃，快冷
12Cr18Mn9Ni5N	1010~1120℃，快冷
12Cr17Ni7	1010~1150℃，快冷
12Cr18Ni9	1010~1150℃，快冷
Y12Cr18Ni9	1010~1150℃，快冷
Y12Cr18Ni9Se	1010~1150℃，快冷
06Cr19Ni10	1010~1150℃，快冷
022Cr19Ni10	1010~1150℃，快冷
06Cr18Ni9Cu3	1010~1150℃，快冷
06Cr19Ni10N	1010~1150℃，快冷
06Cr19Ni9NbN	1010~1150℃，快冷
022Cr19Ni10N	1010~1150℃，快冷
10Cr18Ni12	1010~1150℃，快冷
06Cr23Ni13	1030~1150℃，快冷
06Cr25Ni20	1030~1180℃，快冷
06Cr17Ni12Mo2	1010~1150℃，快冷
022Cr17Ni12Mo2	1010~1150℃，快冷
06Cr17Ni12Mo2Ti[①]	1000~1100℃，快冷
06Cr17Ni12Mn2N	1010~1150℃，快冷
022Cr17Ni12Mo2N	1010~1150℃，快冷
06Cr18Ni12Mo2Cu2	1010~1150℃，快冷
022Cr18Ni14Mo2Cu2	1010~1150℃，快冷
06Cr19Ni13Mo3	1010~1150℃，快冷
022Cr19Ni13Mo3	1010~1150℃，快冷
03Cr18Ni16Mo5	1030~1180℃，快冷
06Cr18Ni11Ti[①]	920~1150℃，快冷
06Cr18Ni11Nb[①]	980~1150℃，快冷
06Cr18Ni13Si4	1010~1150℃，快冷

① 可进行稳定化处理，加热温度为850~930℃。

2）奥氏体型不锈钢棒或试样固溶处理后的力学性能见表 2-63。

表 2-63　奥氏体型不锈钢棒或试样固溶处理后的力学性能

（GB/T 1220—2007）

牌号	规定塑性延伸强度 $R_{p0.2}$/MPa	抗拉强度 R_m/MPa	断后伸长率 A（%）	断面收缩率 Z（%）	硬度		
					HBW	HRB	HV
	≥				≤		
12Cr17Mn6Ni5N	275	520	40	45	241	100	253
12Cr18Mn9Ni5N	275	520	40	45	207	95	218
12Cr17Ni7	205	520	40	60	187	90	200
12Cr18Ni9	205	520	40	60	187	90	200
Y12Cr18Ni9	205	520	40	50	187	90	200
Y12Cr18Ni9Se	205	520	40	50	187	90	200
06Cr19Ni10	205	520	40	60	187	90	200
022Cr19Ni10	175	480	40	60	187	90	200
06Cr18Ni9Cu3	175	480	40	60	187	90	200
06Cr19Ni10N	275	550	35	50	217	95	220
06Cr19Ni9NbN	345	685	35	50	250	100	260
022Cr19Ni10N	245	550	40	50	217	95	220
10Cr18Ni12	175	480	40	60	187	90	200
06Cr23Ni13	205	520	40	60	187	90	200
06Cr25Ni20	205	520	40	50	187	90	200
05Cr17Ni12Mo2	205	520	40	60	187	90	200
022Cr17Ni12Mo2	175	480	40	60	187	90	200
05Cr17Ni12Mo2Ti	205	530	40	55	187	90	200
05Cr17Ni12Mo2N	275	550	35	50	217	95	220
022Cr17Ni12Mo2N	245	550	40	50	217	95	220

（续）

牌号	规定塑性延伸强度 $R_{p0.2}$/MPa	抗拉强度 R_m/MPa	断后伸长率 A（%）	断面收缩率 Z（%）	硬度		
					HBW	HRB	HV
	≥				≤		
06Cr18Ni12Mo2Cu2	205	520	40	60	187	90	200
022Cr18Ni14Mo2Cu2	175	480	40	60	187	90	200
06Cr19Ni13Mo3	205	520	40	60	187	90	200
022Cr19Ni13Mo3	175	480	40	60	187	90	200
03Cr18Ni16Mo5	175	480	40	45	187	90	200
06Cr18Ni11Ti	205	520	40	50	187	90	200
06Cr18Ni11Nb	205	520	40	50	187	90	200
06Cr18Ni13Si4	205	520	40	60	207	95	218

注：本表仅适用于直径、边长、厚度或对边距离小于或等于180mm的钢棒。大于180mm的钢棒，可改锻成180mm的样坯检验，或由供需双方协商，规定允许降低其力学性能的数值。

2. 奥氏体－铁素体型不锈钢

1）奥氏体－铁素体型不锈钢棒或试样的热处理工艺参数见表2-64。

表2-64　奥氏体－铁素体型不锈钢棒或试样的热处理工艺参数
（GB/T 1220—2007）

牌号	固溶处理
14Cr18Ni11Si4AlTi	930～1050℃，快冷
022Cr19Ni5Mo3Si2N	920～1150℃，快冷
022Cr22Ni5Mo3N	950～1200℃，快冷
022Cr23Ni5Mo3N	950～1200℃，快冷
022Cr25Ni6Mo2N	950～1200℃，快冷
03Cr25Ni6Mo3Cu2N	1000～1200℃，快冷

2）奥氏体－铁素体型不锈钢棒或试样固溶处理后的力学性能见表2-65。

表 2-65　奥氏体 – 铁素体型不锈钢棒或试样固溶处理后的力学性能
（GB/T 1220—2007）

牌号	规定塑性延伸强度 $R_{p0.2}$/MPa	抗拉强度 R_m/MPa	断后伸长率 $A(\%)$	断面收缩率 $Z(\%)$	冲击吸收能量 KU/J	硬度		
						HBW	HRB	HV
	≥					≤		
14Cr18Ni11Si4AlTi	440	715	25	40	63			
022Cr19Ni5Mo3Si2N	390	590	20	40		290	30	300
022Cr22Ni5Mo3N	450	620	25			290		
022Cr23Ni5Mo3N	450	655	25			290		
022Cr25Ni6Mo2N	450	620	20			260		
03Cr25Ni6Mo3Cu2N	550	750	25			290		

注：1. 本表仅适用于直径、边长、厚度或对边距离小于或等于 75mm 的钢棒。大于 75mm 的钢棒，可改锻成 75mm 的样坯检验或由供需双方协商，规定允许降低其力学性能的数值。

2. 直径或对边距离小于等于 16mm 的圆钢、六角钢、八角钢和边长或厚度小于等于 12mm 的方钢、扁钢不做冲击试验。

3. 铁素体型不锈钢

1）铁素体型不锈钢棒或试样的热处理工艺参数见表 2-66。

表 2-66　铁素体型不锈钢棒或试样的热处理工艺参数
（GB/T 1220—2007）

牌号	退火
06Cr13Al	780 ~ 830℃，空冷或缓冷
022Cr12	700 ~ 820℃，空冷或缓冷
10Cr17	780 ~ 850℃，空冷或缓冷
Y10Cr17	680 ~ 820℃，空冷或缓冷
10Cr17Mo	780 ~ 850℃，空冷或缓冷
008Cr27Mo	900 ~ 1050℃，快冷
008Cr30Mo2	900 ~ 1050℃，快冷

2) 铁素体型不锈钢棒或试样退火后的力学性能见表2-67。

表2-67　铁素体型不锈钢棒或试样退火后的力学性能

(GB/T 1220—2007)

牌号	规定塑性延伸强度 $R_{p0.2}$/MPa	抗拉强度 R_m /MPa	断后伸长率 $A(\%)$	断面收缩率 $Z(\%)$	冲击吸收能量 KU/J	硬度 HBW
	≥					≤
06Cr13Al	175	410	20	60	78	183
022Cr12	195	360	22	60		183
10Cr17	205	450	22	50		183
Y10Cr17	205	450	22	50		183
10Cr17Mo	205	450	22	60		183
008Cr27Mo	245	410	20	45		219
008Cr30Mo2	295	450	20	45		228

注：1. 本表仅适用于直径、边长、厚度或对边距离小于或等于75mm 的钢棒。大于75mm 的钢棒，可改锻成75mm 的样坯检验或由供需双方协商，规定允许降低其力学性能的数值。

　　2. 直径或对边距离小于等于16mm 的圆钢、六角钢、八角钢和边长或厚度小于等于12mm 的方钢、扁钢不做冲击试验。

4. 马氏体型不锈钢

1) 马氏体型不锈钢棒或试样的热处理工艺参数见表2-68。

表2-68　马氏体型不锈钢棒或试样的热处理工艺参数

(GB/T 1220—2007)

牌号	钢棒的热处理制度	试样的热处理制度		
	退火	淬火	回火	
12Cr12	800 ~ 900℃，缓冷或约750℃，快冷	950 ~ 1000℃，油冷	700 ~ 750℃，快冷	
06Cr13	800 ~ 900℃，缓冷或约750℃，快冷	950 ~ 1000℃，油冷	700 ~ 750℃，快冷	

（续）

牌号	钢棒的热处理制度	试样的热处理制度	
	退火	淬火	回火
12Cr13	800~900℃，缓冷或约750℃，快冷	950~1000℃，油冷	700~750℃，快冷
Y12Cr13	800~900℃，缓冷或约750℃，快冷	950~1000℃，油冷	700~750℃，快冷
20Cr13	800~900℃，缓冷或约750℃，快冷	920~980℃，油冷	600~750℃，快冷
30Cr13	800~900℃，缓冷或约750℃，快冷	920~980℃，油冷	600~750℃，快冷
Y30Cr13	800~900℃，缓冷或约750℃，快冷	920~980℃，油冷	600~750℃，快冷
40Cr13	800~900℃，缓冷或约750℃，快冷	1050~1100℃，油冷	200~300℃，空冷
14Cr17Ni2	680~700℃，高温回火，空冷	950~1050℃，油冷	275~350℃，空冷
17Cr16Ni2	680~800℃，炉冷或空冷	950~1050℃，油冷或空冷	600~650℃，空冷
			750~800℃+650~700①℃，空冷
68Cr17	800~920℃，缓冷	1010~1070℃，油冷	100~180℃，快冷
85Cr17	800~920℃，缓冷	1010~1070℃，油冷	100~180℃，快冷
108Cr17	800~920℃，缓冷	1010~1070℃，油冷	100~180℃，快冷
Y108Cr17	800~920℃，缓冷	1010~1070℃，油冷	100~180℃，快冷
95Cr18	800~920℃，缓冷	1000~1050℃，油冷	200~300℃，油，空冷
13Cr13Mo	830~900℃，缓冷或约750℃，快冷	970~1020℃，油冷	650~750℃，快冷
32Cr13Mo	800~900℃，缓冷或约750℃，快冷	1025~1075℃，油冷	200~300℃，油、水、空冷
102Cr17Mo	800~900℃，缓冷	1000~1050℃，油冷	200~300℃，空冷
90Cr18MoV	800~920℃，缓冷	1050~1075℃，油冷	100~200℃，空冷

① 当镍含量在规定值的下限时，允许采用620~720℃单回火制度。

2）马氏体型不锈钢棒或试样热处理后的力学性能见表2-69。

表2-69 马氏体型不锈钢棒或试样热处理后的力学性能

（GB/T 1220—2007）

牌号	组别	经淬火回火后试样的力学性能和硬度							退火后的硬度 HBW
		规定塑性延伸强度 $R_{p0.2}$/MPa	抗拉强度 R_m/MPa	断后伸长率 $A(\%)$	断面收缩率 $Z(\%)$	冲击吸收能量 KU/J	HBW	HRC	
		≥							≤
12Cr12		390	590	25	55	118	170		200
06Cr13		345	490	24	60				183
12Cr13		345	540	22	55	78	159		200
Y12Cr13		345	540	17	45	55	159		200
20Cr13		440	640	20	50	63	192		223
30Cr13		540	735	12	40	24	217		235
Y30Cr13		540	735	8	35	24	217		235
40Cr13								50	235
14Cr17Ni2			1080	10		39			285
17Cr16Ni2	1	700	900 ~ 1050	12	45	25 （KV）			295
	2	600	800 ~ 950	14					
68Cr17								54	255
85Cr17								56	255
108Cr17								58	269
Y108Cr17								58	269
95Cr18								55	255
13Cr13Mo		490	690	20	60	78	192		200

（续）

牌号	组别	经淬火回火后试样的力学性能和硬度							退火后的硬度 HBW
		规定塑性延伸强度 $R_{p0.2}$ /MPa	抗拉强度 R_m /MPa	断后伸长率 A（%）	断面收缩率 Z（%）	冲击吸收能量 KU/J	HBW	HRC	
		≥							≤
32Cr13Mo								50	207
102Cr17Mo								55	269
90Cr18MoV								55	269

注：1. 本表仅适用于直径、边长、厚度或对边距离小于或等于 75mm 的钢棒。大于 75mm 的钢棒，可改锻成 75mm 的样坯检验或由供需双方协商，规定允许降低其力学性能的数值。

　　2. 采用 750℃ 退火时，其硬度由供需双方协商。

　　3. 直径或对边距离小于等于 16mm 的圆钢、六角钢、八角钢和边长或厚度小于等于 12mm 的方钢、扁钢不做冲击试验。

5. 沉淀硬化型不锈钢

1）沉淀硬化型不锈钢棒或试样的热处理工艺参数见表 2-70。

表 2-70　沉淀硬化型不锈钢棒或试样的热处理工艺参数

（GB/T 1220—2007）

牌号	热处理		
	种类	组别	条件
05Cr15Ni5Cu4Nb	固溶处理	0	1020 ~ 1060℃，快冷
	沉淀硬化 480℃时效	1	经固溶处理后，470 ~ 490℃，空冷
	550℃时效	2	经固溶处理后，540 ~ 560℃，空冷
	580℃时效	3	经固溶处理后，570 ~ 590℃，空冷
	620℃时效	4	经固溶处理后，610 ~ 630℃，空冷

（续）

牌号	热处理			
	种类		组别	条件
05Cr17Ni4Cu4Nb	固溶处理		0	1020~1060℃，快冷
	沉淀硬化	480℃时效	1	经固溶处理后，470~490℃，空冷
		550℃时效	2	经固溶处理后，540~560℃，空冷
		580℃时效	3	经固溶处理后，570~590℃，空冷
		620℃时效	4	经固溶处理后，610~630℃，空冷
07Cr17Ni7Al	固溶处理		0	1000~1100℃，快冷
	沉淀硬化	510℃时效	1	经固溶处理后，955℃±10℃保持10min，空冷到室温，在24h内冷却到－73℃±6℃，保持8h，再加热到510℃±10℃，保持1h后，空冷
		565℃时效	2	经固溶处理后，于760℃±15℃保持90min，在1h内冷却到15℃以下，保持30min，再加热到565℃±10℃保持90min，空冷
07Cr15Ni7Mo2Al	固溶处理		0	1000~1100℃，快冷
	沉淀硬化	510℃时效	1	经固溶处理后，955℃±10℃保持10min，空冷到室温，在24h内冷却到－73℃±6℃，保持8h，再加热到510℃±10℃，保持1h后，空冷
		565℃时效	2	经固溶处理后，于760℃±15℃保持90min，在1h内冷却到15℃以下，保持30min，再加热到565℃±10℃保持90min，空冷

2) 沉淀硬化型不锈钢棒或试样的力学性能见表 2-71。

表2-71　沉淀硬化型不锈钢棒或试样的力学性能（GB/T 1220—2007）

牌号	热处理 类型	组别	规定塑性延伸强度 $R_{p0.2}$/MPa ≥	抗拉强度 R_m/MPa ≥	断后伸长率 A（%）≥	断面收缩率 Z（%）≥	硬度 HBW	硬度 HRC
05Cr15Ni5Cu4Nb	固溶处理	0	—	—	—	—	≤363	≤38
	沉淀硬化 480℃时效	1	1180	1310	10	35	≥375	≥40
	550℃时效	2	1000	1070	12	45	≥331	≥35
	580℃时效	3	865	1000	13	45	≥302	≥31
	620℃时效	4	725	930	16	50	≥277	≥28
05Cr17Ni4Cu4Nb	固溶处理	0	—	—	—	—	≤363	≤38
	沉淀硬化 480℃时效	1	1180	1310	10	40	≥375	≥40
	550℃时效	2	1000	1070	12	45	≥331	≥35
	580℃时效	3	865	1000	13	45	≥302	≥31
	620℃时效	4	725	930	16	50	≥277	≥28
07Cr17Ni7Al	固溶处理	0	≤380	≤1030	20	—	≤229	—
	沉淀硬化 510℃时效	1	1030	1230	4	10	≥388	—
	565℃时效	2	960	1140	5	25	≥363	—
07Cr15Ni7Mo2Al	固溶处理	0	—	—	—	—	≤269	—
	沉淀硬化 510℃时效	1	1210	1320	6	20	≥388	—
	565℃时效	2	1100	1210	7	25	≥375	—

注：表中数值仅适用于直径、边长、厚度或对边距离小于或等于75mm的钢棒；大于75mm的钢棒，可改锻成75mm的样坯检验，或由供需双方协商，规定允许降低其力学性能的数据。

2.7.9　不锈钢钢板和钢带的热处理工艺参数

1. 奥氏体型不锈钢

1）奥氏体型不锈钢热轧及冷轧钢板和钢带的热处理工艺参数见表 2-72。

表 2-72　奥氏体型不锈钢热轧及冷轧钢板和钢带的热处理工艺参数

（GB/T 4237—2015、GB/T 3280—2015）

牌号	热处理温度及冷却方式
12Cr17Ni7	≥1040℃，水冷或其他方式快冷
022Cr17Ni7	≥1040℃，水冷或其他方式快冷
022Cr17Ni7N	≥1040℃，水冷或其他方式快冷
12Cr18Ni9	≥1040℃，水冷或其他方式快冷
12Cr18Ni9Si3	≥1040℃，水冷或其他方式快冷
06Cr19Ni10	≥1040℃，水冷或其他方式快冷
022Cr19Ni10	≥1040℃，水冷或其他方式快冷
07Cr19Ni10	≥1095℃，水冷或其他方式快冷
05Cr19Ni10Si2CeN	≥1040℃，水冷或其他方式快冷
06Cr19Ni10N	≥1040℃，水冷或其他方式快冷
06Cr19Ni9NbN	≥1040℃，水冷或其他方式快冷
022Cr19Ni10N	≥1040℃，水冷或其他方式快冷
10Cr18Ni12	≥1040℃，水冷或其他方式快冷
06Cr23Ni13	≥1040℃，水冷或其他方式快冷
06Cr25Ni20	≥1040℃，水冷或其他方式快冷
022Cr25Ni22Mo2N	≥1040℃，水冷或其他方式快冷
015Cr20Ni18Mo6CuN	≥1150℃，水冷或其他方式快冷
06Cr17Ni12Mo2	≥1040℃，水冷或其他方式快冷
022Cr17Ni12Mo2	≥1040℃，水冷或其他方式快冷
07Cr17Ni12Mo2	≥1040℃，水冷或其他方式快冷
06Cr17Ni12Mo2Ti	≥1040℃，水冷或其他方式快冷
06Cr17Ni12Mo2Nb	≥1040℃，水冷或其他方式快冷

（续）

牌号	热处理温度及冷却方式
06Cr17Ni12Mo2N	≥1040℃，水冷或其他方式快冷
022Cr17Ni12Mo2N	≥1040℃，水冷或其他方式快冷
06Cr18Ni12Mo2Cu2	1010～1150℃，水冷或其他方式快冷
015Cr21Ni26Mo5Cu2	1030～1180℃，水冷或其他方式快冷
06Cr19Ni13Mo3	≥1040℃，水冷或其他方式快冷
022Cr19Ni13Mo3	≥1040℃，水冷或其他方式快冷
022Cr19Ni16Mo5N	≥1040℃，水冷或其他方式快冷
022Cr19Ni13Mo4N	≥1040℃，水冷或其他方式快冷
06Cr18Ni11Ti	≥1040℃，水冷或其他方式快冷
07Cr19Ni11Ti	≥1095℃，水冷或其他方式快冷
015Cr24Ni22Mo8Mn3CuN	≥1150℃，水冷或其他方式快冷
022Cr24Ni17Mo5Mn6NbN	1120～1170℃，水冷或其他方式快冷
06Cr18Ni11Nb	≥1040℃，水冷或其他方式快冷
07Cr18Ni11Nb	≥1095℃，水冷或其他方式快冷
08Cr21Ni11Si2CeN	≥1040℃，水冷或其他方式快冷
015Cr20Ni25Mo7CuN	≥1100℃，水冷或其他方式快冷
022Cr21Ni25Mo7N	≥1105℃，水冷或其他方式快冷

2）奥氏体型不锈钢热轧及冷轧钢板和钢带固溶处理后的力学性能见表 2-73。

表 2-73 奥氏体型不锈钢热轧及冷轧钢板和钢带固溶处理后的力学性能
（GB/T 4237—2015、GB/T 3280—2015）

牌号	规定塑性延伸强度 $R_{p0.2}$/MPa	抗拉强度 R_m/MPa	断后伸长率 A（%）	硬度		
				HBW	HRB	HV
	≥			≤		
022Cr17Ni7	220	550	45	241	100	242
12Cr17Ni7	205	515	40	217	95	220

（续）

牌号		规定塑性延伸强度 $R_{p0.2}$/MPa	抗拉强度 R_m/MPa	断后伸长率 A（%）	硬度		
					HBW	HRB	HV
		≥			≤		
022Cr17Ni7N		240	550	45	241	100	242
12Cr18Ni9		205	515	40	201	92	210
12Cr18Ni9Si3		205	515	40	217	95	220
022Cr19Ni10		180	485	40	201	92	210
06Cr19Ni10		205	515	40	201	92	210
07Cr19Ni10		205	515	40	201	92	210
05Cr19Ni10Si2CeN		290	600	40	217	95	220
022Cr19Ni10N		205	515	40	217	95	220
06Cr19Ni10N		240	550	30	217	95	220
06Cr19Ni9NbN	热轧	275	585	30	241	100	242
	冷轧	345	620	30	241	100	242
10Cr18Ni12		170	485	40	183	88	200
08Cr21Ni11Si2CeN		310	600	40	217	95	220
06Cr23Ni13		205	515	40	217	95	220
06Cr25Ni20		205	515	40	217	95	220
022Cr25Ni22Mo2N		270	580	25	217	95	220
015Cr20Ni18Mo6CuN	热轧	310	655	35	223	95	225
	冷轧	310	690	35	223	95	225
022Cr17Ni12Mo2		180	485	40	217	95	220
06Cr17Ni12Mo2		205	515	40	217	95	220
07Cr17Ni12Mo2		205	515	40	217	95	220
022Cr17Ni12Mo2N		205	515	40	217	95	220
06Cr17Ni12Mo2N		240	550	35	217	95	220
06Cr17Ni12Mo2Ti		205	515	40	217	95	220
06Cr17Ni12Mo2Nb		205	515	30	217	95	220

（续）

牌号		规定塑性延伸强度 $R_{p0.2}$/MPa	抗拉强度 R_m/MPa	断后伸长率 A（％）	硬度		
					HBW	HRB	HV
		≥			≤		
06Cr18Ni12Mo2Cu2		205	520	40	187	90	200
022Cr19Ni13Mo3		205	515	40	217	95	220
06Cr19Ni13Mo3		205	515	35	217	95	220
022Cr19Ni16Mo5N		240	550	40	223	96	225
022Cr19Ni13Mo4N		240	550	40	217	95	220
015Cr21Ni26Mo5Cu2		220	490	35		90	200
06Cr18Ni11Ti		205	515	40	217	95	220
07Cr19Ni11Ti		205	515	40	217	95	220
015Cr24Ni22Mo8Mn3CuN		430	750	40	250		252
022Cr24Ni7Mo5Mn6NbN		415	795	35	241	100	242
06Cr18Ni11Nb		205	515	40	201	92	210
07Cr18Ni11Nb		205	515	40	201	92	210
022Cr21Ni25Mo7N	热轧	310	655	30	241		
	冷轧	310	690	30		100	258
015Cr20Ni25Mo7CuN		295	650	35			

2. 奥氏体 - 铁素体型不锈钢

1）奥氏体 - 铁素体型不锈钢热轧及冷轧钢板和钢带的热处理工艺参数见表 2-74。

表 2-74　奥氏体 - 铁素体型不锈钢热轧及冷轧钢板和钢带的热处理
工艺参数（GB/T 4237—2015、GB/T 3280—2015）

牌号	热处理温度及冷却方式
14Cr18Ni11Si4AlTi	1000 ~ 1050℃，水冷或其他方式快冷
022Cr19Ni5Mo3Si2N	950 ~ 1050℃，水冷
12Cr21Ni5Ti	950 ~ 1050℃，水冷或其他方式快冷

（续）

牌号	热处理温度及冷却方式
022Cr22Ni5Mo3N	1040～1100℃，水冷或其他方式快冷
022Cr23Ni5Mo3N	1040～1100℃，水冷，除钢卷在连续退火线水冷或类似方式快冷
022Cr23Ni4MoCuN	950～1050℃，水冷或其他方式快冷
022Cr25Ni6Mo2N	1025～1125℃，水冷或其他方式快冷
03Cr25Ni6Mo3Cu2N	1050～1100℃，水冷或其他方式快冷
022Cr25Ni7Mo4N	1050～1100℃，水冷
022Cr25Ni7Mo4WCuN	1050～1125℃，水冷或其他方式快冷
022Cr21Ni3Mo2N	≥1010℃，水冷或其他方式快冷
03Cr22Mn5Ni2MoCuN	≥1020℃，水冷或其他方式快冷
022Cr21Mn5Ni2N	≥1040℃，水冷或其他方式快冷
022Cr21Mn3Ni3Mo2N	≥1020℃，水冷或其他方式快冷
022Cr22Mn3Ni2N	≥1020℃，水冷或其他方式快冷
022Cr23Ni2N	≥1020℃，水冷或其他方式快冷
022Cr24Ni4Mn3Mo2CuN	≥1040℃，水冷或其他方式快冷

2）奥氏体 - 铁素体型不锈钢热轧及冷轧钢板和钢带固溶处理后的力学性能见表 2-75。

表 2-75　奥氏体 - 铁素体型不锈钢热轧及冷轧钢板和钢带固溶处理后的力学性能（GB/T 4237—2015、GB/T 3280—2015）

牌号	规定塑性延伸强度 $R_{p0.2}$/MPa	抗拉强度 R_m/MPa	断后伸长率 A（%）	硬度	
				HBW	HRC
	≥			≤	
14Cr18Ni11Si4AlTi		715	25		
022Cr19Ni5Mo3Si2N	440	630	25	290	31
022Cr23Ni5Mo3N	450	655	25	293	31
022Cr21Mn5Ni2N	450	620	25		25
022Cr21Ni3Mo2N	450	655	25	293	31

（续）

牌号	规定塑性延伸强度 $R_{p0.2}$/MPa	抗拉强度 R_m/MPa	断后伸长率 A（%）	硬度	
				HBW	HRC
	≥			≤	
12Cr21Ni5Ti		635	20		
022Cr21Mn3Ni3Mo2N	450	620	25	293	31
022Cr22Mn3Ni2MoN	450	655	30	293	31
022Cr22Ni5Mo3N	450	620	25	293	31
03Cr22Mn5Ni2MoCuN	450	650	30	290	
022Cr23Ni2N	450	650	30	290	
022Cr24Ni4Mn3Mo2CuN 热轧	480	680	25	290	
022Cr24Ni4Mn3Mo2CuN 冷轧	540	740	25	290	
022Cr25Ni6Mo2N	450	640	25	295	31
022Cr23Ni4MoCuN	400	600	25	290	31
022Cr25Ni7Mo4N	550	795	15	310	32
03Cr25Ni6Mo3Cu2N	550	760	15	302	32
022Cr25Ni7Mo4WCuN	550	750	25	270	

3. 铁素体型不锈钢

1）铁素体型不锈钢热轧及冷轧钢板和钢带的热处理工艺参数见表 2-76。

表 2-76　铁素体型不锈钢热轧及冷轧钢板和钢带的热处理工艺参数
（GB/T 4237—2015、GB/T 3280—2015）

牌号	热处理温度及冷却方式
06Cr13Al	780 ~ 830℃，快冷或缓冷
022Cr11Ti	800 ~ 900℃，快冷或缓冷
022Cr11NbTi	800 ~ 900℃，快冷或缓冷
022Cr12Ni	700 ~ 820℃，快冷或缓冷
022Cr12	700 ~ 820℃，快冷或缓冷
10Cr15	780 ~ 850℃，快冷或缓冷

（续）

牌号	热处理温度及冷却方式
10Cr17	780～800℃，空冷
022Cr17NbTi	780～950℃，快冷或缓冷
10Cr17Mo	780～850℃，快冷或缓冷
019Cr18MoTi	800～1050℃，快冷
022Cr18Nb	800～1050℃，快冷
019Cr19Mo2NbTi	800～1050℃，快冷
008Cr27Mo	900～1050℃，快冷
008Cr30Mo2	800～1050℃，快冷
019Cr21CuTi	800～1050℃，快冷
022Cr18NbTi	780～950℃，快冷或缓冷
022Cr18Ni	780～950℃，快冷或缓冷
019Cr23MoTi	850～1050℃，快冷
019Cr23Mo2Ti	850～1050℃，快冷
022Cr27Ni2Mo4NbTi	950～1150℃，快冷
022Cr29Mo4NbTi	950～1150℃，快冷
022Cr15NbTi	780～1050℃，快冷或缓冷
019Cr18CuNb	800～1050℃，快冷

2）铁素体型不锈钢热轧及冷轧钢板和钢带退火后的力学性能见表 2-77。

表 2-77　铁素体型不锈钢热轧及冷轧钢板和钢带退火后的力学性能
（GB/T 4237—2015、GB/T 3280—2015）

牌号	规定塑性延伸强度 $R_{p0.2}$/MPa	抗拉强度 R_m/MPa	断后伸长率 A（%）	180°弯曲试验弯曲压头直径 D	硬度		
					HBW	HRB	HV
	≥				≤		
022Cr11Ti	170	380	20	$D=2a$	179	88	200
022Cr11NbTi	170	380	20	$D=2a$	179	88	200

（续）

牌号	规定塑性延伸强度 $R_{p0.2}$/MPa	抗拉强度 R_m/MPa	断后伸长率 A（%）	180°弯曲试验弯曲压头直径 D	硬度		
	≥				HBW	HRB	HV
					≤		
022Cr12	195	360	22	$D=2a$	183	88	200
022Cr12Ni	280	450	18		180	88	200
06Cr13Al	170	415	20	$D=2a$	179	88	200
10Cr15	205	450	22	$D=2a$	183	89	200
022Cr15NbTi	205	450	22	$D=2a$	183	89	200
10Cr17	205	420	22	$D=2a$	183	89	200
022Cr17Ti	175	360	22	$D=2a$	183	88	200
10Cr17Mo	240	450	22	$D=2a$	183	89	200
019Cr18MoTi	245	410	20	$D=2a$	217	96	230
022Cr18Ti	205	415	22	$D=2a$	183	89	200
022Cr18Nb	250	430	18		180	88	200
019Cr18CuNb	205	390	22	$D=2a$	192	90	200
019Cr19Mo2NbTi	275	415	20	$D=2a$	217	96	230
022Cr18NbTi	205	415	22	$D=2a$	183	89	200
019Cr21CuTi	205	390	22	$D=2a$	192	90	200
019Cr23Mo2Ti	245	410	20	$D=2a$	217	96	230
019Cr23MoTi	245	410	20	$D=2a$	217	96	230
022Cr27Ni2Mo4NbTi	450	585	18	$D=2a$	241	100	242
008Cr27Mo	275	450	22	$D=2a$	187	90	200
022Cr29Mo4NbTi	415	550	18	$D=2a$	255	25[①]	257
008Cr30Mo2	295	450	22	$D=2a$	207	95	220

注：a 为弯曲试样厚度。

① HRC 硬度值。

4. 马氏体型不锈钢

1) 马氏体型不锈钢热轧及冷轧钢板和钢带的热处理工艺参数见表2-78。

表2-78　马氏体型不锈钢热轧及冷轧钢板和钢带的热处理工艺参数

（GB/T 4237—2015、GB/T 3280—2015）

牌号	退火	淬火	回火
12Cr12	约750℃，快冷或800~900℃，缓冷		
06Cr13	约750℃，快冷或800~900℃，缓冷		
12Cr13	约750℃，快冷或800~900℃，缓冷		
04Cr13Ni5Mo			
20Cr13	约750℃，快冷或800~900℃，缓冷		
30Cr13	约750℃，快冷或800~900℃，缓冷	980~1040℃，快冷	150 ~ 400℃，空冷
40Cr13	约750℃，快冷或800~900℃，缓冷	1050~1100℃，油冷	200 ~ 300℃，空冷
17Cr16Ni2		1010℃±10℃，油冷	605℃±5℃，空冷
		1000~1030℃，油冷	300 ~ 380℃，空冷
68Cr17	约750℃，快冷或800~900℃，缓冷	1010~1070℃，快冷	150 ~ 400℃，空冷
50Cr15MoV	770~830℃，缓冷		

2) 马氏体型不锈钢热轧及冷轧钢板和钢带退火后的力学性能见表2-79。

表 2-79　马氏体型不锈钢热轧及冷轧钢板和钢带退火后的力学性能
（GB/T 3280—2015、GB/T 4237—2015）

牌号	规定塑性延伸强度 $R_{p0.2}$/MPa	抗拉强度 R_m/MPa	断后伸长率 A（%）	180°弯曲试验弯曲压头直径 D	硬度 HBW	HRB	HV
	≥				≤		
12Cr12	205	485	20	$D=2a$	217	96	210
06Cr13	205	415	22	$D=2a$	183	89	200
12Cr13	205	450	20	$D=2a$	217	96	210
04Cr13Ni5Mo	620	795	15		302	32[1]	308
20Cr13	225	520	18		223	97	234
30Cr13	225	540	18		235	99	247
40Cr13	225	590	15				
17Cr16Ni2	690	880 ~ 1080	12		262 ~ 326		
	1050	1350	10		388		
68Cr17	245	590	15		255	25[1]	269
50Cr15MoV		≤850	12		280	100	280

注：1. 17Cr16Ni2 为淬火、回火后的力学性能。

　　2. a 为弯曲试样厚度。

① HRC 硬度值。

5. 沉淀硬化型不锈钢

1）沉淀硬化型不锈钢热轧及冷轧钢板和钢带的热处理工艺参数见表 2-80。

表 2-80　沉淀硬化型不锈钢热轧及冷轧钢板和钢带的热处理工艺参数
（GB/T 4237—2015、GB/T 3280—2015）

牌号	固溶处理	沉淀硬化处理
04Cr13Ni8Mo2Al	927℃ ±15℃，按要求冷却至60℃以下	510℃ ±6℃，保温 4h，空冷
		538℃ ±6℃，保温 4h，空冷

(续)

牌号	固溶处理	沉淀硬化处理
022Cr12Ni9Cu2NbTi	829℃ ±15℃，水冷	480℃ ±6℃，保温4h，空冷
		510℃ ±6℃，保温4h，空冷
07Cr17Ni7Al	1065℃ ± 15℃，水冷	954℃ ±8℃，保温10min，快冷至室温，24h 内冷至 − 73℃ ±6℃，保温8h，在空气中升至室温，再加热到510℃ ±6℃，保温1h后空冷
		760℃ ±15℃，保温90min，1h 内冷却至15℃ ±3℃，保温30min，再加热至566℃ ±6℃，保温90min后空冷
07Cr15Ni7Mo2Al	1040℃ ± 15℃，水冷	954℃ ±8℃，保温10min，快冷至室温，24h 内冷至 − 73℃ ±6℃，保温8h，在空气中升至室温，再加热到510℃ ±6℃，保温1h后空冷
		760℃ ±15℃，保温90min，1h 内冷却至15℃ ±3℃，保温30min，再加热至566℃ ±6℃，保温90min后空冷
09Cr17Ni5Mo3N	930℃ ± 15℃，水冷，在 − 75℃ 以下保持3h	455℃ ±8℃，保温3h，空冷
		540℃ ±8℃，保温3h，空冷
06Cr17Ni7AlTi	1038℃ ± 15℃，空冷	510℃ ±8℃，保温30min，空冷
		538℃ ±8℃，保温30min，空冷
		566℃ ±8℃，保温30min，空冷

2）沉淀硬化型不锈钢热轧及冷轧钢板和钢带固溶处理后的力学性能见表2-81、表2-82。

表 2-81　沉淀硬化型不锈钢热轧钢板和钢带固溶处理后的力学性能

（GB/T 4237—2015）

牌号	钢材厚度 /mm	规定塑性延伸强度 $R_{p0.2}$/MPa	抗拉强度 R_m/MPa	断后伸长率 A（%）	硬度	
					HRC	HBW
		≤		≥	≤	
04Cr13Ni8Mo2Al	2.0~102				38	363
022Cr12Ni9Cu2NbTi	2.0~102	1105	1205	3	36	331
07Cr17Ni7Al	2.0~102	380	1035	20	92[1]	
07Cr15Ni7Mo2Al	2.0~102	450	1035	25	100[1]	
09Cr17Ni5Mo3N	2.0~102	585	1380	12	30	
06Cr17Ni7AlTi	2.0~102	515	825	5	32	

[1] HRB 硬度值。

表 2-82　沉淀硬化型不锈钢冷轧钢板和钢带固溶处理后的力学性能

（GB/T 3280—2015）

牌号	钢材厚度 /mm	规定塑性延伸强度 $R_{p0.2}$/MPa	抗拉强度 R_m/MPa	断后伸长率 A（%）	硬度	
					HRC	HBW
		≤		≥	≤	
04Cr13Ni8Mo2Al	0.10~<8.0				38	363
022Cr12Ni9Cu2NbTi	0.30~8.0	1105	1205	3	36	331
07Cr17Ni7Al	0.10~<0.30	450	1035			
	0.30~8.0	380	1035	20	92[1]	
07Cr15Ni7Mo2Al	0.10~<8.0	450	1035	25	100[1]	
09Cr17Ni5Mo3N	0.10~<0.30	585	1380	8	30	
	0.30~8.0	585	1380	12	30	
06Cr17Ni7AlTi	0.10~<1.50	515	825	4	32	
	1.50~8.0	515	825	5	32	

[1] HRB 硬度值。

3）沉淀硬化型不锈钢热轧及冷轧钢板和钢带时效处理后的力学性能见表 2-83、表 2-84。

表 2-83　沉淀硬化型不锈钢热轧钢板和钢带时效处理后的力学性能
（GB/T 4237—2015）

牌号	钢材厚度/mm	处理温度/℃	规定塑性延伸强度 $R_{p0.2}$/MPa	抗拉强度 R_m/MPa	断后伸长率 A（％）	硬度 HRC	硬度 HBW
			≥			≥	
04Cr13Ni8Mo2Al	2 ~ <5	510 ± 5	1410	1515	8	45	
	5 ~ <16		1410	1515	10	45	
	16 ~ 100		1410	1515	10	45	429
	2 ~ <5	540 ± 5	1310	1380	8	43	
	5 ~ <16		1310	1380	10	43	
	16 ~ 100		1310	1380	10	43	401
022Cr12Ni9Cu2-NbTi	≥2	480 ± 6 或 510 ± 5	1410	1525	4	44	
07Cr17Ni7Al	2 ~ <5	760 ± 15 15 ± 3 566 ± 6	1035	1240	6	38	
	5 ~ 16		965	1170	7	38	352
	2 ~ <5	954 ± 8 −73 ± 6 510 ± 6	1310	1450	4	44	
	5 ~ 16		1240	1380	6	43	401
07Cr15Ni7Mo2Al	2 ~ <5	760 ± 15 15 ± 3 566 ± 6	1170	1310	5	40	
	5 ~ 16		1170	1310	4	40	375
	2 ~ <5	954 ± 8 −73 ± 6 510 ± 6	1380	1550	4	46	
	5 ~ 16		1380	1550	4	45	429

（续）

牌号	钢材厚度/mm	处理温度/℃	规定塑性延伸强度$R_{p0.2}$/MPa	抗拉强度R_m/MPa	断后伸长率A（%）	硬度	
						HRC	HBW
			≥			≥	
09Cr17Ni5Mo3N	2~5	455±10	1035	1275	8	42	
	2~5	540±10	1000	1140	8	36	
06Cr17Ni7AlTi	2~<3	510±10	1170	1310	5	39	
	≥3		1170	1310	8	39	363
	2~<3	540±10	1105	1240	5	37	
	≥3		1105	1240	8	38	352
	2~<3	565±10	1035	1170	5	35	
	≥3		1035	1170	8	36	331

表 2-84　沉淀硬化型不锈钢冷轧钢板和钢带时效处理后的力学性能
（GB/T 3280—2015）

牌号	钢材厚度/mm	处理温度/℃	规定塑性延伸强度$R_{p0.2}$/MPa	抗拉强度R_m/MPa	断后伸长率A（%）	硬度	
						HRC	HBW
			≥			≥	
04Cr13Ni8Mo2Al	0.10~<0.50	510±6	1410	1515	6	45	
	0.50~<5.0		1410	1515	8	45	
	5.0~8.0		1410	1515	10	45	
	0.10~<0.50	538±6	1310	1380	6	43	
	0.50~<5.0		1310	1380	8	43	
	5.0~8.0		1310	1380	10	43	

（续）

牌号	钢材厚度/mm	处理温度/℃	规定塑性延伸强度 $R_{p0.2}$/MPa	抗拉强度 R_m/MPa	断后伸长率 A（%）	硬度	
			≥			HRC	HBW
						≥	
022Cr12Ni9Cu2-NbTi	0.10 ~ <0.50	510 ±6 或 482 ±6	1410	1525		44	
	0.50 ~ <1.50		1410	1525	3	44	
	1.50 ~8.0		1410	1525	4	44	
07Cr17Ni7Al	0.10 ~ <0.30	760 ±15	1035	1240	3	38	
	0.30 ~ <5.0	15 ±3	1035	1240	5	38	
	5.0 ~8.0	566 ±6	965	1170	7	38	352
	0.10 ~ <0.30	954 ±8	1310	1450	1	44	
	0.30 ~ <5.0	−73 ±6	1310	1450	3	44	
	5.0 ~8.0	510 ±6	1240	1380	6	43	401
07Cr15Ni7Mo2Al	0.10 ~ <0.30	760 ±15	1170	1310	3	40	
	0.30 ~ <5.0	15 ±3	1170	1310	5	40	
	5.0 ~8.0	566 ±6	1170	1310	4	40	375
	0.10 ~ <0.30	954 ±8	1380	1550	2	46	
	0.30 ~ <5.0	−73 ±6	1380	1550	4	46	
	5.0 ~8.0	510 ±6	1380	1550	4	45	429
	0.10 ~1.2	冷轧	1205	1380	1	41	
	0.10 ~1.2	冷轧 +482	1580	1655	1	46	
09Cr17Ni5Mo3N	0.10 ~ <0.30	455 ±8	1035	1275	6	42	
	0.30 ~5.0		1035	1275	8	42	
	0.10 ~ <0.30	540 ±8	1000	1140	6	36	
	0.30 ~5.0		1000	1140	8	36	
06Cr17Ni7AlTi	0.10 ~ <0.80	510 ±8	1170	1310	3	39	
	0.80 ~ <1.50		1170	1310	4	39	
	1.50 ~8.0		1170	1310	5	39	

（续）

牌号	钢材厚度/mm	处理温度/℃	规定塑性延伸强度 $R_{p0.2}$/MPa	抗拉强度 R_m/MPa	断后伸长率 A（%）	硬度	
						HRC	HBW
			≥			≥	
06Cr17Ni7AlTi	0.10 ~ <0.80	538 ± 8	1105	1240	3	37	
	0.80 ~ <1.50		1105	1240	4	37	
	1.50 ~ 8.0		1105	1240	5	37	
	0.10 ~ <0.80	566 ± 8	1035	1170	3	35	
	0.80 ~ <1.50		1035	1170	4	35	
	1.50 ~ 8.0		1035	1170	5	35	

4）沉淀硬化型不锈钢热轧钢板和钢带固溶处理后的弯曲性能见表 2-85。

表 2-85 沉淀硬化型不锈钢热轧钢板和钢带固溶处理后的弯曲性能
（GB/T 4237—2015）

牌号	厚度/mm	180°弯曲试验弯曲压头直径 D
022Cr12Ni9Cu2NbTi	2.0 ~ 5.0	D = 6a
07Cr17Ni7Al	2.0 ~ <5.0	D = a
	5.0 ~ 7.0	D = 3a
07Cr15Ni7Mo2Al	2.0 ~ <5.0	D = a
	5.0 ~ 7.0	D = 3a
09Cr17Ni5Mo3N	2.0 ~ 5.0	D = 2a

注：a 为弯曲试样厚度。

2.7.10 耐热钢棒的热处理工艺参数

1. 奥氏体型耐热钢

1）奥氏体型耐热钢棒或试样的热处理工艺参数见表 2-86。

表2-86　奥氏体型耐热钢棒或试样的热处理工艺参数
（GB/T 1221—2007）

牌号	典型的热处理制度
53Cr21Mn9Ni4N	固溶：1100～1200℃，快冷 时效：730～780℃，空冷
26Cr18Mn12Si2N	固溶：1100～1150℃，快冷
22Cr20Mn10Ni2Si2N	固溶：1100～1150℃，快冷
06Cr19Ni10	固溶：1010～1150℃，快冷
22Cr21Ni12N	固溶：1050～1150℃，快冷 时效：750～800℃，空冷
16Cr23Ni13	固溶：1030～1150℃，快冷
06Cr23Ni13	固溶：1030～1150℃，快冷
20Cr25Ni20	固溶：1030～1180℃，快冷
06Cr25Ni20	固溶：1030～1180℃，快冷
06Cr17Ni12Mo2	固溶：1010～1150℃，快冷
06Cr19Ni13Mo3	固溶：1010～1150℃，快冷
06Cr18Ni11Ti[①]	固溶：920～1150℃，快冷
45Cr14Ni14W2Mo	退火：820～850℃，快冷
12Cr16Ni35	固溶：1030～1180℃，快冷
06Cr18Ni11Nb[①]	固溶：980～1150℃，快冷
06Cr18Ni13Si4	固溶：1010～1150℃，快冷
16Cr20Ni14Si2	固溶：1080～1130℃，快冷
16Cr25Ni20Si2	固溶：1080～1130℃，快冷

① 可进行稳定化处理，加热温度为850～930℃。

2）奥氏体型耐热钢棒或试样热处理后的力学性能见表2-87。

表 2-87　奥氏体型耐热钢棒或试样热处理后的力学性能

（GB/T 1221—2007）

牌号	热处理状态	规定塑性延伸强度 $R_{p0.2}$ /MPa	抗拉强度 R_m/MPa	断后伸长率 A（%）	断面收缩率 Z（%）	硬度 HBW
		≥				≤
53Cr21Mn9Ni4N	固溶 + 时效	560	885	8		≥302
26Cr18Mn12Si2N	固溶处理	390	685	35	45	248
22Cr20Mn10Ni2Si2N		390	635	35	45	248
06Cr19Ni10		205	520	40	60	187
22Cr21Ni12N	固溶 + 时效	430	820	26	20	269
16Cr23Ni13	固溶处理	205	560	45	50	201
06Cr23Ni13		205	520	40	60	187
20Cr25Ni20		205	590	40	50	201
06Cr25Ni20		205	520	40	50	187
06Cr17Ni12Mo2		205	520	40	60	187
06Cr19Ni13Mo3		205	520	40	60	187
06Cr18Ni11Ti		205	520	40	50	187
45Cr14Ni14W2Mo	退火	315	705	20	35	248
12Cr16Ni35	固溶处理	205	560	40	50	201
06Cr18Ni11Nb		205	520	40	50	187
06Cr18Ni13Si4		205	520	40	60	207
16Cr20Ni14Si2		295	590	35	50	187
16Cr25Ni20Si2		295	590	35	50	187

注：53Cr21Mn9Ni4N 和 22Cr21Ni12N 仅适用于直径、边长及对边距离或厚度
小于或等于 25mm 的钢棒，大于 25mm 的钢棒，可改锻成 25mm 的样坯
检验或由供需双方协商确定允许降低其力学性能的数值。其余牌号仅适
用于直径、边长及对边距离或厚度小于或等于 180mm 的钢棒。大于
180mm 的钢棒，可改锻成 180mm 的样坯检验或由供需双方协商确定，
允许降低其力学性能数值。

2. 铁素体型耐热钢

1）铁素体型耐热钢棒或试样的热处理工艺参数见表2-88。

表2-88　铁素体型耐热钢棒或试样的热处理工艺参数

（GB/T 1221—2007）

牌号	退火
06Cr13Al	780~830℃，空冷或缓冷
022Cr12	700~820℃，空冷或缓冷
10Cr17	780~850℃，空冷或缓冷
16Cr25N	780~880℃，快冷

2）铁素体型耐热钢棒或试样退火后的力学性能见表2-89。

表2-89　铁素体型耐热钢棒或试样退火后的力学性能

（GB/T 1221—2007）

牌号	规定塑性延伸强度 $R_{p0.2}$/MPa	抗拉强度 R_m/MPa	断后伸长率 $A(\%)$	断面收缩率 $Z(\%)$	硬度 HBW
	≥				≤
06Cr13Al	175	410	20	60	183
022Cr12	195	360	22	60	183
10Cr17	205	450	22	50	183
16Cr25N	275	510	20	40	201

注：本表仅适用于直径、边长及对边距离或厚度小于或等于75mm的钢棒。大于75mm的钢棒，可改锻成75mm的样坯检验或由供需双方协商确定允许降低其力学性能的数值。

3. 马氏体型耐热钢

1）马氏体型耐热钢棒或试样的热处理工艺参数见表2-90。

表 2-90　马氏体型耐热钢棒或试样的热处理工艺参数（GB/T 1221—2007）

牌号	钢棒	试样	
	退火	淬火	回火
12Cr13	800 ~ 900℃，缓冷或约750℃快冷	950 ~ 1000℃，油冷	700 ~ 750℃，快冷
20Cr13	800 ~ 900℃，缓冷或约750℃快冷	920 ~ 980℃，油冷	600 ~ 750℃，快冷
14Cr17Ni2	680 ~ 700℃，高温回火，空冷	950 ~ 1050℃，油冷	275 ~ 350℃，空冷
17Cr14Ni2	680 ~ 800℃，炉冷或空冷	950 ~ 1050℃，油冷或空冷	600 ~ 650℃，空冷
			750 ~ 800℃ + 650 ~ 700℃[①]，空冷
12Cr5Mo	—	900 ~ 950℃，油冷	600 ~ 700℃，空冷
12Cr12Mo	800 ~ 900℃，缓冷或约750℃快冷	950 ~ 1000℃，油冷	700 ~ 750℃，快冷
13Cr13Mo	830 ~ 900℃，缓冷或约750℃快冷	970 ~ 1020℃，油冷	650 ~ 750℃，快冷
14Cr11MoV	—	1050 ~ 1100℃，空冷	720 ~ 740℃，空冷
18Cr12Mo-VNbN	850 ~ 950℃，缓冷	1100 ~ 1170℃，油冷或空冷	≥600℃，空冷
15Cr12WMoV	—	1000 ~ 1050℃，油冷	680 ~ 700℃，空冷
22Cr12NiW-MoV	830 ~ 900℃，缓冷	1020 ~ 1070℃，油冷或空冷	≥600℃，空冷
13Cr11Ni2W-2MoV	—	1000 ~ 1020℃正火	660 ~ 710℃，油冷或空冷
		1000 ~ 1020℃，油冷或空冷	540 ~ 600℃，油冷或空冷

（续）

牌号	钢棒	试样	
	退火	淬火	回火
18Cr11Ni-MoNbVN	880 ~ 900℃，缓冷或 700 ~770℃快冷	≥1090℃，油冷	≥640℃，空冷
42Cr9Si2	—	1020 ~1040℃，油冷	700 ~780℃，油冷
45Cr9Si3	800 ~900℃，缓冷	900 ~1080℃，油冷	700 ~850℃,快冷
40Cr10Si2Mo	—	1010 ~1040℃，油冷	720 ~760℃，空冷
80Cr20Si2Ni	800 ~ 900℃，缓冷或约 720℃空冷	1030 ~1080℃，油冷	700 ~800℃，快冷

① 当镍含量在规定的下限时，允许采用 620 ~720℃单回火制度。

2）马氏体型耐热钢棒或试样淬火回火后的力学性能见表2-91。

表2-91　马氏体型耐热钢棒或试样淬火回火后的力学性能

（GB/T 1221—2007）

牌号	规定塑性延伸强度 $R_{p0.2}$ /MPa	抗拉强度 R_m/ /MPa	断后伸长率 A （%）	断面收缩率 Z （%）	冲击吸收能量 KU/J	经淬火回火后的硬度 HBW	退火后的硬度 HBW
	≥						≤
12Cr13	345	540	22	55	78	159	200
20Cr13	440	640	20	50	63	192	223
14Cr17Ni2		1080	10		39		
17Cr16Ni2	700	900 ~1050	12	45	25(KV)		295
	600	800 ~950	14				
12Cr5Mo	390	590	18				200
12Cr12Mo	550	685	18	60	78	217 ~248	255
13Cr13Mo	490	690	20	60	78	192	200
14Cr11MoV	490	685	16	55	47		200
18Cr12MoVNbN	685	835	15	30		≤321	269
15Cr12WMoV	585	735	15	45	47		

（续）

牌号	规定塑性延伸强度 $R_{p0.2}$ /MPa	抗拉强度 R_m /MPa	断后伸长率 A（%）	断面收缩率 Z（%）	冲击吸收能量 KU/J	经淬火回火后的硬度 HBW	退火后的硬度 HBW
			≥				≤
22Cr12NiWMoV	735	885	10	25		≤341	269
13Cr11Ni2W-2MoV 1	735	885	15	55	71	269 ~ 321	269
2MoV 2	885	1080	12	50	55	311 ~ 388	
18Cr11NiMo-NbVN	760	930	12	32	20（KV）	277 ~ 331	255
42Cr9Si2	590	885	19	50			269
45Cr9Si3	685	930	15	35		≥269	
40Cr10Si2Mo	685	885	10	35			269
80Cr20Si2Ni	685	885	10	15	8	≥262	321

注：1. 本表仅适用于直径、边长及对边距离或厚度小于或等于75mm 的钢棒。大于75mm 的钢棒，可改锻成75mm 的样坯检验或由供需双方协商确定允许降低其力学性能的数值。

2. 采用750℃退火时，其硬度由供需双方协商。

3. 直径或对边距离小于或等于16mm 的圆钢、六角钢和边长或厚度小于或等于12mm 的方钢、扁钢不做冲击试验。

4. 沉淀硬化型耐热钢

1）沉淀硬化型耐热钢棒或试样的热处理工艺参数见表2-92。

表2-92　沉淀硬化型耐热钢棒或试样的热处理工艺参数

（GB/T 1221—2007）

牌号	热处理			
	种类		组别	条件
05Cr17Ni4-Cu4Nb	固溶处理		0	1020 ~ 1060℃，快冷
	沉淀硬化	480℃时效	1	经固溶处理后，470 ~ 490℃空冷
		550℃时效	2	经固溶处理后，540 ~ 560℃空冷
		580℃时效	3	经固溶处理后，570 ~ 590℃空冷
		620℃时效	4	经固溶处理后，610 ~ 630℃空冷

（续）

牌号	热处理			
	种类		组别	条件
07Cr17Ni7Al	固溶处理		0	1000~1100℃，快冷
	沉淀硬化	510℃时效	1	经固溶处理后，955℃±10℃保持10min，空冷到室温，在24h内冷却到－73℃±6℃，保持8h，再加热到510℃±10℃，保持1h后，空冷
		565℃时效	2	经固溶处理后，于760℃±15℃保持90min，在1h内冷却到15℃以下，保持30min，再加热到565℃±10℃保持90min，空冷
06Cr15Ni25Ti2-MoAlVB	固溶+时效			固溶885~915℃或965~995℃，快冷，时效700~760℃，16h，空冷或缓冷

　　2）沉淀硬化型耐热钢棒或试样热处理后的力学性能见表2-93。

表2-93　沉淀硬化型耐热钢棒或试样热处理后的力学性能
（GB/T 1221—2007）

牌号	热处理		组别	规定塑性延伸强度 $R_{p0.2}$/MPa	抗拉强度 R_m/MPa	断后伸长率 A(%)	断面收缩率 Z(%)	硬度	
	类别			≥				HBW	HRC
05Cr17Ni4-Cu4Nb	固溶处理		0					≤363	≤38
	沉淀硬化	480℃时效	1	1180	1310	10	40	≥375	≥40
		550℃时效	2	1000	1070	12	45	≥331	≥35
		580℃时效	3	865	1000	13	45	≥302	≥31
		620℃时效	4	725	930	16	50	≥277	≥28

（续）

牌号	热处理		规定塑性延伸强度 $R_{p0.2}$/MPa	抗拉强度 R_m/MPa	断后伸长率 A（%）	断面收缩率 Z（%）	硬度	
	类别	组别	≥				HBW	HRC
07Cr17Ni-7Al	固溶处理	0	≤380	≤1030	20		≤229	
	沉淀硬化 510℃时效	1	1030	1230	4	10	≥388	
	565℃时效	2	960	1140	5	25	≥363	
06Cr15Ni25-Ti2MoAlVB	固溶＋时效		590	900	15	18	≥248	

注：表中数值仅适用于直径、边长、厚度或对边距离小于或等于75mm 的钢棒；大于75mm 的钢棒，可改锻成75mm 的样坯检验，或由供需双方协商，规定允许降低其力学性能的数据。

2.7.11 耐热钢钢板和钢带的热处理工艺参数

1. 奥氏体型耐热钢

1）奥氏体型耐热钢热轧及冷轧钢板和钢带的热处理工艺参数数见表2-94。

表 2-94 奥氏体型耐热钢热轧及冷轧钢板和钢带的热处理工艺参数
（GB/T 4238—2015）

牌号	固溶处理
12Cr18Ni9	≥1040℃，水冷或其他方式快冷
12Cr18Ni9Si3	≥1040℃，水冷或其他方式快冷
06Cr19Ni10	≥1040℃，水冷或其他方式快冷
07Cr19Ni10	≥1040℃，水冷或其他方式快冷
05Cr19Ni10Si2CeN	1050～1100℃，水冷或其他方式快冷
06Cr20Ni11	≥1040℃，水冷或其他方式快冷
16Cr23Ni13	≥1040℃，水冷或其他方式快冷
06Cr23Ni13	≥1040℃，水冷或其他方式快冷
20Cr25Ni20	≥1040℃，水冷或其他方式快冷

（续）

牌号	固溶处理
06Cr25Ni20	≥1040℃，水冷或其他方式快冷
06Cr17Ni12Mo2	≥1040℃，水冷或其他方式快冷
07Cr17Ni12Mo2	≥1040℃，水冷或其他方式快冷
06Cr18Ni13Mo3	≥1040℃，水冷或其他方式快冷
06Cr18Ni11Ti	≥1095℃，水冷或其他方式快冷
07Cr19Ni11Ti	≥1040℃，水冷或其他方式快冷
12Cr16Ni35	1030～1180℃，快冷
06Cr18Ni11Nb	≥1040℃，水冷或其他方式快冷
07Cr18Ni11Nb	≥1040℃，水冷或其他方式快冷
16Cr20Ni14Si2	1060～1130℃，水冷或其他方式快冷
16Cr25Ni20Si2	1060～1130℃，水冷或其他方式快冷
08Cr21Ni11Si2CeN	1050～1100℃，水冷或其他方式快冷

2）奥氏体型耐热钢热轧及冷轧钢板和钢带固溶处理后的力学性能见表2-95。

表2-95　奥氏体型耐热钢热轧及冷轧钢板和钢带固溶处理后的力学性能
（GB/T 4238—2015）

牌号	规定塑性延伸强度 $R_{p0.2}$/MPa	抗拉强度 R_m/MPa	断后伸长率 A（%）	硬度		
				HBW	HRB	HV
	≥			≤		
12Cr18Ni9	205	515	40	201	92	210
12Cr18Ni9Si3	205	515	40	217	95	220
06Cr19Ni10	205	515	40	201	92	210
07Cr19Ni10	205	515	40	201	92	210
05Cr19Ni10Si2CeN	290	600	40	217	95	220
06Cr20Ni11	205	515	40	183	88	200
08Cr21Ni11Si2CeN	310	600	40	217	95	220

（续）

牌号	规定塑性延伸强度 $R_{p0.2}$/MPa	抗拉强度 R_m/MPa	断后伸长率 A（%）	硬度		
				HBW	HRB	HV
	≥			≤		
16Cr23Ni13	205	515	40	217	95	220
06Cr23Ni13	205	515	40	217	95	220
20Cr25Ni20	205	515	40	217	95	220
06Cr25Ni20	205	515	40	217	95	220
06Cr17Ni12Mo2	205	515	40	217	95	220
07Cr17Ni12Mo2	205	515	40	217	95	220
06Cr19Ni13Mo3	205	515	35	217	95	220
06Cr18Ni11Ti	205	515	40	217	95	220
07Cr19Ni11Ti	205	515	40	217	95	220
12Cr16Ni35	205	560		201	92	210
06Cr18Ni11Nb	205	515	40	201	92	210
07Cr18Ni11Nb	205	515	40	201	92	210
16Cr20Ni14Si2	220	540	40	217	95	220
16Cr25Ni20Si2	220	540	35	217	95	220

2. 铁素体型耐热钢

1) 铁素体型耐热钢热轧及冷轧钢板和钢带的热处理工艺参数见表2-96。

表2-96　铁素体型耐热钢热轧及冷轧钢板和钢带的热处理工艺参数
（GB/T 4238—2015）

牌号	退火
06Cr13Al	780~830℃，快冷或缓冷
022Cr11Ti	800~900℃，快冷或缓冷
022Cr11NbTi	800~900℃，快冷或缓冷
10Cr17	780~850℃，快冷或缓冷
16Cr25N	780~880℃，快冷

2) 铁素体型耐热钢热轧及冷轧钢板和钢带退火后的力学性能见表2-97。

表 2-97 铁素体型耐热钢热轧及冷轧钢板和钢带退火后的力学性能
（GB/T 4238—2015）

牌号	规定塑性延伸强度 $R_{p0.2}$/MPa	抗拉强度 R_m/MPa	断后伸长率 A(%)	硬度			180°弯曲试验弯曲压头直径 D
				HBW	HRB	HV	
	≥			≤			
06Cr13Al	170	415	20	179	88	200	$D = 2a$
022Cr11Ti	170	380	20	179	88	200	$D = 2a$
022Cr11NbTi	170	380	20	179	88	200	$D = 2a$
10Cr17	205	420	22	183	89	200	$D = 2a$
16Cr25N	275	510	20	201	95	210	

注：a 为弯曲试样厚度。

3. 马氏体型耐热钢

1）马氏体型耐热钢热轧及冷轧钢板和钢带的热处理工艺参数见表 2-98。

表 2-98 马氏体型耐热钢热轧及冷轧钢板和钢带的热处理工艺参数
（GB/T 4238—2015）

牌号	退火
12Cr12	约 750℃快冷或 800~900℃缓冷
12Cr13	约 750℃快冷或 800~900℃缓冷
22Cr12NiMoWV	

2）马氏体型耐热钢热轧及冷轧钢板和钢带退火后的力学性能见表 2-99。

表 2-99 马氏体型耐热钢热轧及冷轧钢板和钢带退火后的力学性能
（GB/T 4238—2015）

牌号	规定塑性延伸强度 $R_{p0.2}$/MPa	抗拉强度 R_m/MPa	断后伸长率 A(%)	硬度			180°弯曲试验弯曲压头直径 D
				HBW	HRB	HV	
	≥			≤			
12Cr12	205	485	25	217	88	210	$D = 2a$
12Cr13	205	450	20	217	96	210	$D = 2a$
22Cr12Ni-MoWV	275	510	20	200	95	210	$a \geqslant 3mm$, $D = a$

注：a 为弯曲试样厚度。

4. 沉淀硬化型耐热钢

1) 沉淀硬化型耐热钢热轧及冷轧钢板和钢带的热处理工艺参数见表 2-100。

表 2-100　沉淀硬化型耐热钢热轧及冷轧钢板和钢带的热处理工艺参数
（GB/T 4238—2015）

牌号	固溶处理	沉淀硬化处理
022Cr12Ni9-Cu2NbTi	829℃ ±15℃，水冷	480℃ ±6℃，保温 4h，空冷，或 510℃ ±6℃，保温4h，空冷
05Cr17Ni4Cu4Nb	1050℃ ± 25℃，水冷	482℃ ±10℃，保温 1h，空冷 496℃ ±10℃，保温 4h，空冷 552℃ ±10℃，保温 4h，空冷 579℃ ±10℃，保温 4h，空冷 593℃ ±10℃，保温 4h，空冷 621℃ ±10℃，保温 4h，空冷 760℃ ±10℃，保温 2h，空冷 621℃ ±10℃，保温 4h 空冷
07Cr17Ni7Al	1065℃ ± 15℃，水冷	954℃ ± 8℃ 保温 10min，快冷至室温，24h 内冷至 -73℃ ±6℃，保温不小于 8h。在空气中加热至室温。加热到 510℃ ±6℃，保温 1h，空冷
		760℃ ±15℃ 保温 90min，1h 内冷却至 15℃ ±3℃，保温 ≥30min，加热至 566℃ ±6℃，保温 90min 空冷
07Cr15Ni7Mo2Al	1040℃ ± 15℃，水冷	954℃ ± 8℃ 保温 10min，快冷至室温，24h 内冷至 -73℃ ±6℃，保温不小于 8h。在空气中加热至室温，加热到 510℃ ±6℃，保温 1h，空冷

（续）

牌号	固溶处理	沉淀硬化处理
07Cr15Ni17Mo2Al	1040℃ ± 15℃，水冷	760℃ ±15℃保温 90min，1h 内冷却至 15℃ ±3℃，保温 ≥30min，加热至 566℃ ±6℃，保温 90min 空冷
06Cr17Ni7AlTi	1038℃ ± 15℃，空冷	510℃ ±8℃，保温 30min，空冷 538℃ ±8℃，保温 30min，空冷 566℃ ±8℃，保温 30min，空冷
06Cr15Ni25 - Ti2MoAlVB	885 ~ 915℃，快冷或 965 ~ 995℃，快冷	700 ~ 760℃保温 16h，空冷或缓冷

2）沉淀硬化型耐热钢热轧及冷轧钢板和钢带试样固溶处理及时效处理后的力学性能见表 2-101 ~ 表 2-103。

表 2-101　沉淀硬化型耐热钢热轧及冷轧钢板和钢带试样固溶处理后的力学性能 （GB/T 4238—2015）

牌号	钢材厚度/mm	规定塑性延伸强度 $R_{p0.2}$/MPa	抗拉强度 R_m/MPa	断后伸长率 A(%)	硬度 HRC	硬度 HBW
022Cr12Ni9Cu2NbTi	0.30 ~ 100	≤1105	≤1205	≥3	≤36	≤331
05Cr17Ni4Cu4Nb	0.4 ~ 100	≤1105	≤1255	≥3	≤38	≤363
07Cr17Ni7Al	0.1 ~ <0.3	≤450	≤1035			
	0.3 ~ 100	≤380	≤1035	≥20	≤92[①]	
07Cr15Ni7Mo2Al	0.10 ~ 100	≤450	≤1035	≥25	≤100[①]	
06Cr17Ni7AlTi	0.10 ~ <0.80	≤515	≤825	≥3	≤32	
	0.80 ~ <1.50	≤515	≤825	≥4	≤32	
	1.50 ~ 100	≤515	≤825	≥5	≤32	
06Cr15Ni25Ti2MoAlVB	<2		≥725	≥25	≤91[①]	≤192
	≥2	≥590	≥900	≥15	≤101[①]	≤248

注：06Cr15Ni25Ti2MoAlVB 为时效后的力学性能。
① HRB 硬度值。

表2-102　沉淀硬化型热轧钢板及冷轧钢板和钢带时效处理后的力学性能（GB/T 4238—2015）

牌号	钢材厚度/mm	处理温度/℃	规定塑性延伸强度 $R_{p0.2}$/MPa ≥	抗拉强度 R_m/MPa ≥	断后伸长率 A(%)	硬度 HRC	硬度 HBW
022Cr12Ni9Cu2NbTi	0.10 ~ <0.75	510 ±10 或 480 ±6	1410	1525		≥44	
	0.75 ~ <1.50		1410	1525	3	≥44	
	1.50 ~ 16		1410	1525	4	≥44	
05Cr17Ni4Cu4Nb	0.1 ~ <5.0	482 ±10	1170	1310	5	40 ~ 48	
	5.0 ~ <16		1170	1310	8	40 ~ 48	388 ~ 477
	16 ~ 100		1170	1310	10	40 ~ 48	388 ~ 477
	0.1 ~ <5.0	496 ±10	1070	1170	5	38 ~ 46	
	5.0 ~ <16		1070	1170	8	38 ~ 47	375 ~ 477
	16 ~ 100		1070	1170	10	38 ~ 47	375 ~ 477
	0.1 ~ <5.0	552 ±10	1000	1070	5	35 ~ 43	
	5.0 ~ <16		1000	1070	8	33 ~ 42	321 ~ 415
	16 ~ 100		1000	1070	12	33 ~ 42	321 ~ 415

（续）

牌号	钢材厚度/mm	处理温度/℃	规定塑性延伸强度 $R_{p0.2}$/MPa	抗拉强度 R_m/MPa ≥	断后伸长率 A（%）	硬度 HRC	硬度 HBW
05Cr17Ni4Cu4Nb	0.1 ~ <5.0	579 ± 10	860	1000	5	31 ~ 40	
	5.0 ~ <16		860	1000	9	29 ~ 38	293 ~ 375
	16 ~ 100		860	1000	13	29 ~ 38	293 ~ 375
	0.1 ~ <5.0	593 ± 10	790	965	5	31 ~ 40	
	5.0 ~ <16		790	965	10	29 ~ 38	293 ~ 375
	16 ~ 100		790	965	14	29 ~ 38	293 ~ 375
	0.1 ~ <5.0	621 ± 10	725	930	8	28 ~ 38	
	5.0 ~ <16		725	930	10	26 ~ 36	269 ~ 352
	16 ~ 100		725	930	16	26 ~ 36	269 ~ 352
	0.1 ~ <5.0	760 ± 10	515	790	9	26 ~ 36	255 ~ 331
	5.0 ~ <16	621 ± 10	515	790	11	24 ~ 34	248 ~ 321
	16 ~ 100		515	790	18	24 ~ 34	248 ~ 321

牌号	规格/mm	热处理		1035...	1240...			
07Cr17Ni7Al	0.05~<0.30	760±15		1035	1240	3	≥38	≥352
	0.30~<5.0	15±3		1035	1240	5	≥38	
	5.0~16	566±6		965	1170	7	≥38	
	0.05~<0.30	954±8		1310	1450	1	≥44	≥401
	0.30~<5.0	-73±6		1310	1450	3	≥44	
	5.0~16	510±6		1240	1380	6	≥43	
07Cr15Ni7Mo2Al	0.05~<0.30	760±15		1170	1310	3	≥40	≥375
	0.30~<5.0	15±3		1170	1310	5	≥40	
	5.0~16	566±10		1170	1310	4	≥40	
	0.05~<0.30	954±8		1380	1550	2	≥46	≥429
	0.30~<5.0	-73±6		1380	1550	4	≥46	
	5.0~16	510±6		1380	1550	4	≥45	

（续）

牌号	钢材厚度/mm	处理温度/℃	规定塑性延伸强度 $R_{p0.2}$/MPa	抗拉强度 R_m/MPa	断后伸长率 A(%)	硬度	
						HRC	HBW
			≥	≥			
06Cr17Ni7AlTi	0.10 ~ <0.80	510±8	1170	1310	3	≥39	
	0.80 ~ <1.50	510±8	1170	1310	4	≥39	
	1.50 ~ 16		1170	1310	5	≥39	
	0.10 ~ <0.75	538±8	1105	1240	3	≥37	
	0.75 ~ <1.50		1105	1240	4	≥37	
	1.50 ~ 16		1105	1240	5	≥37	
	0.10 ~ <0.75	566±8	1035	1170	3	≥35	
	0.75 ~ <1.50		1035	1170	4	≥35	
	1.50 ~ 16		1035	1170	5	≥35	
06Cr15Ni25Ti2MoAlVB	2.0 ~ <8.0	700 ~ 760	590	900	15	≥101	≥248

表2-103　沉淀硬化型耐热钢热轧及冷轧钢板和钢带固溶处理后的
弯曲性能（GB/T 4238—2015）

牌号	厚度/mm	180°弯曲试验弯曲压头直径 D
022Cr12Ni9Cu2NbTi	2.0 ~ 5.0	$D = 6a$
07Cr17Ni7Al	2.0 ~ <5.0	$D = a$
	5.0 ~ 7.0	$D = 3a$
07Cr15Ni7Mo2Al	2.0 ~ <5.0	$D = a$
	5.0 ~ 7.0	$D = 3a$

注：a 为弯曲试样厚度。

2.7.12　冷镦和冷挤压用钢的热处理工艺参数

1. 表面硬化型冷镦和冷挤压用钢

1）表面硬化型冷镦和冷挤压用钢的热处理工艺参数见
表2-104。

表2-104　表面硬化型冷镦和冷挤压用钢的
热处理工艺参数（GB/T 6478—2015）

牌号	渗碳温度/℃	直接淬火温度/℃	双重淬火温度/℃		回火温度/℃
			心部淬硬	表面淬硬	
ML10Al	880 ~ 980	830 ~ 870	880 ~ 920	780 ~ 820	150 ~ 200
ML15Al	880 ~ 980	830 ~ 870	880 ~ 920	780 ~ 820	150 ~ 200
ML15	880 ~ 980	830 ~ 870	880 ~ 920	780 ~ 820	150 ~ 200
ML20Al	880 ~ 980	830 ~ 870	880 ~ 920	780 ~ 820	150 ~ 200
ML20	880 ~ 980	830 ~ 870	880 ~ 920	780 ~ 820	150 ~ 200
ML20Cr	880 ~ 980	820 ~ 860	860 ~ 900	780 ~ 820	150 ~ 200

注：1. 表中给出的温度只是推荐值。实际选择的温度应以性能达到要求
为准。

2. 渗碳温度取决于钢的化学成分和渗碳介质。一般情况下，如果钢直
接淬火，不宜超过950℃。

3. 回火时间，推荐为最少1h。

2）表面硬化型冷镦和冷挤压用钢试样热处理后的力学性能

见表 2-105。

表 2-105　表面硬化型冷镦和冷挤压用钢试样

热处理后的力学性能（GB/T 6478—2015）

牌号	规定塑性延伸强度 $R_{p0.2}$/MPa ≥	抗拉强度 R_{m}/MPa	断后伸长率 A（%）≥	热轧状态硬度 HBW ≤
ML10Al	250	400 ~ 700	15	137
ML15Al	260	450 ~ 750	14	143
ML15	260	450 ~ 750	14	
ML20Al	320	520 ~ 820	11	156
ML20	320	520 ~ 820	11	
ML20Cr	490	750 ~ 1100	9	

注：试样毛坯直径为 25mm；公称直径小于 25mm 的钢材，按钢材实际尺寸。

2. 调质型钢（包括含硼钢）

1）调质型钢（包括含硼钢）试样推荐的热处理工艺参数见表 2-106。

表 2-106　调质型钢（包括含硼钢）试样推荐的

热处理工艺参数（GB/T 6478—2015）

牌号	正火温度/℃	淬火		回火温度/℃
		温度/℃	冷却介质	
ML25	$Ac_3 + 30 ~ 50$			
ML30	$Ac_3 + 30 ~ 50$			
ML35	$Ac_3 + 30 ~ 50$			
ML40	$Ac_3 + 30 ~ 50$			
ML45	$Ac_3 + 30 ~ 50$			
ML15Mn		880 ~ 900	水	180 ~ 220
ML25Mn	$Ac_3 + 30 ~ 50$			
ML35Cr		830 ~ 870	水或油	540 ~ 680
ML40Cr		820 ~ 860	油或水	540 ~ 680

（续）

牌号	正火温度 /℃	淬火		回火温度 /℃
		温度/℃	冷却介质	
ML30CrMo		860 ~ 890	水或油	490 ~ 590
ML35CrMo		830 ~ 870	油	500 ~ 600
ML40CrMo		830 ~ 870	油	500 ~ 600
ML20B	880 ~ 910	860 ~ 890	水或油	550 ~ 660
ML30B	870 ~ 900	850 ~ 890	水或油	550 ~ 660
ML35B	860 ~ 890	840 ~ 880	水或油	550 ~ 660
ML15MnB		860 ~ 890	水	200 ~ 240
ML20MnB	880 ~ 910	860 ~ 890	水或油	550 ~ 660
ML35MnB	860 ~ 890	840 ~ 880	油	550 ~ 660
ML15MnVB		860 ~ 900	油	340 ~ 380
ML20MnVB		860 ~ 900	油	370 ~ 410
ML20MnTiB		840 ~ 880	油	180 ~ 220
ML37CrB	855 ~ 885	835 ~ 875	水或油	550 ~ 660

注：1. 奥氏体化时间不少于 0.5h，回火时间不少于 1h。

2. 选择淬火冷却介质时，应考虑其他参数（工件形状、尺寸和淬火温度等）对性能和裂纹敏感性的影响，其他的淬火冷却介质（如合成淬火冷却介质）也可以使用。

3. 标准件行业按 GB/T 3098.1—2010 的规定，回火温度为 380 ~ 425℃。在这种条件下的力学性能值与表 2-107 的数值有较大的差异。

2）调质型钢（包括含硼钢）试样经热处理后的力学性能见表 2-107。

表 2-107　调质型钢（包括含硼钢）试样经热处理后的
力学性能（GB/T 6478—2015）

牌号	规定塑性延伸强度 $R_{p0.2}$/MPa	抗拉强度 R_m/MPa	断后伸长率 A（%）	断面收缩率 Z（%）	热轧状态硬度 HBW
	≥				≤
ML25	275	450	23	50	170
ML30	295	490	21	50	179
ML35	430	630	17		187
ML40	335	570	19	45	217
ML45	355	600	16	40	229
ML15Mn	705	880	9	40	
ML25Mn	275	450	23	50	170
ML35Cr	630	850	14		
ML40Cr	660	900	11		
ML30CrMo	785	930	12	50	
ML35CrMo	835	980	12	45	
ML40CrMo	930	1080	12	45	
ML20B	400	550	16		
ML30B	480	630	14		
ML35B	500	650	14		
ML15MnB	930	1130	9	45	
ML20MnB	500	650	14		
ML35MnB	650	800	12		
ML15MnVB	720	900	10	45	207
ML20MnVB	940	1040	9	45	
ML20MnTiB	930	1130	10	45	
ML37CrB	600	750	12		

注：试样的热处理毛坯直径为 25mm。公称直径 <25mm 的钢材按实际尺寸
　　计算。

2.7.13 汽轮机叶片用钢的热处理工艺参数

1. 汽轮机叶片用钢的退火及高温回火工艺参数（表2-108）

表2-108 汽轮机叶片用钢的退火及高温回火
工艺参数（GB/T 8732—2014）

牌号	退火	高温回火	硬度 HBW
12Cr13	800~900℃，缓冷	700~770℃，快冷	≤200
20Cr13	800~900℃，缓冷	700~770℃，快冷	≤223
12Cr12Mo	800~900℃，缓冷	700~770℃，快冷	≤255
14Cr11MoV	800~900℃，缓冷	700~770℃，快冷	≤200
15Cr12WMoV	800~900℃，缓冷	700~770℃，快冷	≤223
21Cr12MoV	880~930℃，缓冷	750~770℃，快冷	≤255
18Cr11NiMoNbVN	800~900℃，缓冷	700~770℃，快冷	≤255
22Cr12NiWMoV	860~930℃，缓冷	750~770℃，快冷	≤255
05Cr17Ni4Cu4Nb	740~850℃，缓冷	660~680℃，快冷	≤361
14Cr12Ni2WMoV	860~930℃，缓冷	650~750℃，快冷	≤287
14Cr12Ni3Mo2VN	860~930℃，缓冷	650~750℃，快冷	≤287
14Cr11W2MoNiVNbN	860~930℃，缓冷	650~750℃，快冷	≤287

2. 汽轮机叶片用钢的淬火与回火工艺参数及力学性能（表 2-109）

表 2-109　汽轮机叶片用钢的淬火与回火工艺参数及力学性能（GB/T 8732—2014）

牌号	组别	淬火	回火	规定塑性延伸强度 $R_{p0.2}$/MPa	抗拉强度 R_m/MPa	断后伸长率 $A(\%)$	断面收缩率 $Z(\%)$	冲击吸收能量 KV_2/J	试样硬度 HBW
12Cr13	一	980~1040℃，油	660~770℃，空气	≥440	≥620	≥20	≥60	≥35	192~241
20Cr13	I	950~1020℃，空气，油	660~770℃，油，空气，水	≥490	≥665	≥16	≥50	≥27	212~262
20Cr13	II	980~1030℃，油	640~720℃，空气	≥590	≥735	≥15	≥50	≥27	229~277
12Cr12Mo	一	950~1000℃，油	650~710℃，空气	≥550	≥685	≥18	≥60	≥78	217~255
14Cr11MoV	I	1000~1050℃空气，油	700~750℃，空气	≥490	≥685	≥16	≥56	≥27	212~262
14Cr11MoV	II	1000~1030℃，油	660~700℃，空气	≥590	≥735	≥15	≥50	≥27	229~277

牌号		淬火	回火						硬度
15Cr12WMoV	I	1000~1050℃，油	680~740℃，空气	≥590	≥735	≥15	≥45	≥27	229~277
15Cr12WMoV	II	1000~1050℃，油	660~700℃，空气	≥635	≥785	≥15	≥45	≥27	248~293
18Cr11NiMoNbVN	—	≥1090℃，油	≥640℃，空气	≥760	≥930	≥12	≥32	≥20	277~331
22Cr12NiWMoV	—	980~1040℃，油	650~750℃，空气	≥760	≥930	≥12	≥32	≥11	277~311
21Cr12MoV	I	1020~1070℃，油	≥650℃，空气	≥700	900~1050	≥13	≥35	≥20	265~310
21Cr12MoV	II	1020~1050℃，油	700~750℃，空气	590~735	≤930	≥15	≥50	≥27	241~285
14Cr12Ni2WMoV	—	1000~1050℃，油	≥640℃，空气，二次	≥735	≥920	≥13	≥40	≥48	277~331

（续）

牌号	组别	淬火	回火	规定塑性延伸强度 $R_{p0.2}$/MPa	抗拉强度 R_m/MPa	断后伸长率 $A(\%)$	断面收缩率 $Z(\%)$	冲击吸收能量 KV_2/J	试样硬度 HBW
14Cr12Ni3Mo2VN	—	990~1030℃，油	≥560℃，空气，二次	≥860	≥1100	≥13	≥40	≥54	331~363
14Cr11W2MoNiVNbN	—	≥1100℃，油	≥620℃，空气	≥760	≥930	≥14	≥32	≥20	277~331
05Cr17Ni4Cu4Nb	I	1025~1055℃，油，空冷（≥14℃/min 冷却到室温）　—	645~655℃，4h，空冷	590~800	≥900	≥16	≥55		262~302
	II	810~820℃，0.5h，空冷（≥14℃/min 冷却到室温）	565~575℃，3h，空冷	890~980	950~1020	≥16	≥55		293~341
	III		600~610℃，5h，空冷	755~890	890~1030	≥16	≥55		277~321

2.7.14　高压锅炉用无缝钢管的热处理工艺参数

1. 高压锅炉用无缝钢管交货前的热处理工艺参数（表2-110）

表2-110　高压锅炉用无缝钢管交货前的热处理工艺参数（GB 5310—2017）

牌　号	热处理工艺参数
20G[①]	正火：正火温度为 880~940℃
20MnG[①]	正火：正火温度为 880~940℃
25MnG[①]	正火：正火温度为 880~940℃
15MoG[②]	正火：正火温度为 890~950℃
20MoG[②]	正火：正火温度为 890~950℃
12CrMoG[②]	正火 + 回火：正火温度为 900~960℃，回火温度为 670~730℃
15CrMoG[②]	壁厚 $\delta \leq 30mm$ 的钢管正火 + 回火：正火温度为 900~960℃；回火温度为 680~730℃ 壁厚 $\delta > 30mm$ 的钢管淬火 + 回火或正火 + 回火：淬火温度不低于 900℃，回火温度为 680~750℃；正火温度为 900~960℃，回火温度为 680~730℃，但正火后应进行快速冷却
12Cr2MoG[②]	壁厚 $\delta \leq 30mm$ 的钢管正火 + 回火：正火温度为 900~960℃；回火温度为 700~750℃ 壁厚 $\delta > 30mm$ 的钢管淬火 + 回火或正火 + 回火：淬火温度不低于 900℃，回火温度为 700~750℃；正火温度为 900~960℃，回火温度为 700~750℃，但正火后应进行快速冷却
12Cr1MoVG[②]	壁厚 $\delta \leq 30mm$ 的钢管正火 + 回火：正火温度为 980~1020℃，回火温度为 720~760℃ 壁厚 $\delta > 30mm$ 的钢管淬火 + 回火或正火 + 回火：淬火温度 950~990℃，回火温度为 720~760℃；正火温度为 980~1020℃，回火温度为 720~760℃，但正火后应进行快速冷却

（续）

牌　号	热处理工艺参数
12Cr2MoWVTiB	正火 + 回火：正火温度为 1020 ~ 1060℃；回火温度为 760 ~ 790℃
07Cr2MoW2VNbB	正火 + 回火：正火温度为 1040 ~ 1080℃；回火温度为 750 ~ 780℃
12Cr3MoVSiTiB	正火 + 回火：正火温度为 1040 ~ 1090℃；回火温度为 720 ~ 770℃
15Ni1MnMoNbCu	壁厚 $\delta \leqslant 30mm$ 的钢管正火 + 回火：正火温度为 880 ~ 980℃，回火温度为 610 ~ 680℃ 壁厚 $\delta > 30mm$ 的钢管淬火 + 回火或正火 + 回火：淬火温度不低于 900℃，回火温度为 610 ~ 680℃；正火温度为 880 ~ 980℃，回火温度为 610 ~ 680℃，但正火后应进行快速冷却
10Cr9Mo1VNbN	正火 + 回火：正火温度为 1040 ~ 1080℃；回火温度为 750 ~ 780℃。壁厚 $\delta > 70mm$ 的钢管可淬火 + 回火，淬火温度不低于 1040℃，回火温度为 750 ~ 780℃
10Cr9MoW2VNbBN	正火 + 回火：正火温度为 1040 ~ 1080℃；回火温度为 760 ~ 790℃。壁厚 $\delta > 70mm$ 的钢管可淬火 + 回火，淬火温度不低于 1040℃，回火温度为 760 ~ 790℃
10Cr11MoW2VNbCu1BN	正火 + 回火：正火温度为 1040 ~ 1080℃；回火温度为 760 ~ 790℃。壁厚 $\delta > 70mm$ 的钢管可淬火 + 回火，淬火温度不低于 1040℃，回火温度为 760 ~ 790℃
11Cr9Mo1W1VNbBN	正火 + 回火：正火温度为 1040 ~ 1080℃；回火温度为 750 ~ 780℃。壁厚 $\delta > 70mm$ 的钢管可淬火 + 回火，淬火温度不低于 1040℃，回火温度为 750 ~ 780℃

（续）

牌　　号	热处理工艺参数
07Cr19Ni10	固溶处理：固溶温度≥1040℃，急冷
10Cr18Ni9NbCu3BN	固溶处理：固溶温度≥1100℃，急冷
07Cr25Ni21	固溶处理：固溶温度≥1040℃
07Cr25Ni21NbN[3]	固溶处理：固溶温度≥1100℃，急冷
07Cr19Ni11Ti[3]	固溶处理：热轧（挤压、扩）钢管固溶温度≥1050℃，冷拔（轧）钢管固溶温度≥1100℃，急冷
07Cr18Ni11Nb[3]	固溶处理：热轧（挤压、扩）钢管固溶温度≥1050℃，冷拔（轧）钢管固溶温度≥1100℃，急冷
08Cr18Ni11NbFG	冷加工之前软化热处理：软化热处理温度应至少比固溶处理温度高50℃；最终冷加工之后固溶处理：固溶温度≥1180℃，急冷

① 热轧（挤压、扩）钢管终轧温度在相变临界温度 Ar_3 至表中规定温度上限的范围内，且钢管是经过空冷时，则应认为钢管是经过正火的。

② $D≥457mm$ 的热扩钢管，当钢管终轧温度在相变临界温度 Ar_3 至表中规定温度上限的范围内，且钢管是经过空冷时，则应认为钢管是经过正火的；其余钢管在需方同意的情况下，并在合同中注明，可采用符合前述规定的在线正火。

③ 根据需方要求，牌号为 07Cr25Ni21NbN、07Cr19Ni11Ti 和 07Cr18Ni11Nb 的钢管在固溶处理后可接着进行低于初始固溶处理温度的稳定化热处理，稳定化热处理的温度由供需双方协商。

2. 高压锅炉用无缝钢管热处理后的室温力学性能 （表2-111）

表 2-111　高压锅炉用无缝钢管热处理后的
室温力学性能（GB 5310—2017）

牌号	抗拉强度 R_m/MPa	下屈服强度或规定塑性延伸强度 R_{eL} 或 $R_{p0.2}$/MPa	断后伸长率 A（%）		冲击吸收能量 KV_2/J		硬度		
			纵向	横向	纵向	横向	HBW	HV	HRC 或 HRB
			≥						
20G	410 ~ 550	245	24	22	40	27	120 ~ 160	120 ~ 160	
20MnG	415 ~ 560	240	22	20	40	27	125 ~ 170	125 ~ 170	
25MnG	485 ~ 640	275	20	18	40	27	130 ~ 180	130 ~ 180	
15MoG	450 ~ 600	270	22	20	40	27	125 ~ 180	125 ~ 180	
20MoG	415 ~ 665	220	22	20	40	27	125 ~ 180	125 ~ 180	
12CrMoG	410 ~ 560	205	21	19	40	27	125 ~ 170	125 ~ 170	
15CrMoG	440 ~ 640	295	21	19	40	27	125 ~ 170	125 ~ 170	
12Cr2MoG	450 ~ 600	280	22	20	40	27	125 ~ 180	125 ~ 180	
12Cr1MoVG	470 ~ 640	255	21	19	40	27	135 ~ 195	135 ~ 195	
12Cr2MoWVTiB	540 ~ 735	345	18		40		160 ~ 220	160 ~ 230	85 ~ 97HRB

（续）

牌号	抗拉强度 R_m/MPa	下屈服强度或规定塑性延伸强度 R_{eL} 或 $R_{p0.2}$/MPa	断后伸长率 A（%）		冲击吸收能量 KV_2/J		硬度		
			纵向	横向	纵向	横向	HBW	HV	HRC 或 HRB
			≥						
07Cr2Mo-W2VNbB	≥510	400	22	18	40	27	150~220	150~230	80~97HRB
12Cr3MoVSiTiB	610~805	440	16		40		180~250	180~265	≤25 HRC
15Ni1Mn-MoNbCu	620~780	440	19	17	40	27	185~255	185~270	≤25 HRC
10Cr9Mo-1VNbN	≥585	415	20	16	40	27	185~250	185~265	≤25 HRC
10Cr9Mo-W2VNbBN	≥620	440	20	16	40	27	185~250	185~265	≤25 HRC
10Cr11Mo-W2VNbCu1BN	≥620	400	20	16	40	27	185~250	185~265	≤25 HRC
11Cr9Mo1W1-VNbBN	≥620	440	20	16	40	27	185~250	185~265	≤25 HRC
07Cr19Ni10	≥515	205	35				140~192	150~200	75~90HRB
10Cr18Ni9Nb-Cu3BN	≥590	235	35				150~219	160~230	80~95HRB
07Cr25Ni21	≥515	205	35				140~192	150~200	75~90HRB

（续）

牌号	抗拉强度 R_m/MPa	下屈服强度或规定塑性延伸强度 R_{eL} 或 $R_{p0.2}$/MPa	断后伸长率 A（%）		冲击吸收能量 KV_2/J		硬度		
			纵向	横向	纵向	横向	HBW	HV	HRC 或 HRB
		≥							
07Cr25Ni21-NbN	≥655	295	30				175～256		85～100HRB
07Cr19Ni11Ti	≥515	205	35				140～192	150～200	75～90HRB
07Cr18Ni11Nb	≥520	205	35				140～192	150～200	75～90HRB
08Cr18Ni11-NbFG	≥550	205	35				140～192	150～200	75～90HRB

2.7.15　高压化肥设备用无缝钢管的热处理工艺参数

1. 高压化肥设备用无缝钢管交货前的热处理工艺参数（表2-112）

表2-112　高压化肥设备用无缝钢管交货前的热处理工艺参数（GB 6479—2013）

牌　号	热处理工艺参数
10[①]	正火：880～940℃
20[①②③]	正火：880～940℃
Q345B[①②]	正火：880～940℃
Q345C[①②]	正火：880～940℃
Q345D[①②]	正火：880～940℃
Q345E[②③]	正火：880～940℃

（续）

牌　号	热处理工艺参数
12CrMo	正火：900 ~ 960℃；回火：670 ~ 730℃
15CrMo	正火：900 ~ 960℃；回火：680 ~ 730℃
12Cr2Mo	壁厚 $\delta \leqslant 30$mm 的钢管正火 + 回火：正火温度为 900 ~ 960℃；回火温度为 700 ~ 750℃ 壁厚 $\delta > 30$mm 的钢管淬火 + 回火或正火 + 回火：淬火温度不低于 900℃，回火温度为 700 ~ 750℃；正火温度为 900 ~ 960℃，回火温度为 700 ~ 750℃，但正火后应进行快速冷却
12Cr5Mo	完全退火或等温退火
10MoWVNb	正火：970 ~ 990℃；回火：730 ~ 750℃，或 800 ~ 820℃ 高温退火
12SiMoVNb	正火：980 ~ 1020℃；回火：710 ~ 750℃

① 热轧钢管终轧温度在 Ar_3 至表中规定温度上限的范围内，且钢管经过空冷时，则认为钢管是经过正火的。

② 壁厚 $\delta > 14$mm 的钢管还可以正火 + 回火：正火温度为 880 ~ 940℃，正火后允许快速冷却，回火温度应 >600℃。

③ 壁厚 $\delta \leqslant 30$mm 的热轧钢管终轧温度在 Ar_3 至表中规定温度上限的范围内，且钢管经过空冷时，则认为钢管是经过正火的。

2. 高压化肥设备用无缝钢管热处理后的力学性能（表2-113）

表2-113 高压化肥设备用无缝钢管热处理后的力学性能
（GB 6479—2013）

牌号	抗拉强度 R_m /MPa	下屈服强度 R_{eL} 或规定塑性延伸强度 $R_{p0.2}$/MPa			断后伸长率 A（%）		断面收缩率 Z（%）	冲击吸收能量 KV_2/J		
		钢管壁厚/mm			纵向	横向		试验温度/℃	纵向	横向
		$\leqslant 16$	$>16 ~ 40$	>40						
		$\geqslant$							$\geqslant$	
10	335 ~ 490	205	195	185	24	22				

（续）

牌号	抗拉强度 R_m /MPa	下屈服强度 R_{eL} 或规定塑性延伸强度 $R_{p0.2}$/MPa 钢管壁厚/mm			断后伸长率 A（%）		断面收缩率 Z(%)	冲击吸收能量 KV_2/J		
		≤16	>16~40	>40	纵向	横向		试验温度 /℃	纵向	横向
		≥							≥	
20	410 ~ 550	245	235	225	24	22		0	40	27
Q345B	490 ~ 670	345	335	325	21	19		20	40	27
Q345C	490 ~ 670	345	335	325	21	19		0	40	27
Q345D	490 ~ 670	345	335	325	21	19		-20	40	27
Q345E	490 ~ 670	345	335	325	21	19		-40	40	27
12CrMo	410 ~ 560	205	195	185	21	19		20	40	27
15CrMo	440 ~ 640	295	285	275	21	19		20	40	27
12Cr2Mo①	450 ~ 600	280			20	18		20	40	27
12Cr5Mo	390 ~ 590	195	185	175	22	20		20	40	27
10MoWVNb	470 ~ 670	295	285	275	19	17		20	40	27
12SiMoVNb	≥470	315	305	295	19	17	50	20	40	27

① 对于12Cr2Mo钢管，当外径 D≤30mm且壁厚 δ≤3mm时，其下屈服强度或规定塑性延伸强度允许降低10MPa。

第3章　钢的表面热处理

3.1　感应淬火

3.1.1　感应淬火工艺

1. 加热温度的选择

1）不同材料推荐的感应淬火温度见表3-1。

表3-1　不同材料推荐的感应淬火温度

材料		淬火温度/℃	淬火冷却介质[①]	硬度　HRC
碳素钢及 合金钢[②]	$w(C)=0.3\%$	900~925	水	≥50
	$w(C)=0.35\%$	900	水	≥52
	$w(C)=0.40\%$	870~900	水	≥55
	$w(C)=0.45\%$	870~900	水	≥58
	$w(C)=0.50\%$	870	水	≥60
	$w(C)=0.60\%$	845~870	水	≥64
			油	≥62
	$w(C)>0.60\%$	815~845	水	≥64
			油	≥62
铸铁[③]	灰铸铁	870~925	水	≥45
	珠光体可锻铸铁	870~925	水	≥48
	球墨铸铁	900~925	水	≥50
不锈钢	马氏体型不锈钢	1095~1150	油或空气	≥50

注：表中所列金属材料是成功应用于感应淬火的典型材料，不包括所有的材料。

① 淬火冷却介质的选择取决于所用钢的淬透性、加热区的直径或截面、淬硬层深度及要求的硬度、最小畸变以及淬冷裂纹的倾向。

② 相同碳含量的易切削钢和合金钢可以进行感应淬火。含有碳化物形成元素（Cr、Mo、V或W）的合金钢的加热温度比表中数值高55~110℃。

③ 铸铁中化合碳量$w(C)$至少为0.4%~0.5%，硬度随化合碳含量改变。

2）常用钢感应淬火的加热温度见表3-2。

表3-2 常用钢感应淬火的加热温度（喷水冷却）

材料	预备热处理		下列情况下的加热温度/℃			
	工艺方法	组织	炉中加热	$\dfrac{Ac_1 \text{ 以上的加热速度}/(℃/s)}{Ac_1 \text{ 以上的加热持续时间}/s}$		
				$\dfrac{30 \sim 60}{2 \sim 4}$	$\dfrac{100 \sim 200}{1 \sim 1.5}$	$\dfrac{400 \sim 500}{0.5 \sim 0.8}$
35	正火	细片状珠光体 + 细粒状铁素体	840 ~ 860	880 ~ 920	910 ~ 950	970 ~ 1050
	退火	片状珠光体 + 铁素体	840 ~ 860	910 ~ 950	930 ~ 970	980 ~ 1070
	调质	索氏体	840 ~ 860	860 ~ 900	890 ~ 930	930 ~ 1020
40	正火	细片状珠光体 + 细粒状铁素体	820 ~ 850	860 ~ 910	890 ~ 940	950 ~ 1020
	退火	片状珠光体 + 铁素体	820 ~ 850	890 ~ 940	910 ~ 960	960 ~ 1040
	调质	索氏体	820 ~ 850	840 ~ 890	870 ~ 920	920 ~ 1000
45、50	正火	细片状珠光体 + 细粒状铁素体	810 ~ 830	850 ~ 890	880 ~ 920	930 ~ 1000
	退火	片状珠光体 + 铁素体	810 ~ 830	880 ~ 920	900 ~ 940	950 ~ 1020
	调质	索氏体	810 ~ 830	830 ~ 870	860 ~ 900	920 ~ 980
35Mn2	正火	片状珠光体 + 铁素体	840 ~ 860	880 ~ 920	910 ~ 960	950 ~ 980
45Mn2	正火	珠光体 + 铁素体	820 ~ 840	840 ~ 860	860 ~ 900	900 ~ 940
	调质	索氏体	840 ~ 860	860 ~ 990	880 ~ 940	900 ~ 950

（续）

材　料	预备热处理		下列情况下的加热温度/℃			
	工艺方法	组　织	炉中加热	Ac_1 以上的加热速度/（℃/s）/ Ac_1 以上的加热持续时间/s		
				30 ~ 60 / 2 ~ 4	100 ~ 200 / 1 ~ 1.5	400 ~ 500 / 0.5 ~ 0.8
50Mn2、50Mn	正火	细片状珠光体 + 细粒状铁素体	790 ~ 810	830 ~ 870	860 ~ 900	920 ~ 980
	退火	片状珠光体 + 铁素体	790 ~ 810	860 ~ 900	880 ~ 920	930 ~ 1000
	调质	索氏体	790 ~ 810	810 ~ 850	840 ~ 880	900 ~ 960
65Mn	正火	细片状珠光体 + 细粒状铁素体	760 ~ 780	810 ~ 850	840 ~ 880	900 ~ 960
	退火	片状珠光体 + 铁素体	770 ~ 790	840 ~ 880	860 ~ 900	920 ~ 980
	调质	索氏体	770 ~ 790	790 ~ 830	820 ~ 860	860 ~ 920
35Cr	退火	珠光体 + 铁素体	850 ~ 870	940 ~ 980	960 ~ 1000	1000 ~ 1060
	调质	索氏体	850 ~ 870	880 ~ 920	900 ~ 940	950 ~ 1020
40Cr、45Cr、40CrNiMo	退火	珠光体 + 铁素体	830 ~ 850	920 ~ 960	940 ~ 980	980 ~ 1050
	调质	索氏体	830 ~ 850	860 ~ 900	880 ~ 920	940 ~ 1000
40CrNi	退火	珠光体 + 铁素体	810 ~ 830	900 ~ 940	920 ~ 960	960 ~ 1020
	调质	索氏体	810 ~ 830	840 ~ 880	860 ~ 900	920 ~ 980
45CrNi	调质	索氏体	810 ~ 830	820 ~ 840	840 ~ 880	880 ~ 920
35CrMnSi	正火	珠光体 + 铁素体	880 ~ 900	920 ~ 940	940 ~ 980	960 ~ 1000
GCr15	退火	珠光体	830 ~ 850	890 ~ 930	920 ~ 960	950 ~ 1000

（续）

材　料	预备热处理		下列情况下的加热温度/℃			
	工艺方法	组　织	炉中加热	$\dfrac{Ac_1 \text{ 以上的加热速度}/(℃/s)}{Ac_1 \text{ 以上的加热持续时间}/s}$		
				$\dfrac{30 \sim 60}{2 \sim 4}$	$\dfrac{100 \sim 200}{1 \sim 1.5}$	$\dfrac{400 \sim 500}{0.5 \sim 0.8}$
GCr15	调质	索氏体	830 ~ 850	850 ~ 870	880 ~ 920	820 ~ 960
T8A	退火	粒状珠光体	760 ~ 780	820 ~ 860	840 ~ 880	900 ~ 960
T10A	正火或调质	片状珠光体或索氏体(+渗碳体)	760 ~ 780	780 ~ 820	800 ~ 860	820 ~ 900
CrWMn	退火	粒状珠光体或粗片状珠光体	800 ~ 830	740 ~ 880	860 ~ 900	900 ~ 950
	正火或调质	细片状珠光体或索氏体	800 ~ 830	820 ~ 860	840 ~ 880	870 ~ 920
球墨铸铁	正火	细片状珠光体 +少量铁素体	860 ~ 880	880 ~ 910	900 ~ 950	930 ~ 1000

2. 感应淬火时冷却介质的冷却方式及冷却特性（表 3-3）

表 3-3　感应淬火时冷却介质的冷却方式及冷却特性

淬火冷却介质及冷却方式			冷却条件		冷却速度/（℃/s）	
			压力/MPa	温度/℃	600℃	250℃
喷水	喷水圈与工件的间隙/mm	10	0.4	15	1450	1900
			0.3	15	1250	1750
			0.2	15	610	860
		40	0.4	20	1100	400
			0.4	30	890	330
			0.4	40	650	270
			0.4	60	500	200

（续）

淬火冷却介质及冷却方式		冷却条件		冷却速度/（℃/s）	
		压力/MPa	温度/℃	600℃	250℃
浸水		—	15	180	560
喷油（L-AN10）		0.2	20	190	190
		0.3	20	210	210
		0.4	20	230	210
		0.6	20	260	320
浸油		—	50	65	10
喷聚乙烯醇水溶液 （质量分数）	0.025%	0.4	15	1250	1000
	0.05%	0.4	15	730	550
	0.10%	0.4	15	860	240
	0.30%	0.4	15	900	320

3.1.2　感应加热的电参数

1. 电流频率的选择

1）钢在不同电流频率下的电流透入深度见表3-4。

表 3-4　钢在不同电流频率下的电流透入深度

频率/kHz	电流透入深度/mm	
	15℃，$\rho = 20 \times 10^{-8}\,\Omega \cdot cm$， $\mu = 10 \sim 40$	800℃，$\rho = 120 \times 10^{-6}\,\Omega \cdot cm$， $\mu = 1$
50	5.0 ~ 10.0	70.8
500	1.5 ~ 3.0	22.0
1000	0.95 ~ 1.9	15.5
2500	0.7 ~ 1.5	10.0
4000	0.55 ~ 1.1	7.0
8000	0.38 ~ 0.75	5.6
10000	0.35 ~ 0.7	5.0
50000	0.15 ~ 0.30	2.2

（续）

频率/kHz	电流透入深度/mm	
	15℃，$\rho = 20 \times 10^{-8}\Omega \cdot cm$，$\mu = 10 \sim 40$	800℃，$\rho = 120 \times 10^{-6}\Omega \cdot cm$，$\mu = 1$
70000	0. 113 ~ 0. 226	1. 9
250000	0. 07 ~ 0. 15	1. 0
450000	0. 045 ~ 0. 09	0. 75

2）电流频率与淬硬层深度的关系见表 3-5 和表 3-6。

表 3-5 标准电流频率值的淬硬层深度

频率/kHz	淬硬层深度/mm		
	最小	最佳	最大
250	0. 3	0. 5	1
70	0. 5	1	1. 9
35	0. 7	1. 3	2. 6
8	1. 3	2. 7	5. 5
2. 5	2. 4	5	10
1	3. 6	8	15
0. 5	5. 5	11	22

表 3-6 根据淬硬层深度选择电流频率

淬硬层深度/mm	频率/kHz		
	最高	最佳	最低
1. 0	250	60	15
1. 5	100	25	7
2. 0	60	15	4
3. 0	30	7	1. 5
4. 0	15	4	1
6. 0	8	1. 5	0. 5
10. 0	2. 5	0. 5	0. 15

3）根据淬硬层深度和工件直径选择电流频率的依据见表3-7。

表3-7　根据淬硬层深度和工件直径选择电流频率的依据

淬硬层深度 /mm	工件直径 /mm	频率/kHz			
		1	3	10	20 ~ 600
0.4 ~ 1.3	$\phi6 \sim \phi25$	—	—	—	好
1.3 ~ 2.5	$\phi11 \sim \phi16$	—	—	中	好
	$\phi16 \sim \phi25$	—	—	好	好
	$\phi25 \sim \phi50$	—	中	好	中
	$>\phi50$	中	好	好	差
2.5 ~ 5.0	$\phi25 \sim \phi50$	—	好	好	差
	$\phi50 \sim \phi100$	好	好	中	—
	$>\phi100$	好	中	差	—

注："好"表示加热效率高。

"中"有两种情况：①比"好"的频率低，尚可用来将所需淬硬层深度加热到淬火温度，但效率低；②比"好"的频率高，比功率大时，易造成表面过热，加热效率也低。

"差"表示频率过高，只有用很低的功率才能保证表面不过热。

4）圆柱零件在不同频率感应淬火时的直径见表3-8。

表3-8　圆柱零件在不同频率感应淬火时的直径

频率/kHz	250	70	35	8	2.5	1
允许的最小直径/mm	3.5	6	9	19	35	55
推荐直径/mm	10	18	26	55	100	160

5）齿轮感应淬火频率的选择。不同模数齿轮全齿同时加热淬火时的最佳频率见表3-9。常用感应加热设备齿轮感应淬火频率的适用范围见表3-10。

表3-9　不同模数齿轮全齿同时加热淬火时的最佳频率

齿轮模数/mm	1	2	3	4	5	6	7	8	9	10
频率/kHz	250	62.5	28	16	10	7	5	4	3	2.5

表 3-10　常用感应加热设备齿轮感应淬火频率的适用范围

感应淬火方法	频率/kHz	齿轮模数/mm	
		一般	最佳
全齿同时加热淬火	200 ~ 300	1.5 ~ 5	2 ~ 3
	8	6 ~ 12	8 ~ 9
	2.5		

2. 功率的选择

（1）比功率的选择

1）轴类工件表面加热时比功率的选择见表 3-11 和表 3-12。

表 3-11　轴类工件表面加热时比功率的选择

频率/kHz	淬硬层深度 /mm	比功率/(kW/cm²)		
		低值	最佳值	高值
500	0.4 ~ 1.1	1.1	1.6	1.9
	>1.1 ~ 2.3	0.5	0.8	1.2
10	1.5 ~ 2.3	1.2	1.6	2.5
	>2.3 ~ 3.0	0.8	1.6	2.3
	>3.0 ~ 4.0	0.8	1.6	2.1
2.5	2.5 ~ 4.0	1.0	3.0	7.0
	>4.0 ~ 7.0	0.8	3.0	6.0
	>7.0 ~ 10.0	0.8	3.0	5.0
8	1.0 ~ 2.0	1.2	2.3	4.0
	>2.0 ~ 4.0	0.8	2.0	3.5
	>4.0 ~ 6.0	0.4	1.7	2.8
3	2.3 ~ 3.0	1.6	2.3	2.6
	>3.0 ~ 4.0	0.8	1.6	2.1
	>4.0 ~ 5.0	0.8	1.6	2.1
1	5.0 ~ 7.0	0.8	1.6	1.9
	>7.0 ~ 9.0	0.8	1.6	1.9

表 3-12　根据淬硬层深度选择加热时间与比功率

项目	淬硬层深度/mm	加热时间/s	比功率/(kW/cm²)	淬硬层深度/mm	加热时间/s	比功率/(kW/cm²)	淬硬层深度/mm	加热时间/s	比功率/(kW/cm²)	淬硬层深度/mm	加热时间/s	比功率/(kW/cm²)	淬硬层深度/mm	加热时间/s	比功率/(kW/cm²)	淬硬层深度/mm	加热时间/s	比功率/(kW/cm²)
直径/mm																		
20	2	0.8	2.65	3	1.5	1.5	4	2	1.18	5			6			7		
30	2	1	2.62	3	2	1.35	4	3.1	1.0	5	5.5	0.65	6	10	0.45	7	13.3	0.38
40	2	1	2.6	3	2.3	1.28	4	4	0.88	5	7.1	0.58	6	13	0.41	7	17.8	0.34
50	2	1	2.6	3	2.7	1.24	4	4.8	0.81	5	8.5	0.54	6	15	0.39	7	20.5	0.31
60	2	1	2.6	3	3.0	1.21	4	5.2	0.79	5	9.5	0.51	6	16.1	0.38	7	22.8	0.3
70	2	1	2.6	3	3.2	1.2	4	5.6	0.78	5	10.1	0.5	6	17.2	0.37	7	25	0.29
80	2	1	2.6	3	3.1	1.2	4	5.7	0.76	5	10.8	0.49	6	18	0.30	7	26.2	0.28
90	2	1	2.6	3	3.1	1.2	4	6	0.75	5	11.3	0.49	6	18.7	0.35	7	27.8	0.28
100	2	1	2.6	3	3.1	1.2	4	6	0.75	5	11.7	0.49	6	19.2	0.35	7	28.5	0.28
110	2	1	2.6	3	3.1	1.2	4	6	0.75	5	11.9	0.49	6			7		
厚度/mm																		
10	2	0.7	3.7	3	3	1.8	4	5.9	1.0	5	8.8	0.8	6	11	0.66	7		
15	2	0.7	3.55	3	3.6	1.62	4	7.9	0.88	5	11.9	0.68	6	16.5	0.54	7		
20	2	0.7	3.52	3	4.0	1.54	4	8.7	0.78	5	14.2	0.6	6	22	0.46	7	29	0.4
25	2	0.7	3.52	3	4.0	1.54	4	8.7	0.78	5	16.5	0.52	6	27.5	0.4	7	38	0.38
30	2	0.7	3.52	3	4.0	1.54	4	8.7	0.78	5	17.5	0.52	6	29.8	0.4	7	41.5	0.35
35	2	0.7	3.52	3	4.0	1.54	4	8.7	0.78	5	18	0.52	6	30.7	0.4	7	42.7	0.35
40	2	0.7	3.52	3	4.0	1.54	4	8.7	0.78	5	18	0.52	6	31	0.4	7	43.5	0.35
45	2	0.7	3.52	3	4.0	1.54	4	8.7	0.78	5	18	0.52	6	31	0.4	7	44	0.35
50	2	0.7	3.52	3	4.0	1.54	4	8.7	0.78	5	18	0.52	6	31	0.4	7	44.2	0.35

注：直径部分　$f=2.5\text{kHz}$　圆柱外表面加热；厚度部分　$f=2.5\text{kHz}$　平面零件单面加热。

(续)

项目	淬硬层深度/mm	加热时间/s	比功率/(kW/cm²)	淬硬层深度/mm	加热时间/s	比功率/(kW/cm²)	淬硬层深度/mm	加热时间/s	比功率/(kW/cm²)	淬硬层深度/mm	加热时间/s	比功率/(kW/cm²)	淬硬层深度/mm	加热时间/s	比功率/(kW/cm²)	淬硬层深度/mm	加热时间/s	比功率/(kW/cm²)
直径/mm — f = 4kHz 圆柱外表面加热																		
20	2	1.0	2.20	3	1.88	1.25	4	2.5	0.98	5								
30	2	1.25	2.17	3	2.50	1.12	4	3.88	0.83	5	6.88	0.54	6			7		0.32
40	2	1.25	2.17	3	2.88	1.06	4	5.00	0.73	5	8.88	0.48	6	12.5	0.37	7	16.63	0.28
50	2	1.25	2.17	3	3.38	1.03	4	6.00	0.67	5	10.63	0.45	6	16.25	0.33	7	22.25	0.26
60	2	1.25	2.17	3	3.75	1.00	4	6.50	0.66	5	11.88	0.42	6	18.75	0.32	7	25.63	0.25
70	2	1.25	2.17	3	3.75	1.00	4	7.00	0.65	5	12.63	0.41	6	20.13	0.32	7	28.5	0.24
80	2	1.25	2.17	3	3.88	1.00	4	7.13	0.63	5	13.50	0.40	6	21.5	0.31	7	31.25	0.23
90	2	1.25	2.17	3	3.88	1.00	4	7.50	0.62	5	14.13	0.40	6	27.0	0.30	7	32.75	0.23
100	2	1.25	2.17	3	3.88	1.00	4	7.50	0.62	5	14.63	0.40	6	23.38	0.30	7	34.75	0.23
110	2	1.25	2.17	3	3.88	1.00	4	7.50	0.62	5	14.88	0.40	6	24.01	0.30	7	35.63	0.23
厚度/mm — f = 4kHz 平面零件单面加热																		
10	2	0.88	3.10	3	3.75	1.49	4	7.38	0.83	5	11	0.66	6	13.75	0.55	7		
15	2	0.88	2.95	3	4.50	1.34	4	9.88	0.73	5	14.88	0.56	6	20.63	0.45	7		
20	2	0.88	2.92	3	5.00	1.28	4	10.88	0.65	5	17.75	0.50	6	27.50	0.38	7	36.25	0.33
25	2	0.88	2.92	3	5.00	1.28	4	10.88	0.65	5	20.63	0.43	6	34.38	0.33	7	47.5	0.32
30	2	0.88	2.92	3	5.00	1.28	4	10.88	0.65	5	21.88	0.43	6	37.25	0.33	7	51.88	0.29
35	2	0.88	2.92	3	5.00	1.28	4	10.88	0.65	5	22.50	0.43	6	38.75	0.33	7	53.38	0.29
40	2	0.88	2.92	3	5.00	1.28	4	10.88	0.65	5	22.50	0.43	6	38.75	0.33	7	54.38	0.28
45	2	0.88	2.92	3	5.00	1.28	4	10.88	0.65	5	22.50	0.43	6	38.75	0.33	7	55.0	0.29
50	2	0.88	2.92	3	5.00	1.28	4	10.88	0.65	5	22.50	0.43	6	38.75	0.33	7	55.25	0.29

f=8kHz　圆柱外表面加热

直径/mm																		
20	2	1.2	1.7	3	3	0.83	4	4.5	0.58									
30	2	1.5	1.58	3	3.8	0.78	4	7.0	0.51	5	13.7	0.34	6	20	0.26	7	24.5	0.21
40	2	1.8	1.52	3	4.1	0.74	4	8.5	0.48	5	16	0.315	6	24	0.24	7	32	0.19
50	2	1.8	1.5	3	4.3	0.72	4	9.5	0.46	5	18	0.31	6	27	0.22	7	38	0.18
60	2	1.8	1.5	3	5	0.71	4	10	0.45	5	19.3	0.3	6	30	0.21	7	43	0.17
70	2	1.8	1.5	3	5.5	0.7	4	10.8	0.44	5	20.2	0.3	6	32	0.21	7	47	0.17
80	2	1.8	1.5	3	5.8	0.7	4	11.5	0.44	5	21	0.3	6	34	0.21	7	50	0.17
90	2	1.8	1.5	3	5.8	0.7	4	12	0.44	5	22	0.3	6	35.5	0.21	7	52.5	0.17
100	2	1.8	1.5	3	5.8	0.7	4	12.2	0.44	5	22.5	0.3	6	36.5	0.21	7	54.5	0.17
110	2	1.8	1.5	3	5.8	0.7	4	12.5	0.44	5		0.29	6		0.21	7		0.17

f=8kHz　平面零件单面加热

厚度/mm																		
10	2	1.5	1.77	3	4	1.1	4	8.0	0.7	5	10	0.5	6	13	0.38	7	17	0.3
15	2	2	1.73	3	5.5	1.0	4	11.5	0.59	5	17.5	0.45	6	24.5	0.32	7	30	0.26
20	2	2	1.72	3	6	0.97	4	13	0.58	5	22	0.41	6	30.5	0.3	7	41	0.22
25	2	2	1.72	3	6	0.97	4	13.5	0.56	5	24.5	0.4	6	35	0.29	7	52	0.21
30	2	2	1.72	3	6	0.97	4	13.5	0.56	5	25	0.4	6	38	0.29	7	62	0.21
35	2	2	1.72	3	6	0.97	4	13.5	0.56	5	25	0.4	6	40	0.29	7	64	0.21
40	2	2	1.72	3	6	0.97	4	13.5	0.56	5	25	0.4	6	42	0.29	7	70	0.21
45	2	2	1.72	3	6	0.97	4	13.5	0.56	5	25	0.4	6	42	0.29	7	71	0.21
50	2	2	1.72	3	6	0.97	4	13.5	0.56	5	25	0.4	6	42	0.29	7	71.5	0.21

2）齿轮全齿同时加热时比功率的选择见表3-13。

表3-13　齿轮全齿同时加热时比功率的选择　($f = 200 \sim 300\text{kHz}$)

模数/mm	1 ~ 2	2.5 ~ 3.5	3.75 ~ 4	5 ~ 6
比功率/(kW/cm^2)	2 ~ 4	1 ~ 2	0.5 ~ 1	0.3 ~ 0.6

（2）设备的选择

1）常用感应加热设备技术参数见表3-14。

表3-14　常用感应加热设备技术参数

设备型号	额定功率 /kW	频率 /kHz	适合模数/mm		同时一次加热 最大尺寸/mm
			最佳	一般	
GP100-C$_3$	100	200 ~ 250	2.5	≤4	$\phi300 \times 40$
CYP100-C$_2$	≥75	30 ~ 40	3 ~ 4	3 ~ 7	$\phi300 \times 40$
CYP200-C$_4$	≥150	30 ~ 40	3 ~ 4	3 ~ 7	$\phi400 \times 60$
BPS100/8000	100	8	5 ~ 6	4 ~ 8	$\phi350 \times 40$
BPS250/2500	250	2.5	9 ~ 11	6 ~ 12	$\phi400 \times 80$
KGPS100/2.5	100	2.5	9 ~ 11	6 ~ 12	$\phi350 \times 40$
KGPS100/8	100	8	5 ~ 6	4 ~ 8	$\phi350 \times 40$
KGPS250/2.5	250	2.5	9 ~ 11	6 ~ 12	$\phi400 \times 80$

2）常用感应加热设备的最大加热面积见表3-15。

表3-15　常用感应加热设备的最大加热面积

设备型号	功率 /kW	频率 /kHz	同时加热法		连续加热法	
			比功率/ (kW/cm^2)	最大加热 面积/cm^2	比功率/ (kW/cm^2)	最大加热 面积/cm^2
GP60-CR	60	200 ~ 300	1.1	55	2.2	28
GP100-C	100	200 ~ 300	1.1	90	2.2	45
BPS100/8000	100	8	0.8	125	1.25	80
BPSD100/2500	100	2.5	0.8	125	1.25	80
BPS200/8000	200	8	0.8	250	2	100
BPSD200/2500	200	2.5	0.8	250	2	100

3. 感应加热电源电参数的调整

1）中频加热连续淬火时的变压器匝比和电容量见表3-16。

表3-16　中频加热连续淬火时的变压器匝比和电容量

感应器内径 /mm	匝比		电容量/μF	
	8kHz	2.5kHz	8kHz	2.5kHz
40	11	18	45	
60	10	17	40	108
80	9	16	37	100
100	8	15	34	99
120	7	14	38	105
140	6	13	42	110
170	5	12	49	117

注：1. 淬火变压器为 DSZ-1，初级电压为375V。如初级电压为750V，表中匝比应乘以2，电容量应除以4。

　　2. 感应器高度为 15～20mm。

2）8kHz 中频采用同时加热时淬火变压器的匝比见表3-17。

表3-17　8kHz 中频采用同时加热时淬火变压器的匝比

感应器高度 /mm	感应器内径/mm					
	20～30	40～50	60～70	90～100	110～120	140～150
	匝比					
15	15	11	10	9	8	6
30	16	12	11	10	9	7
45	17	13	12	11	10	8
60	19	15	14	13	12	10
75	20	16	15	14	13	11
90	21	17	16	15	14	12
105	22	18	17	16	15	13
120	23	19	18	17	16	14
130	24	20	19	18	17	15

注：淬火变压器为 DSZ-1，初级电压为375V。如初级电压为750V，表中匝比应乘以2。

3.1.3　感应淬火工件的回火

1. 感应淬火工件炉中回火工艺参数（表 3-18）

表 3-18　感应淬火工件炉中回火工艺参数

牌　号	要求硬度 HRC	淬火后硬度 HRC	工 艺 参 数	
			温度/℃	时间/min
45	40 ~ 45	≥50	280 ~ 300	45 ~ 60
		≥55	300 ~ 320	45 ~ 60
	45 ~ 50	≥50	200 ~ 220	45 ~ 60
		≥55	220 ~ 250	45 ~ 60
	50 ~ 55	≥55	180 ~ 200	45 ~ 60
50	55 ~ 60	55 ~ 60	180 ~ 200	60
40Cr	45 ~ 50	≥50	240 ~ 260	45 ~ 60
		≥55	260 ~ 280	45 ~ 60
42SiMn	45 ~ 50	≥55	220 ~ 250	45 ~ 60
	50 ~ 55	≥55	180 ~ 220	45 ~ 60
15、20Cr、20CrMnTi、20CrMnMo(渗碳后)	56 ~ 62	56 ~ 62	180 ~ 200	90 ~ 120

2. 表面硬度与自回火温度的关系（表 3-19）

表 3-19　表面硬度与自回火温度的关系

表面硬度　HRC	58 ~ 63	55 ~ 63	52 ~ 63	48 ~ 58	45 ~ 58
自回火温度/℃	180 ~ 250	250 ~ 300	300 ~ 350	> 300	> 350

3. 感应加热回火

1）不同频率感应加热回火时的功率密度见表 3-20。

表 3-20 不同频率感应加热回火时的功率密度

频率/kHz		0.06	0.18	1	3	10
功率密度	150 ~ 425℃	9	8	6	5	3
/（W/mm²）	425 ~ 705℃	23	22	19	16	12

注：1. 表中数据适用于截面尺寸为 12 ~ 50mm 的工件。尺寸较小的工件采用较高的功率密度，尺寸较大的工件可以适当降低功率密度。

2. 加热速度一般为 15 ~ 25℃/s。

2）感应加热回火温度、频率与工件尺寸的关系见表 3-21。

表 3-21 感应加热回火温度、频率与工件尺寸的关系

工件尺寸/mm	最高回火温度/℃	频率/kHz					
		0.05 或 0.06	0.18	1	3	10	≥200
3.2 ~ 6.4	705	—	—	—	—	—	良好
>6.4 ~ 12.7	705	—	—	—	—	良好	良好
>12.7 ~ 25	425	—	较好	良好	良好	良好	较好
	705	—	差	良好	良好	良好	较好
>25 ~ 50	425	较好	较好	较好	良好	较好	差
	705	—	较好	良好	良好	较好	差
>50 ~ 152	425	良好	良好	良好	较好	—	—
	705	良好	良好	良好	较好	—	—
>152	705	良好	良好	良好	较好	—	—

3.2 火焰淬火

1. 常用钢铁材料的火焰淬火温度（表 3-22）

表 3-22 常用钢铁材料的火焰淬火温度

材料	淬火温度/℃
35、40、ZG270-500	900 ~ 1020
45、50、ZG310-570、ZG340-640	880 ~ 1000

（续）

材料	淬火温度/℃
50Mn、65Mn	860～980
35CrMo、40Cr	900～1020
35CrMnSi、42CrMo、40CrMnMo	900～1020
T8A、T10A	860～980
9CrSi、GCr15、9Cr	900～1020
20Cr13、30Cr13、40Cr13	1100～1200
灰铸铁、球墨铸铁	900～1000

2. 喷嘴移动速度与淬硬层深度的关系（表3-23）

表3-23　喷嘴移动速度与淬硬层深度的关系

移动速度/(mm/min)	50	70	100	125	140	150	175
淬硬层深度/mm	8.0	6.5	4.8	3.0	2.6	1.6	0.6

3. 淬火冷却介质

淬火冷却介质的常用温度范围见表3-24。

表3-24　淬火冷却介质的常用温度范围（JB/T 9200—2008）

淬火冷却介质	水	油	聚合物水溶性淬火剂
温度范围/℃	15～35	40～80	20～40

4. 火焰淬火后的回火

常用钢铁材料淬火后回火温度与硬度的关系见表3-25。

表3-25　常用钢铁材料淬火后回火温度与硬度的关系
（JB/T 9171—1999）

材料	硬度　HRC						
	30～35	>35～40	>40～45	>45～50	>50～55	>55～60	>60
	回火温度/℃						
45	480	420	350	300	180		
ZG340-640			390	300	180		

（续）

材料	硬度 HRC						
	30~35	>35~40	>40~45	>45~50	>50~55	>55~60	>60
	回火温度/℃						
40Cr		450	360	300	180		
35SiMn		460	410	310	180		
35CrMnSi		480	420	320	200		
42CrMo		490	430	320	200		
37SiMn2MoV			450	380	250		
20Cr（渗碳后）						220	180
20CrMnMo（渗碳后）						250	200

3.3 激光淬火

几种材料激光淬火工艺参数及效果见表3-26。

表3-26 几种材料激光淬火工艺参数及效果

牌号	功率密度 /(kW/cm²)	激光功率 /W	扫描速度 /(mm/s)	硬化层深度 /mm	硬度 HV
20	4.4	700	19	0.3	476.8
45	2	1000	14.7	0.45	770.8
T10	10	500	35	0.65	841
T10A	3.4	1200	10.9	0.38	926
T12	8	1200	10.9		1221
40Cr	3.2	1000	18	0.28~0.6	770~776
40CrNiMoA	2	1000	14.7	0.29	617.5
20CrMnTi	4.5	1000	25	0.32~0.39	462~535
GCr15	3.4	1200	19	0.45	941
	4.6	1600	14.7	0.53	877

（续）

牌号	功率密度 /（kW/cm²）	激光功率 /W	扫描速度 /（mm/s）	硬化层深度 /mm	硬度 HV
9SiCr	2.3	1000	15	0.23 ~ 0.52	577 ~ 915
W18Cr4V	3.2	1000	15	0.52	927 ~ 1000

3.4　电子束淬火

　　几种钢电子束加热淬火后淬硬层的硬度见表3-27。45钢和20Cr13钢典型电子束淬火工艺参数见表3-28。42CrMo钢电子束淬火工艺参数见表3-29。

表3-27　几种钢电子束加热淬火后淬硬层的硬度

牌号	硬度　HRC	最高硬度　HRC
45	62.5	65
T7	66	68
20Cr13	46 ~ 51	57
GCr15	66	

表3-28　45钢和20Cr13钢典型电子束淬火工艺参数

牌号	束斑尺寸 /mm	加速电压 /kV	束电流/mA				试样移动速度 /（mm/s）
			1	2	3	4	
45	8×6	50	35	37	33	40	5
45	8×6	50	45	47	43	41	10
45	8×6	50	55	57	53	51	20
45	8×6	50	65	67	63	61	30
45	8×6	50	70	70			40
20Cr13	8×6	50	35	37	45		5
20Cr13	8×6	50	45	49	47		10
20Cr13	8×6	50	55	57	59		20
20Cr13	8×6	50	65	63	61		30
20Cr13	8×6	50	69	69			40

表 3-29 42CrMo 钢电子束淬火工艺参数

序号	加速电压/kV	束电流/mA	聚焦电流/mA	电子束功率/kW	淬火带宽度/mm	淬火层深度/mm	硬度HV	表层金相组织
1	60	15	500	0.90	2.4	0.35	627	细针马氏体5~6级
2	60	16	500	0.96	2.5	0.35	690	隐针马氏体
3	60	18	500	1.08	2.9	0.45	657	隐针马氏体
4	60	20	500	1.20	3.0	0.48	690	针状马氏体4~5级
5	60	25	500	1.50	3.6	0.80	642	针状马氏体4级
6	60	30	500	1.80	5.0	1.55	606	针状马氏体2级

注：试样尺寸为 10mm×10mm×50mm；表面粗糙度 Ra 为 0.4μm；所用设备为 30kW 电子束焊机；加速电压为 60kV，聚焦电流为 500mA，扫描速度为 10.47mm/s，电子枪真空度为 $4×10^{-2}$Pa，真空室真空度为 0.133Pa。

3.5 电解液淬火

电解液淬火工艺参数见表 3-30。电解液加热规范与硬化层深度的关系见表 3-31。

表 3-30 电解液淬火工艺参数

电解液	使用温度/℃	直流电压/V	电流密度/(A/cm²)	加热时间/s
$w(Na_2CO_3)$ 为 5%~10% 的水溶液	20~40，最高为 60	200~300	3~10	5~10

表 3-31　电解液加热规范与硬化层深度的关系

$w(Na_2CO_3)$(%)	零件浸入深度/mm	电压/V	电流/A	加热时间/s	马氏体区深度/mm
5	2	220	6	8	2.3
	5	220	12	5	6.4
10	2	220	8	4	2.3
		180	6	8	2.6
	5	220	14	4	5.8
		180	12	7	5.2

第4章 钢的化学热处理

4.1 渗碳

4.1.1 气体渗碳

1. 气体渗碳剂

常用气体渗碳剂的特性见表4-1。

表4-1 常用气体渗碳剂的特性

名称	分子式	相对分子质量	碳当量/(g/mol)	碳氧比	产气量/(L/mL)	用途
甲醇	CH_3OH	32		1	1.66	稀释剂
乙醇	C_2H_5OH	46	46	2	1.55	渗碳剂
异丙醇	C_3H_7OH	60	30	3		强渗碳剂
乙酸乙酯	$CH_3COOC_2H_5$	88	44	2		渗碳剂
甲烷	CH_4	16	16			强渗碳剂
丙烷	C_3H_8	44	14.7			强渗碳剂
丙酮	CH_3COCH_3	58	29	3	1.23	强渗碳剂
乙醚	$C_2H_5OC_2H_5$	74	24.7	4		强渗碳剂
煤油	$C_{12}H_{26} \sim C_{16}H_{34}$		25~28		0.73	强渗碳剂

注：甲烷是为了对比而列入的。

2. 气体渗碳工艺

（1）滴注式气体渗碳

1）以煤油为渗剂的气体渗碳。不同型号井式气体渗碳炉渗碳各阶段煤油滴量见表4-2。不同情况下气体渗碳时的煤油滴量见表4-3。

表4-2　不同型号井式气体渗碳炉渗碳各阶段煤油滴量

（单位：滴/min）

设备型号	排气阶段		强渗阶段	扩散阶段	降温阶段
	850～900℃	900～930℃			
RJJ-25-9T	50～60	100～120	50～60	20～30	10～20
RJJ-35-9T	60～70	130～150	60～70	30～40	20～30
RJJ-60-9T	70～80	150～170	70～80	35～45	25～35
RJJ-75-9T	90～100	170～190	85～100	40～50	30～40
RJJ-90-9T	100～110	200～220	100～110	50～60	35～45
RJJ-105-9T	120～130	240～260	120～130	60～70	40～50

注：1. 滴量为每100滴为4mL。

2. 数据适用于合金钢，碳钢应增加10%～20%；装入工件的总面积过大或过小，应适当修正。

3. 渗碳温度为920～930℃。

表4-3　不同情况下气体渗碳时的煤油滴量

渗碳层深度/mm	工件渗碳总面积/cm²	不同渗碳炉的滴入量/(滴/min)						备注
		RQ3-25-9		RQ3-60-9		RQ3-75-9		
		阶段		阶段		阶段		
		强渗	扩散	强渗	扩散	强渗	扩散	
0.6～0.9	<10000	85	60	95	70	110	80	强渗时间为3h
	10000～20000	90	65	100	75	115	90	
	>20000	—	—	105	80	120	95	
0.8～1.2	<10000	80	60	90	70	110	80	强渗时间为4～6h
	10000～20000	85	65	95	75	115	90	
	>20000	—	—	110	80	120	95	
1.1～1.4	<10000	70	60	85	70	100	80	强渗时间为6～8h
	10000～20000	75	65	90	75	105	85	
	>20000	—	—	95	80	110	90	

注：1. 适于渗碳温度910℃±10℃。

2. 煤油每15～18滴为1mL。

2) 甲醇 + 煤油滴注式气体渗碳通用工艺如图 4-1 所示。

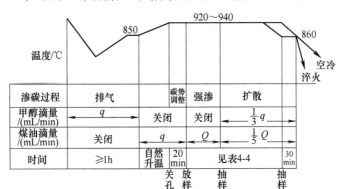

图 4-1　甲醇 + 煤油滴注式气体渗碳通用工艺

图 4-1 中，q 为按渗碳炉电功率计算的渗剂滴量 (mL/min)，由下式计算：

$$q = CW$$

式中　C——每千瓦功率所需要的滴量 [mL/(kW·min)]，可取　$C = 0.13$ mL/(kW·min)；

　　　W——渗碳炉功率 (kW)。

Q 为按工件有效吸碳面积计算的渗剂滴量 (mL/min)，由下式计算：

$$Q = KA$$

式中　K——每平方米吸碳表面积每分钟耗渗碳剂量 [mL/(m²·min)]，取 $K = 1$ mL/(m²·min)；

　　　A——工件有效吸碳表面积 (m²)。

上述工艺适用于不具备碳势测量与控制仪器的情况。强渗时间、扩散时间与渗碳层深度的关系可参考表 4-4，使用时可根据具体情况进行修正。

表4-4　强渗时间、扩散时间与渗碳层深度的关系

渗碳层深度 /mm	强渗时间/min			强渗后渗碳层深度/mm	扩散时间 /h	扩散后渗碳层深度/mm
	920℃	930℃	940℃			
0.4~0.7	40	30	20	0.20~0.25	≈1	0.5~0.6
0.6~0.9	90	60	30	0.35~0.40	≈1.5	0.7~0.8
0.8~1.2	120	90	60	0.45~0.55	≈2	0.9~1.0
1.1~1.6	150	120	90	0.60~0.70	≈3	1.2~1.3

注：若渗碳后直接降温淬火，则扩散时间应包括降温及降温后停留的时间。

（2）吸热式气氛渗碳　各种炉型吸热式气氛用量与炉膛关系的经验数据见表4-5~表4-8。

表4-5　带前室的多用炉吸热式气氛用量与炉膛体积的关系

炉膛体积/m³	吸热式气氛用量/(m³/h)	富化气用量
0.10~0.20	5~10	为吸热式气氛用量的0~4%
0.20~0.50	10~15	
0.50~1.00	15~20	
1.00~1.50	20~25	
1.50~2.00	25~30	

表4-6　井式渗碳炉吸热式气氛用量与炉膛体积的关系

炉膛体积/m³	吸热式气氛用量/(m³/h)	富化气用量
0.10~0.20	4~5	为吸热式气氛用量的0~3%
0.20~0.30	5~7	
0.30~0.50	7~11	
0.50~0.60	11~13	为吸热式气氛用量的0~3%
0.60~0.70	13~15	
0.70~0.80	15~17	
0.80~1.00	17~21	

表 4-7 连续推杆式渗碳炉吸热式气氛用量与炉膛体积关系

炉膛体积 /m³	吸热式气氛用量 /(m³/h)	富化气用量	备 注
2 ~ 5	20 ~ 25	为吸热式气氛用量的 0 ~ 4%	1）淬火作业时，可控气氛用量为渗碳作业时的 2 倍 2）炉子设有前后室与火封
5 ~ 10	25 ~ 30		
10 ~ 15	30 ~ 40		
15 ~ 20	40 ~ 50		
20 ~ 30	50 ~ 60		
30 ~ 40	60 ~ 70		

表 4-8 振底式炉可控气氛用量与炉底有效面积的关系

炉底有效面积 /m²	可控气氛用量/(m³/h)		富化气用量
	吸热式气氛	放热式气氛	
0.10 ~ 0.30	5 ~ 8	10 ~ 15	为可控气氛用量的 0 ~ 3%
0.30 ~ 0.60	8 ~ 10	15 ~ 20	
0.60 ~ 1.00	10 ~ 15	20 ~ 25	
1.00 ~ 1.30	15 ~ 20	25 ~ 30	
1.30 ~ 1.70	20 ~ 25	30 ~ 40	
1.70 ~ 2.00	25 ~ 30	40 ~ 45	

（3）氮基气氛渗碳 几种类型氮基渗碳气氛的成分见表 4-9。

表 4-9 几种类型氮基渗碳气氛的成分

序号	原料气组成	炉气成分（体积分数，%）					碳势（体积分数，%）	备 注
		CO_2	CO	CH_4	H_2	N_2		
1	甲醇 + N_2 + CH_4（或 C_3H_8）	0.4	15 ~ 20	0.3	35 ~ 40	余量		Endomix 法，用于连续炉或多用炉
	甲醇 + N_2 + 丙酮（或乙酸乙酯）							Carbmaa Ⅱ 法，用于周期炉

（续）

序号	原料气组成	炉气成分(体积分数,%)					碳势(体积分数,%)	备　注
		CO_2	CO	CH_4	H_2	N_2		
2	$N_2 + (CH_4/$空气 $=0.7)$		11.6	6.9	32.1	49.4	0.83	CAP法
3	$N_2 + (CH_4/CO_2 = 6.0)$		4.3	2.0	18.3	75.4	1.0	NCC法
4	$N_2 + C_3H_8$	0.024	0.4	15				用于渗碳
	或 $N_2 + CH_4$	0.01	0.1					用于扩散

注：甲醇 $+ N_2 +$ 富化气中氮气与甲醇裂解气的体积比为2:3。

（4）推杆式可控气氛渗碳线渗碳　推杆式可控气氛渗碳线典型工艺参数见表4-10。

表4-10　推杆式可控气氛渗碳线典型工艺参数（JB/T 10896—2008）

指标要求	设备类型								
	预氧化炉	渗碳炉					淬火油槽	清洗机	回火炉
		一区	二区	三区	四区	五区			
	温度/℃								
	500	880	910	930	900	850	90	80	200
吸热性气氛用量/(m³/h)		7	7	4	4	6			
丙烷气用量/(m³/h)			自动调节 ≈0.05	自动调节 ≈0.2	自动调节 ≈0.05				
空气用量/(m³/h)	自然状态					自动调节 ≈0.05			
控制碳势(体积分数,%)				1.15	1.0	0.9			

注：工件材料为20CrMnTi；有效层深度要求为1.2～1.6mm；推料周期为30min；每盘料重为220kg（毛）；每盘工件净重为150kg；渗碳炉内料盘总数为22个；潜泳式出料。

4.1.2　盐浴渗碳

1. 几种盐浴渗碳剂的成分（表4-11）

表4-11　几种盐浴渗碳剂的成分（质量分数）

盐浴类别	供　碳　剂	基　盐
低氰盐	6%～16% NaCN	45%～55% $BaCl_2$ + 10%～20% NaCl + 10%～20% KCl + 30% Na_2CO_3
原料无毒盐浴（603 渗剂）	10%（50% 木炭粉 + 20% 尿素 + 15% Na_2CO_3 + 10% KCl + 5% NaCl）	35%～40% NaCl + 40%～45% KCl + 10% Na_2CO_3
无毒盐浴（国产 C90 渗剂）	10%（70% 木炭粉 + 30% 高聚塑料粉）	35%～40% NaCl + 30%～40% KCl + 20% Na_2CO_3

2. 常用液体渗碳盐浴的组成及使用效果（表4-12）

表4-12　常用液体渗碳盐浴的组成及使用效果

序号	盐浴组成（质量分数,%）			使用效果			
	组成物	新盐成分	控制成分				
1	NaCN	4～6	0.9～1.5	盐浴成分较易控制，工件表面碳含量稳定，20CrMnTi、20Cr 钢经 920℃×3.5～4.5h 渗碳，表面碳的质量分数为 0.83%～0.87%			
	$BaCl_2$	80	68～74				
	NaCl	14～16	—				
2	603 渗碳剂[①]	10	2～8（碳）	盐浴原料无毒，但加热后产生 0.5%～0.9%（质量分数）NaCN			
	KCl	40～45	40～45	20 钢试样在 920℃渗碳速度如下表所示			
	NaCl	35～40	35～40	保温时间 /h	1	2	3
	Na_2CO_3	10	2～8	渗碳层深度 /mm	>0.5	>0.7	>0.9

（续）

序号	盐浴组成（质量分数,%）			使 用 效 果
	组成物	新盐成分	控制成分	

序号 3：

组成物	新盐成分	控制成分
渗碳剂②	10	5~8(碳)
NaCl	40	40~50
KCl	40	33~43
Na₂CO₃	10	5~10

使用效果：920~940℃三种钢的渗碳速度如下表所示

渗碳时间/h	渗碳层深度/mm		
	20	20Cr	20CrMnTi
1	0.3~0.4	0.55~0.65	0.55~0.65
2	0.7~0.75	0.9~1.0	1.0~1.10
3	1.0~1.10	1.4~1.5	1.42~1.52
4	1.28~1.34	1.56~1.62	1.56~1.64
5	1.40~1.50	1.80~1.90	1.80~1.90

表面碳的质量分数为0.9%~1.0%

序号 4：

组成物	新盐成分	控制成分
Na₂CO₃	78~85	78~85
NaCl	10~15	10~15
SiC(粒度0.355~0.700mm)	6~8	6~8

使用效果：经880~900℃×30min渗碳，渗碳层总深度为0.15~0.20mm，共析层为0.07~0.10mm，硬度为72~78HRA

① 603渗碳剂成分（质量分数）为：15% NaCl，10% KCl，15% Na₂CO₃，20% (NH₂)₂CO，5%木炭粉（0.154mm）。

② 渗碳剂成分（质量分数）为：70%木炭粉（0.154~0.280mm），30% NaCl。

4.1.3　固体渗碳

1. 固体渗碳剂

1）固体渗碳剂的组成见表4-13。

表4-13 固体渗碳剂的组成 (JB/T 9023—2008)

组成	材料	作用	说明		
供碳剂	木炭	在渗碳温度下能持续不断地提供足够的活性碳原子	粒度分组		

粒度分组表：

粒度组别	颗粒尺寸 /mm	备注
1	>0.5 ~ 1.5	每组规定粒度的含量应不小于92%，大于规定粒度的含量应不大于2%
2	>1.5 ~ 3.0	
3	>3.0 ~ 6.0	
4	>6.0 ~ 9.0	
5	>9.0 ~ 12.0	

通常选用第3组

组成	材料	作用	说明
催渗剂	$BaCO_3$	提高供碳剂析出活性碳原子的能力，保证连续不断地产生大量活性碳原子，加快渗碳速度	$BaCO_3$ 含量组别

组别	含量（质量分数，%）
Ⅰ	>3 ~ 7
Ⅱ	>7 ~ 12
Ⅲ	>12 ~ 17

组成	材料	作用	说明
填充剂	$CaCO_3$	防止渗碳剂烧结成块	加入量≤2%（质量分数）
黏结剂	糖浆（或淀粉、薯粉、糊精、重油）	将混合均匀后的木炭与催渗剂颗粒黏结起来	未规定含量，根据情况适量添加

杂质	种类	水分	硫	二氧化硅	挥发物
	含量（质量分数，%）	≤4	≤0.04	≤0.2	≤8

所列含量应以无水渗碳剂换算

2) 常用固体渗碳剂见表4-14。

表4-14　常用固体渗碳剂

序号	渗碳剂成分（质量分数）	用　法	效　果
1	15%碳酸钡 5%碳酸钙 木炭（余量）	新旧渗剂配比3:7	920℃时平均渗碳速度为0.11mm/h，表面碳的质量分数为1.0%
2	20%~25%碳酸钡 3.5%~5%碳酸钙 木炭（白桦木，余量）		930~950℃×4~15h，渗碳层深度为0.5~1.5mm
3	3%~5%碳酸钡 木炭（余量）	1）用于低合金钢时，新旧渗剂配比为1:3 2）用于低碳钢时，碳酸钡应增至15%（质量分数）	20CrMnTi，930℃×7h，渗碳层深为1.33mm，表面碳的质量分数为1.07%
4	3%~4%碳酸钡 0.3%~1%碳酸钠 木炭（余量）	用于12CrNi3时，碳酸钡应增至5%~8%（质量分数）	18Cr2Ni4WA及20Cr2Ni4A渗碳层深度为1.3~1.9mm时，表面碳的质量分数为1.2%~1.5%
5	10%醋酸钠 30%~35%焦炭 55%~60%木炭 2%~3%重油		由于含醋酸钠（或醋酸钡），渗碳活性较高，渗速较快，但容易使表面碳含量过高。因含焦炭，渗剂热强度高，抗烧损性能好
6	10%碳酸钡 3%碳酸钠 1%碳酸钙 木炭（余量）	新旧渗剂的比例为1:1	20CrMnTi，900℃×12~15h，磨后渗碳层深度为0.8~1.0mm

2. 固体渗碳工艺（表4-15）

表4-15 固体渗碳工艺

项目	工艺参数			
装炉	工件摆放间距如下			

项目	工件与箱底	工件与箱壁	工件与工件	工件与箱盖
间距/mm	30 ~ 40	20 ~ 30	10 ~ 20	30 ~ 50

项目	工艺参数
渗碳温度	1）900 ~ 950℃，一般为930℃±10℃；渗碳层要求较浅的，取温度下限 2）对含 Ti、V、W、Mo 的合金钢可提高到 950 ~ 980℃
升温时间	1）为保证渗碳箱内温度均匀，采用分段加热方法，渗碳箱装炉后在 800 ~ 850℃进行透烧

渗碳箱尺寸 （直径×高）/mm	$\phi250 \times 450$	$\phi350 \times 450$	$\phi350 \times 600$	$\phi400 \times 450$
透烧时间/h	2.5 ~ 3	3.5 ~ 4	4 ~ 4.5	4.5 ~ 5

项目	工艺参数
升温时间	2）对于渗碳层深度范围较宽的工件，或采用小型渗碳箱渗碳的工件，可以直接升到渗碳温度
渗碳时间	1）渗碳时间与渗碳层深度、渗碳温度和材料有关 2）当渗碳温度为 920 ~ 940℃，渗层深度在 0.8 ~ 1.5mm 时，可以按 0.10 ~ 0.15mm/h 的渗碳速度估算保温时间 3）渗碳时间与渗碳层深度、渗碳温度的关系如下

渗碳温度/℃	渗碳层深度/mm							
	0.4	0.8	1.2	1.6	2.0	2.4	2.8	3.2
	渗碳时间/h							
870	3.5	7	10	13	16	19	22	25
900	3	6	8	10	12	14	16	18
930	2.75	5	6.5	8	9.5	11	12.5	14
955	2	4	5	6	7	8.5	11	11.5
985	1.5	3	4	5	6	7	8	9
1010	1	2	3	4	5	6	7	8

项目	工艺参数
	4）为了改善渗碳层中碳浓度的分布，使表面碳浓度达到要求，也可采用分级渗碳工艺，在 840 ~ 860℃进行扩散
冷却	渗碳层深度符合要求后即可将渗碳箱出炉。工件一般在箱中冷却至 300℃左右开箱

4.1.4　膏剂渗碳

几种渗碳膏剂配方及使用效果见表4-16。

表4-16　几种渗碳膏剂配方及使用效果

序号	膏剂配方（质量分数）	工艺参数		渗碳层深度/mm	备注
		温度/℃	时间/h		
1	64%炭粉+6%碳酸钠+6%醋酸钠+12%黄血盐+12%面粉	920	15min	0.25~0.30	炭粉为0.154mm（100目）硬度为56~62HRC
2	30%炭黑粉+3%碳酸钠+2%醋酸钠+25%废全损耗系统用油+40%柴油	920~940	1	1.0~1.2	
3	55%炭黑粉+30%碳酸钠+15%草酸钠	950	1.5	0.6	w(C)为1.0%~1.2%硬度为60HRC
			2	0.8	
			3	1.0	

4.1.5　常用渗碳钢的热处理工艺参数

1. 优质碳素结构钢渗碳及渗碳后的热处理工艺参数（表4-17）

表4-17　优质碳素结构钢渗碳及渗碳后的热处理工艺参数

牌号	渗碳温度/℃	淬火温度/℃	淬火冷却介质	回火温度/℃	硬度 HRC
08	900~920	780~800	水或盐水	150~200	55~62
10	900~960	780~820	水或盐水	150~200	55~62
15	920~950	770~800	水或盐水	150~200	56~62
20	900~920	780~800	水或盐水	150~200	58~62
25	900~920	790~810	水或盐水	150~200	56~62
15Mn	880~920	780~800	油	180~200	58~65
20Mn	880~920	780~800	油	180~200	58~62

2. 合金结构钢渗碳及渗碳后的热处理工艺参数（表4-18）

表4-18　合金结构钢渗碳及渗碳后的热处理工艺参数

| 牌号 | 渗碳温度/℃ | 淬火 | | | | 回火温度/℃ | 表面硬度HRC |
		一次淬火温度/℃	二次淬火温度/℃	降温淬火温度/℃	冷却介质		
20Mn2	910~930	850~870	770~800	770~800	水或油	150~175	54~59
20MnV	930	880			油	180~200	56~60
20MnMoB	920~950	860~890	860~840	830~850	油	180~200	≥58
15MnVB	920~940			840~860	油	200	≥58
20MnVB	900~930	860~880	780~800	800~830	油	180~200	56~62
20MnTiB	930~970	860~890		830~840	油	200	52~56
25MnTiBRE	920~940	790~850		800~830	油	180~200	≥58
15Cr	890~920	860~890	780~820	870	油、水	180~200	56~62
20Cr	890~910	860~890	780~820		油、水	170~190	56~62
15CrMn	900~930	840~870	810~840		油	175~200	58~62
20CrMn	900~930	820~840			油	180~200	56~62
20CrMnMo	880~950	830~860			油或碱浴	180~220	≥58
20CrMnTi	920~940	870~890	860~880	830~850	油	180~200	56~62
30CrMnTi	920~960	870~890	800~840	800~820	油	180~200	≥56
20CrNi	900~930	860	760~810	810~830	油或水	180~200	56~63
12CrNi2	900~930	860	760~810	760~800	油或水	180~200	≥58
12CrNi3	900~930	860	780~810		油	150~200	≥58
20CrNi3	900~940	860	780~830		油	180~200	≥58
12Cr2Ni4	900~930	840~860	770~790		油	150~200	≥58
20Cr2Ni4	900~950	880	780			180~200	≥58
20CrNiMo	930	820~840			油	150~180	≥56
18Cr2Ni4WA	900~920			840~860	空气或油	180~200	56~62
25Cr2Ni4WA	900~920			840~860	空气或油	180~200	56~62

4.1.6　真空渗碳

1. 渗碳温度

渗碳温度一般为 900 ~ 1100℃。渗碳温度的选择可参考表4-19。

表4-19　渗碳温度的选择

渗碳温度/℃	渗碳层深度	适宜工件	渗碳气氛
<980（低温）	较浅	形状复杂、畸变要求严格、渗碳层要求均匀的工件，如凸轮、轴、齿轮	C_3H_8、C_2H_2、$N_2 + C_3H_8$
980（中温）	一般	一般工件	C_3H_8、C_2H_2、$N_2 + C_3H_8$
1040（高温）	深	形状简单、畸变要求不严格的工件，如柴油机喷嘴等	CH_4、$N_2 + C_3H_8$、C_2H_2

2. 渗碳保温时间

渗碳保温时间包括渗碳时间和扩散时间。渗碳保温时间可通过以下方法确定。

1）根据渗碳温度和碳富化率，推荐的真空渗碳保温时间见表4-20。

表4-20　推荐的真空渗碳保温时间（JB/T 11078—2011）

（单位：min）

工艺温度/℃	920		940		960		980	
碳富化率/[mg/($cm^2 \cdot h$)]	8		11		13		15	
渗碳层深度（550HV1）/mm	渗碳时间	扩散时间	渗碳时间	扩散时间	渗碳时间	扩散时间	渗碳时间	扩散时间
0.30	7	26	6	21	4	12	4	9
0.60	15	94	11	80	10	60	8	40

（续）

工艺温度/℃	920		940		960		980	
碳富化率/[mg/（cm² · h）]	8		11		13		15	
渗碳层深度（550HV1）/mm	渗碳时间	扩散时间	渗碳时间	扩散时间	渗碳时间	扩散时间	渗碳时间	扩散时间
0.90	22	240	17	163	15	120	12	68
1.20	29	420	24	320	20	230	17	140
1.50	37	697	30	530	25	400	22	260

2）根据 Harris 关系式，低碳钢渗碳温度、渗碳时间与总渗碳深度的关系见表4-21。

表 4-21　低碳钢渗碳温度、渗碳时间与总渗碳深度的关系

保温时间/h	渗碳温度/℃						
	900	930	950	980	1010	1040	1080
	渗碳层深度/mm						
0.5	0.38	0.46	0.51	0.61	0.71	0.83	1.01
1.0	0.54	0.65	0.73	0.86	1.01	1.18	1.43
1.5	0.66	0.79	0.89	1.05	1.24	1.44	1.75
2.0	0.76	0.92	1.03	1.22	1.43	1.66	2.02
3.0	0.93	1.12	1.26	1.49	1.75	2.04	2.47
4.0	1.08	1.30	1.46	1.72	2.02	2.35	2.85
5.0	1.21	1.45	1.63	1.93	2.26	2.63	3.19
6.0	1.32	1.59	1.78	2.11	2.48	2.88	3.50
8.0	1.53	1.83	2.06	2.44	2.86	3.33	4.04
10.0	1.71	2.05	2.30	2.72	3.20	3.72	4.52
12.0	1.87	2.25	2.52	2.98	3.50	4.08	4.95
16.0	2.16	2.59	2.91	3.45	4.04	4.71	5.71
20.0	2.42	2.90	3.26	3.85	4.52	5.27	6.39
25.0	2.70	3.24	3.64	4.31	5.06	5.89	7.14

3）根据图表绘图求得渗碳时间与扩散时间。图4-2 和图 4-3所示分别为 930℃、1040℃下渗碳层深度、表面碳含量与渗碳时间、扩散时间的关系。

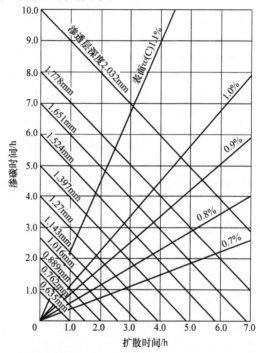

图4-2　930℃下渗碳层深度、表面碳含量与渗碳时间、扩散时间的关系

3. 渗碳压强和气体流量

采用一段式渗碳工艺，以甲烷作为渗碳气体时，炉内压力为 26.7～46.7kPa；以丙烷作为渗碳气体时，炉内压力为 13.3～23.3kPa。

对于脉冲式渗碳工艺，渗碳气的压强可小些，一般为 19.95kPa。压升速度一般为133Pa/s。

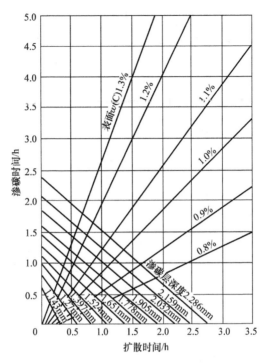

图 4-3　1040℃下渗碳层深度、表面碳含量与
渗碳时间、扩散时间的关系

强渗过程中富化气流量见表 4-22。

表 4-22　强渗过程中富化气流量（JB/T 11078—2011）

工件表面积/m²	≤3	>3 ~ 10	>10 ~ 20
丙烷气流量/（L/h）	3000	4500	5700
乙炔气流量/（L/h）	1200	2000	2700

4.1.7　离子渗碳

几种材料在不同离子渗碳条件下的渗碳层深度见表 4-23。

表 4-23　几种材料在不同离子渗碳条件下的渗碳层深度

渗碳温度/℃	渗碳时间/h	渗碳层深度/mm		
		20	30CrMo	20CrMnTi
900	0.5	0.40	0.55	0.69
	1.0	0.60	0.85	0.99
	2.0	0.91	1.11	1.26
	4.0	1.11	1.76	
1000	0.5	0.55	0.84	0.95
	1.0	0.69	0.98	1.08
	2.0	1.01	1.37	1.56
	4.0	1.61	1.99	2.15
1050	0.5	0.75	0.94	1.04
	1.0	0.91	1.24	1.37
	2.0	1.43	1.82	2.08
	4.0		2.73	2.86

4.2　碳氮共渗

4.2.1　气体碳氮共渗

1. 煤油 + 氨气碳氮共渗工艺

在 RQ 型气体共渗炉中煤油和氨的用量见表 4-24。

表 4-24　在 RQ3 型气体共渗炉中煤油和氨气的用量

设备	温度/℃	煤油用量/(滴/min)	氨气用量/(m³/h)
RQ3-25	840	55	0.08
RQ3-35	850	60	0.10
RQ3-35	840	68	0.17
RQ3-60	850	90	0.17
RQ3-60	840	100	0.15
RQ3-75	850	80	0.15

（续）

设备	温度/℃	煤油用量/(滴/min)	氨气用量/(m³/h)
RQ3-75	840	100	0.25
RQ3-75	820	180	0.15
RQ3-105	820	160	0.35

注：表中数据来自工厂生产工艺；煤油滴量为 15~18 滴/mL。

2. 吸热式气氛 + 富化气 + 氨气碳氮共渗工艺

JT-60 井式炉碳氮共渗工艺参数见表 4-25。

表 4-25　JT-60 井式炉碳氮共渗工艺参数

材料	氨气用量/(m³/h)	液化气用量/(m³/h)	吸热式气体用量/(m³/h)		温度/℃	淬火冷却介质
			装炉 20min 内	20min 后		
08、20、35	0.05	0.15	5.0	0.5		碱水
15Cr、20Cr、40Cr、18CrMnTi、Q345 (16Mn)	0.05	0.1	5.0	5.0	上区 870 下区 860	油

注：吸热式气体成分为 $\varphi(CO_2) \leqslant 1.0\%$，$\varphi(O_2) = 0.6\%$，$\varphi(C_nH_{2n}) = 0.6\%$，$\varphi(CO) = 26\%$，$\varphi(CH_4) = 4\% \sim 8\%$，$\varphi(H_2) = 16\% \sim 18\%$，$N_2$ 余量。

3. 常用结构钢碳氮共渗工艺参数（表 4-26）

表 4-26　常用结构钢碳氮共渗工艺参数

牌号	共渗温度/℃	淬火		回火		表面硬度 HRC
		温度/℃	冷却介质	温度/℃	冷却介质	
40Cr	830~850	直接	油	140~200	空气	≥48
15CrMo	830~860	780~830	油或碱浴	180~200	空气	≥55
20CrMnMo	830~860	780~830	油或碱浴	160~200	空气	≥60

（续）

牌号	共渗温度/℃	淬火		回火		表面硬度 HRC
		温度/℃	冷却介质	温度/℃	冷却介质	
12CrNi2A	830~860	直接	油	150~180	空气	≥58
12CrNi3A	840~860	直接	油	150~180	空气	≥58
20CrNi3A	820~860	直接	油	150~180	空气	≥58
30CrNi3A	810~830	直接	油	160~200	空气	≥58
12Cr2Ni4A	840~860	直接	油	150~180	空气	≥58
20Cr2Ni4A	820~850	直接	油	150~180	空气	≥58
20CrNiMo	820~840	直接	油	150~180	空气	≥58

4.2.2 液体碳氮共渗

1. 液体碳氮共渗剂

几种原料无毒盐浴碳氮共渗剂的成分见表 4-27。

表 4-27 几种原料无毒盐浴碳氮共渗剂的成分

序号	共渗剂成分（质量分数，%）	备注
1	37.5 尿素 + 25Na_2CO_3 + 37.5 KCl	烟雾气味大，盐浴成分稳定性差
2	10SiC + 5~10NH_4Cl + 15~20NaCl + 60~75Na_2CO_3	氯化铵挥发性大，盐浴活性下降
3	10~25 电玉粉 + 15~25Na_2CO_3 + 50~70NaCl	盐浴成分稳定性好，易于再生

2. 液体碳氮共渗工艺

液体碳氮共渗工艺见表 4-28。几种钢液体碳氮共渗时保温时间与共渗层深度的关系见表 4-29。

表4-28　液体碳氮共渗工艺

共渗剂成分 （质量分数，%）	温度 /℃	时间 /h	共渗层深度 /mm	备　　注
50NaCN + 50NaCl （20 ~ 25NaCN + 25 ~ 50NaCl + 25 ~ 50Na₂CO₃）①	840	0.5	0.15 ~ 0.2	工件碳氮共渗后 从盐浴中取出直接 淬火，然后在 180 ~ 200℃回火
	840	1.0	0.3 ~ 0.25	
	870	0.5	0.2 ~ 0.25	
	870	1.0	0.25 ~ 0.35	
10NaCN + 40NaCl + 50BaCl₂ （8 ~ 12NaCN + 30 ~ 55NaCl + ≤45BaCl₂）②	840	1.0 ~ 1.5	0.25 ~ 0.3	工件共渗后空 冷，再加热淬火， 并在 180 ~ 200℃ 回火。表面硬度为 58 ~ 64HRC
	900	1.0	0.3 ~ 0.5	
	900	2.0	0.7 ~ 0.8	
	900	3.0	1.0 ~ 1.2	
8NaCN + 10NaCl + 82BaCl₂	900	0.5	0.2 ~ 0.25	盐浴面用石墨覆 盖，以减少热量损 失和碳的损耗
	900	1.5	0.5 ~ 0.8	
	950	2.0	0.8 ~ 1.1	
	950	3.0	1.0 ~ 1.2	
	950	5.5	1.4 ~ 1.6	

① 括号内为盐浴工作成分。

② 使用中盐浴活性会逐渐下降。应添加 NaCN 使其恢复，通常用
NaCN：BaCl₂ = 1∶4（质量比）的混合盐进行再生。

表4-29　几种钢液体碳氮共渗时保温时间与共渗层深度的关系

牌号	保温时间/h					
	1	2	3	4	5	6
	共渗层深度/mm					
20	0.34 ~ 0.36	0.43 ~ 0.45	0.53 ~ 0.55	0.62 ~ 0.64	0.63 ~ 0.64	0.73 ~ 0.75
45	0.32 ~ 0.34	0.35 ~ 0.37	0.40 ~ 0.42	0.52 ~ 0.54	0.55 ~ 0.57	0.68 ~ 0.70
20Cr	0.38 ~ 0.40	0.53 ~ 0.55	0.62 ~ 0.64	0.73 ~ 0.75	0.80 ~ 0.82	0.82 ~ 0.84
45Cr	0.28 ~ 0.30	0.35 ~ 0.37	0.48 ~ 0.50	0.58 ~ 0.60	0.65 ~ 0.67	0.68 ~ 0.70
12CrNi3A	0.34 ~ 0.36	0.46 ~ 0.48	0.52 ~ 0.54	0.58 ~ 0.60	0.65 ~ 0.67	0.73 ~ 0.75

注：1. 共渗温度：820 ~ 840℃。

2. 共渗层中碳的质量分数为 0.70% ~ 0.80%，氮的质量分数为
0.25% ~ 0.50%。

4.3 渗氮

4.3.1 气体渗氮

1. 气体渗氮工艺方法、特点及适用范围（表 4-30）

表 4-30 气体渗氮工艺方法、特点及适用范围

（GB/T 18177—2008）

渗氮工艺		工艺方法			工艺特点及适用范围
		渗氮时间 /h	渗氮温度 /℃	氨分解率（%）	
常规渗氮	一段渗氮	20~100	490~520	渗氮时间的前 1/4~1/3：20~35	硬度要求高，畸变小的工件
				渗氮时间的后 2/3~3/4：35~50	
	二段渗氮	15~60	第 1 阶段 500~510	占总渗氮时间的 1/3~1/2：20~30	硬度要求略低，渗氮层较深，不易畸变的工件
			第 2 阶段 550~560	占总渗氮时间的 1/2~2/3：40~60	
	三段渗氮	30~50	第 1 阶段 500~510	20~30	硬度要求较高，不易畸变的工件
			第 2 阶段 550~560	40~60	
			第 3 阶段 520~530	30~40	
短时渗氮		2~4	500~580 常用为 560~580	35~65	高速工具钢短时渗氮时间一般为 20~40min，采用较高的氨分解率 各种碳钢、合金渗氮钢、合金结构钢、模具钢、铸铁都可以采用短时渗氮处理

（续）

渗氮工艺	工艺方法			工艺特点及适用范围
	渗氮时间 /h	渗氮温度 /℃	氨分解率（%）	
奥氏体渗氮	2~4	600~700	60~80	在奥氏体渗氮温度下形成的渗氮层组织是 ε 相化合物层、奥氏体层和扩散层。淬火至室温为化合物层、残留奥氏体层、淬火马氏体层、扩散层 以提高耐蚀性为主的工件经奥氏体渗氮后不必进行回火处理 奥氏体渗氮油淬后经过 180~200℃ 回火，残留奥氏体未发生转变，保持很高韧性和塑性，适用于对韧性要求很高，以及在装配或使用过程中需承受一定程度塑性形变的渗氮件 奥氏体渗氮经过 220~250℃ 回火，残留奥氏体发生分解，硬度提高到 950HV 以上，化合物层中的 ε 相也发生时效，使硬度提高到 1000HV 以上，适合于耐磨性要求很高的渗氮件 奥氏体渗氮的耐蚀性优于抗蚀渗氮
	典型工艺为2	650		

（续）

渗氮工艺	工艺方法			工艺特点及适用范围
	渗氮时间/h	渗氮温度/℃	氨分解率(%)	
抗蚀渗氮	在 600~700℃ 进行短时间的一段渗氮			以获得一定深度的致密的 ε 相层（渗氮白亮层）

2. 气体渗氮时氮势与氨分解率的关系（表4-31）

表4-31　气体渗氮时氮势与氨分解率的关系（GB/T 18177—2008）

渗氮气源	氮势与氨分解率值
纯氨或氨+氨分解气	氨分解率 $V = 1 - p_{NH_3}$，其中 p_{NH_3} 为炉气中氨的分压；氮势 $Np = 1 - V/(0.75V)^{1.5}$。氮势与氨分解率对照表如下

氨分解率 V	氮势 Np	氨分解率 V	氮势 Np
0.1	43.8178	0.6	1.3251
0.2	13.7706	0.7	0.7887
0.3	6.5588	0.8	0.4303
0.4	3.6515	0.9	0.1803
0.5	2.1773	0.95	0.0831

氮势 $Np = (1-V)\left[\dfrac{1+x}{1.5(x-1+V)}\right]^{1.5}$，其中 x 为通入气体中 NH_3 的百分含量。氮势与氨分解率对照表如下

氨+氮混合气体 x(%)	氨分解率 V							
	0.2	0.3	0.4	0.5	0.6	0.7	0.8	0.9
	氮势							
0.2								2.2627
0.3							5.1028	0.9021
0.4						8.5541	2.0162	0.5487
0.5					12.6491	3.3541	1.2172	0.3953
0.6				17.4186	4.9267	2.0113	0.8709	0.3116
0.7			22.8922	6.7447	2.9371	1.4308	0.6825	0.2596
0.8		29.0985	8.8182	4.0000	2.0785	1.1154	0.5657	0.2245
0.9	36.0648	11.1570	5.2055	2.8176	1.6129	0.9202	0.4868	0.1992

3. 常用钢的气体渗氮工艺参数及效果（表4-32）

表4-32 常用钢的气体渗氮工艺参数及效果

材料	阶段	渗氮工艺参数			渗氮层深度/mm	表面硬度
		温度/℃	时间/h	氨分解率(%)		
38CrMoAl		510±10	17~20	15~35	0.2~0.3	>550HV
		530±10	60	20~50	≥0.45	65~70HRC
		540±10	10~14	30~50	0.15~0.30	≥88HR15N
		510±10	35	20~40	0.30~0.35	1000~1100HV
		510±10	80	30~50	0.50~0.60	≥1000HV
		535±10	35	30~50	0.45~0.55	950~1100HV
		510±10	35~55	20~40	0.3~0.55	850~950HV
		500±10	50	15~30	0.45~0.50	550~650HV
	1	515±10	25	18~25	0.40~0.60	850~1000HV
	2	550±10	45	50~60		
	1	510±10	10~12	15~30	0.50~0.80	≥80HR30N
	2	550±10	48~58	35~65		
	1	510±10	10~12	15~35	0.5~0.8	≥80HR30N
	2	550±10	48~58	35~65		
	1	510±10	20	15~35	0.5~0.75	>750HV
	2	560±10	34	35~65		
	3	560±10	3	100		
	1	525±5	20	25~35	0.35~0.55	≥90HR15N
	2	540±5	10~15	35~50		
	1	520±5	19	25~45	0.35~0.55	87~93HR15N
	2	600	3	100		
	1	510±10	8~10	15~35	0.3~0.4	>700HV
	2	550±10	12~14	35~65		
	3	550±10	3	100		

（续）

材　　料	阶段	渗氮工艺参数			渗氮层深度/mm	表面硬度
		温度/℃	时间/h	氨分解率（%）		
40CrNiMoA		510±10	25	25~35	0.35~0.55	≥68HR30N
	1	520±5	20	25~35	0.40~0.70	≥83HR15N
	2	545±10	10~15	35~50		
30CrMnSiA		500±10	25~30	20~30	0.20~0.30	≥58HRC
35CrMo	1	505±10	25	18~30	0.5~0.6	650~700HV
	2	520±10	25	30~50		
50CrVA		460±10	15~20	10~20	0.15~0.25	
		460±10	7~9	15~35	0.15~0.25	
40Cr		490±10	24	15~35	0.20~0.30	≥550HV
	1	520±10	10~15	25~35	0.50~0.70	≥50HRC
	2	540±10	52	35~50		
18Cr2Ni4A		500±10	35	15~30	0.25~0.30	650~750HV
3Cr2W8V		535±10	12~16	25~40	0.15~0.20	1000~1100HV
Cr12 Cr12MoV	1	480±10	18	14~27	≥0.20	700~800HV
	2	530±10	22	30~60		
W18Cr4V		515±10	0.25~1	20~40	0.01~0.025	1100~1300HV
12Cr13		500	48	18~25	0.15	1000HV
		560	48	30~50	0.30	900HV
20Cr13		500	48	20~25	0.12	1000HV
		560	48	35~45	0.26	900HV
12Cr13 20Cr13 14Cr11MoV	1	530	18~20	30~45	≥0.25	≥650HV
	2	580	15~18	50~60		

（续）

材　料	渗氮工艺参数				渗氮层深度 /mm	表面硬度
	阶段	温度 /℃	时间 /h	氨分解率 （%）		
24Cr18Ni8W2		560	24	40~50	0.12~0.14	950~1000HV
		560	40	40~50	0.16~0.20	900~950HV
		600	24	40~70	0.14~0.16	900~950HV
		600	48	40~70	0.20~0.24	800~850HV
45Cr14Ni14W2Mo		550~560	35	45~55	0.080~0.085	≥850HV
		580~590	35	50~60	0.10~0.11	≥820HV
		630	40	50~80	0.08~0.14	≥80HR15N
		650	35	60~90	0.11~0.13	83~84HR15N

4. 钢渗氮前的预备热处理工艺参数（表4-33）

表4-33　钢渗氮前的预备热处理工艺参数

材　料	淬火温度 /℃	冷却介质	回火温度 /℃	硬度
18Cr2Ni4WA	850~870	油	525~575	
20CrMnTi	910~930	油	600~620	
30CrMnSi	880~900	油	500~540	
35CrMo	840~860	油	520~560	
38CrMoAlA	920~940	油	620~650	200~220HBW
40Cr	840~860	油	500~540	
40CrNiMo	840~860	油	600~620	
50CrVA	850~870	油	480~520	
3Cr2W8V	1050~1080	油	600~620	

（续）

材　料	淬火温度/℃	冷却介质	回火温度/℃	硬度
4Cr5MoSiV1	1020 ~ 1050	油	580 ~ 620	200 ~ 220HBW
5CrNiMo	840 ~ 860	油	540 ~ 560	
Cr12MoV	980 ~ 1000	油	540 ~ 560	52 ~ 54HRC
W18Cr4V	1260 ~ 1310	油	550 ~ 570（三次）	≥63HRC
W6Mo5Cr4V2	1200 ~ 1240	油	550 ~ 570（三次）	
20Cr13	1000 ~ 1050	油或水	660 ~ 670	（固溶处理）34HRC
42Cr9Si2	1020 ~ 1040	油	700 ~ 780	
15Cr11MoV	930 ~ 960	空冷	680 ~ 730	
45Cr14Ni14W2Mo	820 ~ 850	水	—	
53Cr21Mn9Ni4N	1175 ~ 1185	水	750 ~ 800	
QT600-3	920 ~ 940	空气	—	正火 220 ~ 230HBW

5. 抗蚀渗氮工艺参数（表4-34）

表4-34　抗蚀渗氮工艺参数

材料	渗氮工艺				ε相厚度/μm
	温度/℃	时间/h	氨分解率（%）	冷却方法	
DT（电磁纯铁）	550 ± 10	6	30 ~ 50	炉冷至200℃以下出炉空冷	20 ~ 40
	600 ± 10	3 ~ 4	30 ~ 60		
10	600 ± 10	6	45 ~ 70	根据零件要求的性能、精度，分别冷至200℃出炉空冷，直接出炉空冷、油冷或水冷	40 ~ 80
	600 ± 10	4	40 ~ 70		15 ~ 40
20	610 ± 10	3	50 ~ 60		17 ~ 20
30	620 ± 650	3	40 ~ 70		20 ~ 60

（续）

材料	渗氮工艺				ε 相厚度/μm
	温度/℃	时间/h	氨分解率（%）	冷却方法	
40、45、40Cr、50	600 ± 10	2 ~ 3	35 ~ 55	要求基体具有强韧性的零件尽可能水冷或油冷	15 ~ 50
	650 ± 10	0.75 ~ 1.5	45 ~ 65		
	700 ± 10	0.25 ~ 0.5	55 ~ 75		
T8、GCr15	780 ± 10	同淬火加热时间	70 ~ 75	抗蚀渗氮常与淬火工艺结合在一起进行	
	810 ~ 840		70 ~ 80		

4.3.2　离子渗氮

1. 常用材料的渗氮温度、表面硬度和渗氮层深度范围（表 4-35）

表 4-35　常用材料的渗氮温度、表面硬度和渗氮层深度范围（JB/T 6956—2007）

材　料		预备热处理		离子渗氮技术要求		常用渗氮温度/℃
类别	牌号	工艺	硬度 ≥	表面硬度 HV ≥	渗氮层深度 /mm	
碳钢	45	正火	215HBW	250	0.2 ~ 0.60	550 ~ 570
合金结构钢	20Cr	调质	215HBW	550	0.2 ~ 0.50	510 ~ 540
	40Cr	调质	235HBW	500		
	20CrMnTi	调质	215HBW	600		
	35CrMo	调质	28HRC	550		
	42CrMo	调质	28HRC	550		
	35CrMoV	调质	28HRC	550		
	40CrNiMo	调质	28HRC	550		

（续）

材料		预备热处理		离子渗氮技术要求		常用渗氮温度/℃
类别	牌号	工艺	硬度 ≥	表面硬度 HV ≥	渗氮层深度 /mm	
渗氮钢	38CrMoAl	调质	255HBW	850	0.30 ~ 0.60	等温渗氮：510 ~ 560 二段渗氮：480 ~ 530 + 550 ~ 570
合金工模具钢	3Cr2W8V	调质	396HBW	800	0.15 ~ 0.30	520 ~ 560
		淬火 + 回火	45HRC	900	0.10 ~ 0.25	
	5CrNiMo	淬火 + 回火	41HRC	600	0.20 ~ 0.40	
	5CrMnMo	淬火 + 回火	41HRC	650	0.20 ~ 0.40	
	4Cr5MoSiV1	淬火 + 回火	48HRC	900	0.10 ~ 0.40	510 ~ 530
	Cr12MoV	淬火 + 回火	59HRC	1000	0.10 ~ 0.20	480 ~ 520
	W18Cr4V	淬火 + 回火	64HRC	1000	0.02 ~ 0.10	480 ~ 520
不锈钢和耐热钢	1Cr18Ni9Ti	固溶处理		1000	0.01	420 ~ 450
				900	0.08 ~ 0.15	560 ~ 600
	2Cr13	淬火 + 回火	235HBW	850	0.10 ~ 0.30	540 ~ 570

（续）

材　料		预备热处理		离子渗氮技术要求		常用渗氮温度/℃
类别	牌号	工艺	硬度 ≥	表面硬度 HV ≥	渗氮层深度/mm	
不锈钢和耐热钢	1Cr11MoV	淬火 + 回火	280HBW	650	0.20 ~ 0.40	520 ~ 550
	4Cr9Si2	淬火 + 回火	30HRC	850	0.10 ~ 0.30	520 ~ 560
	4Cr14Ni14W2Mo	退火	235HBW	700	0.06 ~ 0.12	540 ~ 580
灰铸铁	HT200、HT250	退火	200HBW	300	0.10 ~ 0.30	540 ~ 570
球墨铸铁	QT600-3、QT700-2	正火	235HBW	450	0.10 ~ 0.30	540 ~ 570

注：表中不锈钢和耐热钢牌号为旧牌号，牌号新旧对照见附表 A。

2. 氨气流量选择范围（表 4-36）

表 4-36　氨气流量选择范围（JB/T 6956—2007）

整流输出电流/A	10 ~ 25	25 ~ 50	50 ~ 100	100 ~ 150
合理供氨量/(mL/min)	100 ~ 200	200 ~ 350	350 ~ 650	650 ~ 1100

3. 渗氮时间与渗氮层深度的关系（表 4-37）

表 4-37　渗氮时间与渗氮层深度的关系

渗氮时间/h	2	4	6	8	10	12	14	16	20
渗氮层深度/mm	0.1	0.14	0.20	0.30	0.34	0.37	0.40	0.42	0.45

4. 常用材料离子渗氮工艺（表 4-38）

表 4-38　常用材料离子渗氮工艺

材料	工艺参数			表面硬度 HV0.1	总渗氮层深度/mm	化合物层厚度/μm
	温度/℃	时间/h	炉压/Pa			
38CrMoAl	520 ~ 550	8 ~ 15	266 ~ 532	888 ~ 1164	0.35 ~ 0.45	3 ~ 8
40Cr	520 ~ 540	6 ~ 9	266 ~ 532	650 ~ 841	0.35 ~ 0.45	5 ~ 8

（续）

材料	工艺参数			表面硬度	总渗氮层深度	化合物层
	温度/℃	时间/h	炉压/Pa	HV0.1	/mm	厚度/μm
42CrMo	520~540	6~8	266~532	750~900	0.35~0.40	5~8
35CrMo	510~540	6~8	266~532	700~888	0.30~0.45	5~10
20CrMnTi	520~550	4~9	266~532	672~900	0.20~0.50	6~10
3Cr2W8	540~550	6~8	133~400	900~1000	0.20~0.30	5~8
4Cr5MoSiV1	540~550	6~8	133~400	900~1000	0.20~0.30	5~8
Cr12MoV	530~550	6~8	133~400	841~1015	0.20~0.40	5~7
W18Cr4V	530~550	0.5~1	106~200	1000~1200	0.01~0.05	
45Cr14Ni14W2Mo	570~600	5~8	133~266	800~1000	0.06~0.12	
20Cr13	520~560	6~8	266~400	857~946	0.10~0.15	
Cr25 MoV	550~650	12	133~400	1200~1250	0.15	
10Cr17	550~650	5	666~800	1000~1370	0.10~0.18	
HT250	520~550	5	266~400	500	0.05~0.10	
QT600-3	570	8	266~400	750~900	0.30	
合金铸铁	560	2	266~400	321~147	0.10	

4.3.3　高频感应渗氮

几种材料高频感应渗氮工艺及效果见表 4-39。

表 4-39　几种材料高频感应渗氮工艺及效果

材料	工艺参数		效果		
	温度/℃	时间/h	渗氮层深度/mm	表面硬度　HV	脆性等级
38CrMoAl	520~540	3	0.29~0.30	1070~1100	Ⅰ
20Cr13	520~540	2.5	0.14~0.16	710~900	Ⅰ
Ni36CrTiAl	520~540	2	0.02~0.03	623	Ⅰ
40Cr	520~540	3	0.18~0.20	582~621	Ⅰ
07Cr15Ni7Mo2Al（PH15-7Mo）	520~560	2	0.07~0.09	986~1027	Ⅰ~Ⅱ

4.4　氮碳共渗

4.4.1　气体氮碳共渗

1. 气体氮碳共渗剂（表 4-40）

表 4-40　气体氮碳共渗剂

共渗类型	共渗剂（体积分数）	说　明			
混合气体氮碳共渗	氨气＋吸热式气氛 50% NH₃ ＋50% XQ	吸热式气氛由乙醇、丙酮等裂解而产生 吸热式气氛的成分（体积分数）			
		H_2	CO	CO_2	N_2
		32% ~40%	20% ~24%	≤1%	38% ~43%
		碳势用露点仪测定。NH₃∶XQ = 1∶1（体积比）时，气氛的露点控制到 ±0℃ 废气中 HCN 量很高			
	氨气＋放热式气氛 50% ~60% NH₃ +40% ~50% NX	NH₃∶FQ = (5~6)∶(4~5)（体积比） 放热式气氛的成分（体积分数）			
		H_2	CO	CO_2	N_2
		<1%	<5%	≤10%	余量
		废气中 HCN 少，制备成本较低			
	氨气＋甲烷或丙烷 50% ~ 60% NH₃ + 40% ~ 50% CH₄ 或 C₃H₈				
	氨气＋二氧化碳＋氮气 40% ~95% NH₃ + 5% CO₂ +0 ~55% N₂	添加氮气有助于提高氮势和碳势			

（续）

共渗类型	共渗剂（体积分数）	说　　明
滴注式气体氮碳共渗	甲酰胺 100% HCONH₂	$4HCONH_2 \rightarrow 4H_2 + 2CO + 2H_2O + 4[N] + 2[C]$ 用甲醇排气
	甲酰胺+尿素 70% HCONH₂ + 30%（NH₂）₂CO	
	三乙醇胺+乙醇 50% 三乙醇胺 + 50%乙醇	
尿素热解氮碳共渗	尿素 100%（NH₂）₂CO	$(NH_2)_2CO \rightarrow CO + 2H_2 + 2[N]$ $2CO \rightarrow CO_2 + [C]$ 用甲醇排气 尿素要预先经80℃烘干，加入方式有以下几种 1）尿素直接加入500℃以上的炉中进行热分解；可通过螺杆式送料器将尿素颗粒送入炉内或用弹力机构将球状尿素弹入炉内 2）尿素在裂解炉中分解成气体后再导入炉内 3）将尿素溶入有机溶剂中，再滴入炉内

2. 气体氮碳共渗工艺

（1）共渗温度　大多数钢种的最佳共渗温度为560~580℃。共渗温度应低于调质的回火温度。

（2）保温时间对氮碳共渗层深度与表面硬度的影响（表4-41）

表 4-41 保温时间对氮碳共渗层深度与表面硬度的影响

牌号	(570±5)℃,2h			(570±5)℃,4h		
	硬度 HV	化合物层深度/μm	扩散层深度/mm	硬度 HV	化合物层深度/μm	扩散层深度/mm
20	480	10	0.55	500	18	0.80
45	550	13	0.40	600	20	0.45
15CrMo	600	8	0.30	650	12	0.45
40CrMo	750	8	0.35	860	12	0.45
T10	620	11	0.35	680	15	0.35

（3）气体氮碳共渗后的表面硬度和共渗层深度 70%甲酰胺+30%尿素氮碳共渗效果见表 4-42。常用材料气体氮碳共渗后的表面硬度和共渗层深度见表 4-43。机床零件常用材料氮碳共渗表面硬度和共渗层深度见表 4-44。

表 4-42 70%甲酰胺+30%尿素氮碳共渗效果

材料	温度/℃	共渗层深度/mm		共渗层硬度 HV0.05	
		化合物层	扩散层	化合物层	扩散层
45	570±10	0.010~0.025	0.244~0.379	450~650	412~580
40Cr	570±10	0.004~0.010	0.120	500~600	532~644
灰铸铁	570±10	0.003~0.005	0.100	530~750	508~795
Cr12MoV	540±10	0.003~0.006	0.165	927	752~795
3Cr2W8V	580	0.003~0.011	0.066~0.120	846~1100	657~795
	600	0.008~0.012	0.099~0.117	840	761~1200
	620		0.100~0.150		762~891
W18C14V	570±10		0.090		1200
T10	570±10	0.006~0.008	0.129	677~946	429~466
20CrMo	570±10	0.004~0.006	0.079	672~713	500~700

表 4-43　常用材料气体氮碳共渗后的表面硬度和共渗层深度
（GB/T 22560—2008）

材料类别	牌号	表面硬度 HV	共渗层深度/mm	
			化合物层	扩散层
碳素结构钢	Q195、Q215、Q235	≥480	0.008 ~ 0.025	≥0.20
优质碳素结构钢	08、10、15、20、25、35、45、15Mn、20Mn、25Mn	≥550		
合金结构钢	15Cr、20Cr、40Cr 15CrMn、20CrMn、40CrMn 20CrMnSi、25CrMnSi、30CrMnSi 35MnSi、42MnSi 20CrMnMo、40CrMnMo 15CrMo、20CrMo、35CrMo、42CrMo 20CrMnTi、30CrMnTi 40CrNi、12Cr2Ni4、12CrNi3、20CrNi3、20Cr2Ni4、30CrNi3 18Cr2Ni4WA、25Cr2Ni4WA	≥600	0.008 ~ 0.025	≥0.15
	38CrMoAl	≥800	0.006 ~ 0.020	≥0.15
合金工具钢	Crl2、Crl2MoV、3Cr2W8V、4Cr5MoSiV（H11）、4Cr5MoSiV1（H13）	≥700	0.003 ~ 0.015	≥0.10
灰铸铁	HT200、HT250	≥500	0.003 ~ 0.020	≥0.10
球墨铸铁	QT500-7、QT600-3、QT700-2	≥550		

表 4-44 机床零件常用材料氮碳共渗表面硬度和共渗层深度
(JB/T 8491.5—2008)

牌号	硬度 HV0.1	共渗层深度/mm	
		化合物层	扩散层
45	480	0.010~0.025	≥0.20
20CrMo	550		
20CrMnTi	600		≥0.15
35CrMo	550		
40Cr	500		
QT600-2	550	0.005~0.020	≥0.10
HT200			

4.4.2 盐浴氮碳共渗

1. 常用典型的氮碳共渗盐浴及其特点（表4-45）

表 4-45 常用典型的氮碳共渗盐浴及其特点

类型	盐浴配方及商品名称	获得 CNO⁻ 的方法	特点
氰盐型	47% KCN + 53% NaCN	$2NaCN + O_2 = 2NaCNO$ $2KCN + O_2 = 2KCNO$	盐浴稳定,流动性良好,配制后需经几十小时氧化生成足量的氰酸盐后才能使用。毒性极大,目前已极少采用
氰盐-氰酸盐型	85% NS-1 盐(NS-1 盐:KCNO40% + NaCN60%) + 15% Na₂CO₃ 为基盐,用 NS-2 (NaCN75% + KCN25%)为再生盐	通过氧化,使 $2CN^- + O_2 \rightarrow 2CNO^-$,工作时的成分为(KCN + NaCN)约50%,CO₃²⁻ 约2%~8%	不断通入空气,CN⁻ 含量最高达20%~25%,成分和处理效果较稳定。但必须有废盐、废渣、废水处理设备方可采用

（续）

类型	盐浴配方及商品名称	获得 CNO⁻ 的方法	特 点
尿素型	40%（NH_2）$_2$CO + 30%Na_2CO_3 + 20%K_2CO_3 + 10%KOH 37.5%（NH_2）$_2$CO + 37.5%KCl + 25%Na_2CO_3	通过尿素与碳酸盐反应生成氰酸盐：$2(NH_2)_2CO + Na_2CO_3$ = $2NaCNO + 2NH_3$ + $H_2O + CO_2$	原料无毒,但氰酸盐分解和氧化都生成氰化物。在使用过程中,CN^- 不断增多,成为 CN^- 含量≥10%的中氰盐。CNO^- 含量为 18% ~ 45% 时,波动较大,效果不稳定,盐浴中 CN^- 无法降低,不符合环保要求
尿素氰盐型	34%（NH_2）$_2$CO + 23%K_2CO_3 + 43%NaCN	通过氰化钠氧化及尿素与碳酸钾反应生成氰酸盐	高氰盐浴,成分稳定,但必须配套完善的清毒设施
尿素有机物型	Degussa 产品： TF-1 基盐（氮碳共渗用盐） REG-1 再生盐（调整成分,恢复活性）	用碳酸盐、尿素等合成 TF-1,其中 CNO^{-1} 含量为 40% ~ 44%；REG-1 是有机合成物,可用（$C_6N_9H_5$）$_x$ 表示其主要成分,它可将 CO_3^{2-} 转化为 CNO^-	低氰盐,使用过程中 CNO^- 分解而产生 CN^-,其含量 ≤4%,工件氮碳共渗后在氧化盐浴中冷却,可将微量 CN^- 氧化成 CO_3^{2-},实现无污染作业。强化效果稳定
	国产盐品： J-2 基盐（氮碳共渗用盐） Z-1 再生盐（调整盐浴成分,恢复活性）	J-2 含 CNO^- 37% ± 2%,Z-1 的主要成分为有机缩合物,可将 CO_3^{2-} 转为 CNO^-	低氰盐,在使用过程中 CN^- 含量 <3%。工件氮碳共渗后在 Y-1 氧化盐浴中冷却,可将微量 CN^- 转化为 CO_2^{2-},实现无污染作业。强化效果稳定

（续）

类型	盐浴配方及商品名称	获得 CNO⁻ 的方法	特　点
尿素有机物型	国产盐品 J-2U 基盐（氮碳共渗用盐） J-2A 基盐（氮碳共渗补加用盐） Z-1 再生盐（调整盐浴成分，恢复活性）	用包括 Li_2CO_3 的多种碳酸盐与尿素合成氰酸盐 J-2U 含 CNO⁻ 37.5%±2% J-2A 含 CNO⁻ 45%±2% Z-1 的主要成分为有机缩合物，可将 CO_3^{2-} 转变成 CNO⁻	低氰盐，含有 LiCNO 的基盐在使用过程中 CN⁻ 含量 <3%。工件氮碳共渗后在 Y-1 氧化盐浴中冷却，可将微量 CN⁻ 转化为 CO_3^{2-}，实现无污染作业。强化效果稳定
Tufftride 方法	基盐：TF-1，利用有机物与无机物原料配制成 MCNO 与 M_2CO_3 的混合盐 再生盐：REG-1 有机化合物	TF-1 含 CNO⁻ 44%~48% REG-1 使 CO_3^{2-} 转化为 CNO⁻	CNO⁻ 含量控制在 32%~38%；使用中产生 CN⁻，CN⁻ 含量小于 3%；共渗后在氧化浴中冷却，使 CN⁻、CNO⁻ 分解，具有环保特点，原料均无毒

注：表中百分数为质量分数。

2. 常用钢盐浴氮碳共渗层深度和表面硬度（表 4-46）。

表 4-46　常用钢盐浴氮碳共渗层深度和表面硬度

牌号	预备热处理工艺	共渗层深度		表面硬度
		化合物层深度/μm	扩散层深度/mm	
20	正火	12~18	0.30~0.45	450~500HV0.1
45	调质	10~17	0.30~0.40	500~550HV0.1
20Cr	调质	10~15	0.15~0.25	600~650HV0.1
38CrMoAl	调质	8~14	0.15~0.25	950~1100HV0.2
30Cr13	调质	8~12	0.08~0.15	900~1100HV0.2
45Cr14Ni14W2Mo	固溶	10	0.06	770HV1.0

（续）

牌号	预备热处理工艺	共渗层深度		表面硬度
		化合物层深度/μm	扩散层深度/mm	
20CrMnTi	调质	8~12	0.10~0.20	600~620HV0.05
3Cr2W8V	调质	6~10	0.10~0.15	850~1000HV0.2
W18Cr4V	淬火、回火2次	0~2	0.025~0.040	1000~1150HV0.2
T8A	退火	10~15	0.20~0.30	600~800HV0.1
CrWMn	退火	8~10	0.10~0.20	650~850HV0.1
HT250	退火	10~15	0.18~0.25	600~650HV0.1

注：45Cr14NiW2Mo 于（560±5）℃共渗 3h，W18Cr4V 于（550±5）℃共渗 20~30min，其余材料处理工艺为（565±5）℃共渗 1.5~2.0h。

4.4.3 QPQ 处理

常用材料 QPQ 处理工艺参数及效果见表 4-47。

表 4-47 常用材料 QPQ 处理工艺参数及效果

牌号	预备热处理工艺	渗氮温度/℃	渗氮时间/h	表面硬度 HV	化合物层深度/mm
Q235、20、20Cr	—	570	0.5~4	500~700	0.015~0.020
45、40Cr	不处理或调质	570	2~4	500~700	0.012~0.020
T8、T10、T12					
38CrMoAl	调质	570	3~5	900~1000	0.009~0.015
3Cr2W8V	淬火	570	2~3	900~1000	0.006~0.010
4Cr5MoSiV1	淬火	570	3~5	950~1100	0.006~0.010
5CrMnMo	淬火	570	2~3	750~900	0.009~0.015
Cr12MoV	高温淬火	520	2~3	950~1100	0.006~0.015
W6Mo5Cr4V2（刀具）	淬火	550	0.5~1	1000~1200	
W6Mo5Cr4V2（零件）		570	2~3	1200~1500	0.006~0.008
12Cr13、40Cr13	—	570	2~3	900~1000	0.006~0.010
53Cr21Mn9Ni4N	固溶	570	2~3	900~1100	0.003~0.008
HT200	—	570	2~3	500~600	总深 0.100
QT500-7	—	570	2~3	500~600	总深 0.100

4.4.4 奥氏体氮碳共渗

奥氏体氮碳共渗工艺参数见表 4-48。

表 4-48 奥氏体氮碳共渗工艺参数

设计共渗层总深度/mm	共渗温度/℃	共渗时间/h	氨分解率（%）
0.012	600 ~ 620	2 ~ 4	< 65
0.020 ~ 0.050	650	2 ~ 4	< 75
0.050 ~ 0.100	670 ~ 680	1.5 ~ 3	< 82
0.100 ~ 0.200	700	2 ~ 4	< 88

注：共渗层总深度为 ε 层深度与 M + A 深度之和。

4.4.5 离子氮碳共渗

部分材料常用离子氮碳共渗层深度及硬度见表 4-49。

表 4-49 部分材料常用离子氮碳共渗层深度及硬度

牌号	心部硬度	化合物层深度 /μm	总渗层深度 /mm	表面硬度 HV
15	≈140HBW	7.5 ~ 10.5	0.4	400 ~ 500
45	≈150HBW	10 ~ 15	0.4	600 ~ 700
60	≈30HRC	8 ~ 12	0.4	600 ~ 700
15CrMn	≈180HBW	8 ~ 11	0.4	600 ~ 700
35CrMo	220 ~ 300HBW	12 ~ 18	0.4 ~ 0.5	650 ~ 750
42CrMo	240 ~ 320HBW	12 ~ 18	0.4 ~ 0.5	700 ~ 800
40Cr	240 ~ 300HBW	10 ~ 13	0.4 ~ 0.5	600 ~ 700
3Cr2W8V	40 ~ 50HRC	6 ~ 8	0.2 ~ 0.3	1000 ~ 1200
4Cr5MoSiV1	40 ~ 51HRC	6 ~ 8	0.2 ~ 0.3	1000 ~ 1200
45Cr14Ni14W2Mo	250 ~ 270HBW	4 ~ 6	0.08 ~ 0.12	800 ~ 1200
QT600-3	240 ~ 350HBW	5 ~ 10	0.1 ~ 0.2	550 ~ 800HV0.1
HT250	≈200HBW	10 ~ 15	0.1 ~ 0.15	500 ~ 700HV0.1

4.4.6 电解气相氮碳共渗

电解气相氮碳共渗工艺见表 4-50。

表 4-50 电解气相氮碳共渗工艺

牌号	工艺参数			共渗层深度/mm	表面硬度 HV	脆性级别
	阶段	温度/℃	时间/h	氨分解率(%)			
38CrMoAl		560	12	45 ~ 50	0.38	1003 ~ 1018	I
	I	530	6	25 ~ 30	0.38	1097	II
	II	580	6	45 ~ 55			

（续）

牌号	工艺参数				共渗层深度/mm	表面硬度 HV	脆性级别
	阶段	温度/℃	时间/h	氨分解率(%)			
25Cr2MoV		560	12	45~50	0.35	723~743	Ⅰ
	Ⅰ	530	6	25~30	0.45	689	Ⅰ
	Ⅱ	580	6	45~55			
35CrMo		560	12	45~50	0.32	649~673	Ⅰ~Ⅱ
42CrMo	Ⅰ	540	5	15	0.5~0.6	550~580	Ⅰ~Ⅱ
	Ⅱ	580	7	35			
40Cr	Ⅰ	525	4	24	0.45	620~650	Ⅰ
	Ⅱ	560	6	42			
18CrMnTi	Ⅰ	540	15	30	0.8~0.9 (加560℃ ×3h 退氮)	655	Ⅰ
	Ⅱ	560	20	50			

4.5 渗硫

1. 液体渗硫工艺（表4-51）

表4-51 液体渗硫工艺

渗剂组成(质量分数)	渗硫温度/℃	保温时间/min	渗硫层深度
100%$(NH_2)_2CS$	90~180	45~60	数微米
50%$(NH_2)_2CS$+50%$(NH_2)_2CO$	140~180		
75%KSCN+25%$Na_2S_2O_3$	180~200		
SUL135 低温液体渗硫剂	120~150	60~120	5~20

2. 低温熔盐电解渗硫工艺（表4-52）

表4-52　低温熔盐电解渗硫工艺

熔盐成分（质量分数）	温度/℃	时间/min	电流密度/（A/dm²）
75% KSCN + 25% NaSCN	180~200	10~20	1.5~3.5
75% KSCN + 25% NaSCN，另加0.1% $K_4Fe(CN)_6$，0.9% $K_3Fe(CN)_6$	180~200	10~20	1.5~2.5
73% KSCN + 24% NaSCN + 2% $K_4Fe(CN)_6$ + 0.7% KCN + 0.3% NaCN；通氮气，流量为59m³/h	180~200	10~20	2.5~4.5
60%~80% KSCN + 20%~40% NaSCN + 1%~4% $K_4Fe(CN)_6$ + S_x添加剂	180~200	10~20	2.5~4.5
30%~70% NH_4SCN + 70%~30% KSCN	180~200	10~20	2.5~4.5

3. 气体渗硫

气体渗硫适用于高速钢刀具。刀具先经正常淬火 + 回火处理，然后进行表面活化处理。

（1）活化处理　活化剂的配方为：硫酸，100~300mL/L；硫脲，5~10g/L；海鸥牌洗涤剂，10~30mL/L。

（2）渗硫剂　渗硫剂为 H_2S 气体。

（3）渗硫工艺　渗硫温度为280~300℃，保温时间为2h。

4. 离子渗硫工艺（表4-53）

表4-53　离子渗硫工艺

渗剂成分（体积分数）	工艺参数			渗硫层深度/mm	组织
	温度/℃	时间/h	炉压/Pa		
3% H_2S，载气为 H_2、Ar	560	2	6.65	0.050	Fe_2S、FeS
$H_2S + H_2 + Ar$	500~560	1~2		0.025~0.050	FeS

4.6　硫氮共渗

硫氮共渗工艺见表4-54。

表 4-54　硫氮共渗工艺

方法	渗剂成分（质量分数）	材料	工艺参数		共渗层	
			温度/℃	时间/h	深度/mm	硬度　HV
气体法	$NH_3 : H_2S = (9 \sim 12) : 1$（体积比）氨分解率为15%	W18Cr4V	530 ~ 560	1 ~ 1.5	0.02 ~ 0.04	950 ~ 1050
盐浴法	50% $CaCl_2$ + 30% $BaCl_2$ + 20% NaCl，另加 8% ~ 10% FeS，再以 1 ~ 3L/min 的流量导入氨气		520 ~ 600	0.25 ~ 2		

4.7　硫氮碳共渗

4.7.1　盐浴硫氮碳共渗

1. 不同种类工件盐浴硫氮碳共渗温度（表 4-55）

表 4-55　不同种类工件盐浴硫氮碳共渗工艺（JB/T 9198—2008）

工件类别	共渗工艺		推荐的盐浴成分（质量分数）	
	温度/℃	时间/ min	CNO^-（%）	S^{2-}（10^{-4}%）
要求以耐磨为主的工件	520	60 ~ 120	32 ± 2	≤10
铸铁工件	565 ± 10	120 ~ 180	34 ± 2	≤20
高速钢刃具	520 ~ 560	5 ~ 30	32 ± 2	≤20
不锈钢及要求较高耐磨、抗咬性能的工件	570 ± 10	90 ~ 180	37 ± 2	20 ~ 40

2. 盐浴硫氮碳共渗工艺 (表 4-56)

表 4-56　盐浴硫氮碳共渗工艺

渗剂组成 (质量分数)	工艺参数		备注
	温度/℃	时间/h	
66% NaCN + 22% KCN + 4% Na_2S + 4% K_2S + 4% Na_2SO_4	540 ~ 560	0.1 ~ 1	有剧毒,极少采用
95% NaCN + 5% $Na_2S_2O_3$	560 ~ 580		
57% $(NH_2)_2CO$ + 38% K_2CO_3 + 5% $Na_2S_2O_3$	500 ~ 590	0.5 ~ 3	原料无毒,工作中产生大量氰盐,有较大毒性
工作盐浴 (基盐) 由钾、钠、锂的氰酸盐与碳酸盐及少量的硫化钾组成,用再生盐调节共渗盐浴成分	500 ~ 590 (常用550 ~ 580)	0.2 ~ 3	无污染,应用较广

3. 几种常用材料盐浴硫氮碳共渗工艺及效果 (表 4-57)

表 4-57　几种常用材料盐浴硫氮碳共渗工艺及效果（JB/T 9198—2008）

牌号	预备热处理	硫氮碳共渗工艺		共渗后的冷却方式	硫氮碳共渗层深度①/μm			硫氮碳共渗层硬度②			
		温度/℃	时间/min		化合物层	弥散相析出层	共渗层总深度	HV0.05max	HV1min	HV5min	HV10min
45	调质	565±10	120~180	空冷、水冷或氧化盐分级冷却	18~25	300~420	650~900	620	360	320	290
35CrMoV	调质	550±10	90~120		12~16	170~240	300~430	850	640	590	550
QT600-3	正火	565±10	90~150		8~13	70~120		820	410	340	300
W18Cr4V	淬火、回火	550±10	15~30	空冷或氧化盐分级冷却	0~3	20~45		1120	950	890	850
3Cr2W8V	淬火、回火	570±10	90~180		8~15	40~70		1050	820	740	700
1Cr18Ni9Ti③	固溶处理	570±10	120~180		10~15	40~80		1070	720	610	560

① 共渗层深度在空冷并经 3% HNO_3-C_2H_5OH 腐蚀后测量。

② 共渗层硬度指深度为上限时的最高显微硬度（HV0.05max）与最低表面硬度（HV10min 或 HV5min、HV1min）。

③ 该牌号在 GB/T 20878—2007 中已取消。

4.7.2 其他硫氮碳共渗工艺（表 4-58）

表 4-58 其他硫氮碳共渗工艺

方法	渗剂组成（质量分数）	工艺参数		备注
		温度/℃	时间/h	
气体法	5% NH_3 + 0.02 ~ 2% H_2S + 丙烷与空气制得的载气（余量）	500 ~ 650	1 ~ 4	必要时加大碳当量小的煤油或苯的滴入量，以提高碳势
膏剂法	37% $ZnSO_4$ + 19% K_2SO_4（或 Na_2SO_4）+ 37% $Na_2S_2O_3$ + 7% KSCN，另加 14% H_2O	550 ~ 570	2 ~ 4	适用于单件、小批生产的大工件的局部表面强化
粉末法	35% ~ 60% FeS + 10% ~ 20% $K_4Fe(CN)_6$ + 石墨粉（余量）	550 ~ 650	4 ~ 8	效率低，有粉尘污染
离子法	CS_2 + NH_3	500 ~ 650	1 ~ 4	可用含 S 的有机溶液代替 CS_2

4.8 渗硼

4.8.1 固体渗硼

1. 粉末渗硼工艺（表 4-59）

表 4-59 粉末渗硼工艺

渗剂成分（质量分数）	牌号	工艺参数		渗硼层	
		温度/℃	时间/h	深度/mm	组织
72% B-Fe + 6% KBF$_4$ + 2% (NH$_4$)$_2$CO$_3$ + 20% 木炭	45	850	5	0.12	FeB + Fe$_2$B
5% B-Fe + 7% KBF$_4$ + 78% SiC + 2% 活性炭 + 8% 木炭	45	900	5	0.09	Fe$_2$B
1% B$_4$C + 7% KBF$_4$ + 82% SiC + 2% 活性炭 + 8% 木炭	45	900	5	0.094	Fe$_2$B
10% ~ 25% Na$_2$B$_4$O$_7$ + 5% ~ 15% Si + 3% ~ 10% KBF$_4$ + 20% ~ 60% C + 少量 (CH$_4$)$_2$CS	40Cr	900	4	0.124	Fe$_2$B
	GCr15	900	4	0.082	Fe$_2$B
57% ~ 58% B-Fe + 40% Al$_2$O$_3$ + 3% ~ 2% NH$_4$Cl	45	950 ~ 1100	3 ~ 5	0.1 ~ 0.3	FeB + Fe$_2$B
5% B$_4$C + 5% KBF$_4$ + 90% SiC	45	700 ~ 900	3	0.02 ~ 0.1	FeB + Fe$_2$B
80% B$_4$C + 20% Na$_2$CO$_3$	45	900 ~ 1100	3	0.09 ~ 0.32	FeB + Fe$_2$B
95% B$_4$C + 2.5% Al$_2$O$_3$ + 2.5% NH$_4$Cl	45	950	5	0.6	FeB + Fe$_2$B

2. 膏剂渗硼工艺（表 4-60 和表 4-61）

表4-60 膏剂渗硼工艺 (1)

膏剂成分（质量分数）渗硼剂	黏结剂	牌号	加热方式	工艺参数		渗硼层	
				温度/℃	时间/h	深度/mm	组织
硼铁 + KBF₄ + 硫脲	明胶	3Cr2 W8V	辉光放电	600 650 700	4 4 2	≈0.040 ≈0.060 ≈0.065	FeB + Fe₂B
50% B₄C + 50% Na₃AlF₆	水解硅酸乙酯		高频加热	1150	2～3min	0.10	FeB + Fe₂B
25% ~35% H₃BO₃ +40% ~50% 稀土合金 +8% ~15% Al₂O₃ +10% ~15% 活化剂	呋喃树脂	45	空气中自保护加热	920	6	0.20	少量 FeB + Fe₂B
B₄C + Na₃AlF₆ + CaF₂ + 添加剂	羧胶液	45	装箱密封	960 ~980	8 ~10	0.3 ~0.4	Fe₂B 或 FeB + Fe₂B
40% B₄C + 40% 高岭土 + 20% Na₃AlF₆	乳胶			800 ~1000	4 ~6	0.04 ~0.15	FeB + Fe₂B
50% B₄C + 35% NaF + 15% Na₂SiF₆	桃胶液			900 ~960	4 ~6	0.06 ~0.12	FeB + Fe₂B
50% B₄C + 25% CaF₂ + 25% Na₂SiF₆	胶水			900 ~950	4 ~6	0.08 ~0.10	FeB + Fe₂B
3% Na₂CO₃ + 7% Si + 30% Na₂B₄O₇ + 60% 石墨				900 ~960	4 ~6	0.06 ~0.1	Fe₂B
20% FeB20 + 20% Na₂B₄O₇ + 15% KBF₄ + 45% SiC				850 ~950	4 ~6	0.06 ~0.12	FeB + Fe₂B

表 4-61　膏剂渗硼工艺（2）

膏剂成分（质量分数）	牌号	工艺参数		渗硼层深度/mm	表面硬度　HV0.1
		温度/℃	时间/h		
50% B_4C + 35% CaF_2 + 15% Na_2SiF_6 + 桃胶液	35CrMo	920 ~ 940	4	0.077	1482
	20Cr13			0.070	1730
	45			0.108	1331
	20			0.162	1482

4.8.2　液体渗硼

液体渗硼工艺见表 4-62。

表 4-62　液体渗硼工艺

盐浴成分（质量分数）	牌号	工艺参数		渗硼层		备注
		温度/℃	时间/h	深度/mm	组织	
70% ~ 80% $Na_4B_4O_7$ + 20% ~ 30% SiC	45	900 ~ 950	5	0.07 ~ 0.1	Fe_2B	工件粘盐较多
80% $Na_2B_4O_7$ + 13% SiC + 3.5% Na_2CO_3 + 3.5% KCl	20	950	3	0.12	Fe_2B	
90% $Na_2B_4O_7$ + 10% Al	45	950	5	0.185	FeB + Fe_2B	盐浴流动性相对较好
80% $Na_2B_4O_7$ + 10% Al + 10% NaF	45	950	5	0.231	FeB + Fe_2B	
70% $Na_2B_4O_7$ + 20% SiC + 10% NaF	45	950	5	0.115	Fe_2B	残盐较易清洗
90% $Na_2B_4O_7$ + 10% Si-Ca	20	950	5	0.07 ~ 0.2	FeB + Fe_2B	残盐清洗较难
80% NaCl + 15% $NaBF_4$ + 5% B_4C		950	5	0.2		盐浴流动性好

4.8.3　电解渗硼

电解渗硼工艺见表 4-63。

表4-63　电解渗硼工艺

盐浴成分(质量分数)	工艺参数			渗硼层	
	电流密度 /(A/cm²)	温度 /℃	时间 /h	深度/mm	组织
100% $Na_2B_4O_7$	0.1~0.3	800~1000	2~6	0.06~0.45	FeB + Fe_2B
80% $Na_2B_4O_7$ +20%NaCl	0.1~0.2	800~950	2~4	0.05~0.30	FeB + Fe_2B
40%~60% $Na_2B_4O_7$ + 40%~60% B_2O_5	0.2~0.25	900~950	2~4	0.15~0.35	FeB + Fe_2B
90% $Na_2B_4O_7$ +10%NaOH	0.1~0.3	600~800	4~6	0.025~0.10	FeB + Fe_2B

4.9　渗硅

渗硅工艺见表4-64。

表4-64　渗硅工艺

方法	渗剂组成(质量分数)	工艺参数		渗硅层 深度/mm	备注
		温度/℃	时间/h		
粉末法	75%~80% 硅铁 + 20%~25% Al_2O_3	1050~1200	6~10	0.09~0.90	
	80% 硅铁 + 8% Al_2O_3 + 12% NH_4Cl	1100~1200	10	0.5~1.0	为减摩多孔渗硅层
	19.5%~20.3% 硅 + 61.0%~61.7% Fe_2O_3 + 3.4%~4.2% NH_4Cl + Al_2O_3(余量)	1100~1200	10	0.5~1.0	为消除孔隙渗硅层
熔盐法	80%~85%(50% $BaCl_2$ + 50% NaCl) + 15%~20% 硅铁	1000	2	0.35 (10 钢)	
	65%(2/3Na_2SiO_3 + 1/3NaCl) + 35% SiC	950~1050	2~6	0.05~0.44(工业纯铁)	

（续）

方法	渗剂组成（质量分数）	工艺参数		渗硅层深度/mm	备注
		温度/℃	时间/h		
熔盐电解法	100% Na_2SiO_3	1050 ~ 1070	1.5 ~ 2		电流密度为0.20 ~ 0.35A/cm^2，可获得无隙渗硅层
	75% Na_2SiO_3 + 25% NaCl	950	1.5 ~ 3		
气体法	硅铁（或 SiC）+ HCl（或 NH_4Cl），也可外加稀释气	950 ~ 1050			
	$SiCl_4$ + H_2（或 N_2，Ar）	950 ~ 1050			
	SiH_4 + H_2（或 NH_3，Ar）	950 ~ 1050			

4.10　硼硅共渗

硼硅共渗工艺见表4-65。

表4-65　硼硅共渗工艺

渗剂组成（质量分数,%）				工艺参数		共渗层组织
B_4C	$Na_2B_4O_7$	Si	NH_4Cl	温度/℃	时间/h	
80	15	3.75	0.25	1000	6	FeB、Fe_2B
75.5	13.5	9.5	0.5	1000	6	FeB、Fe_2B、FeSi
67	13	19	1	1000	6	Fe_2B、FeSi
63	12	23.5	1.5	1000	6	FeSi、Fe_2B

4.11　渗金属

4.11.1　渗铬

1. 固体渗铬工艺（表4-66）

表4-66 固体渗铬工艺

渗剂组成（质量分数）	材料	工艺参数		渗铬层深度/mm
		温度/℃	时间/h	
50%铬粉+48%～49%Al₂O₃+ 1%～2%NH₄Cl	低碳钢	980～1100	6～10	0.05～0.15
	高碳钢	980～1100	6～10	0.02～0.04
60% Cr-Fe + 0.2% NH₄Cl + 39.8%陶土	碳钢	850～1100	15	0.04～0.06
48%～50% Cr-Fe+48%～ 50%Al₂O₃+2%NH₄Cl	铬钨钢	1100	14～20	0.015～0.020

2. 气体渗铬工艺（表4-67）

表4-67 气体渗铬工艺

渗剂组成	材料	工艺参数		渗铬层深度/mm	备注
		温度/℃	时间/h		
Cr块（经活化处理）+NH₄Cl，通H₂	35CrMo	1050	6～8	0.020～0.030	断续加入NH₄Cl，通H₂
	纯铁	1050	6～8	0.200	
Cr-Fe + 陶瓷碎片，通HCl		1050			Cr-Fe[w(Cr)=65%,w(C)=0.1%]
α合金（活性Cr源）+氟化物，通卤化氢、H₂		900～1000	5～12	0.254～0.380	Alphatized法
CrCl₂ + N₂（或 N₂ + H₂）	42CrMo	1000	4	0.040	日本法

3. 硼砂熔盐渗铬工艺（表4-68）

表4-68 硼砂熔盐渗铬工艺

盐浴组成（质量分数）	工艺参数		渗铬层深度/mm	备注
	温度/℃	时间/h		
10%～12% Cr₂O₃粉+3%～5%Al粉+85%～95%Na₂B₄O₇	950～1050	4～6	0.015～0.020	盐浴流动性较好

（续）

盐浴组成（质量分数）	工艺参数		渗铬层深度/mm	备注
	温度/℃	时间/h		
5% ~ 15% Cr 粉 + 85% ~ 95% Na$_2$B$_4$O$_7$	1000	6	0.014 ~ 0.018	盐浴成分有重力偏析
90% Ca 粉 + 10% Cr 粉	1100	1	0.050	用氩气或浴面覆盖保护剂
10% Cr$_2$O$_3$粉 + 85% Na$_2$B$_4$O$_7$ + 5% Al 粉	1000	4	0.015	材料为45钢
	950	6	0.020	
	900	4	0.012	

4. 真空渗铬工艺（表4-69）

表4-69　真空渗铬工艺

渗剂组成（质量分数）	材料	工艺参数			渗铬层深度/mm
		真空度/Pa	温度/℃	时间/h	
25% Cr-Fe 粉 + 75% Al$_2$O$_3$ 粉	50	0.133	1150	12	0.04
	40Cr				0.04
	20Cr13				0.3 ~ 0.4
Cr 块	T12	0.133 ~ 1.333	950 ~ 1050	1 ~ 6	0.03
30% Cr + 70% Al$_2$O$_3$，外加 5% HCl		13.33	1000 ~ 1100	7 ~ 8	
CrCl$_2$		2666.4	1100	5	

4.11.2　渗铝

1. 固体渗铝

1）粉末包埋渗铝工艺见表4-70。

表 4-70 粉末包埋渗铝工艺

渗剂组成（质量分数）	工艺参数		渗铝层厚度/mm
	温度/℃	时间/h	
99% Al-Fe 粉 +1% NH₄Cl	900 ~ 1050	5 ~ 8	0.60 ~ 0.70
39% ~ 80% Al-Fe 粉 + 0.5% ~ 2% NH₄Cl + 余量 Al₂O₃	850 ~ 1050	6 ~ 12	0.25 ~ 0.6
35% Al-Fe 粉 +1% NH₄Cl + 0.5% KF, HF + 余量 Al₂O₃	960 ~ 980	6	0.4
15% Al 粉 + 0.5% NH₄Cl + 0.5% KF, HF + 其余 Al₂O₃	950	6	0.4
49% 铝粉 +49% Al₂O₃ +2% NH₄Cl	950 ~ 1050	3 ~ 12	0.3 ~ 0.5
99.5% 铝铜铁合金粉 + 0.5% NH₄Cl	975	4	0.2
40% ~ 60% 铝粉 +40% ~ 60% 氧化铝或细耐火黏土 +1.5% ~ 3% NH₄Cl	950 ~ 1050	5 ~ 14	0.3 ~ 1.0

2）膏剂感应渗铝工艺见表 4-71。

表 4-71 膏剂感应渗铝工艺

渗剂组成（质量分数）	涂层厚度/mm	烘干工艺		中频感应加热升温速度/(℃/s)	渗铝工艺		渗铝层深度/mm
		温度/℃	时间/h		温度/℃	时间/h	
30% ~ 60% 铝粉 + 38% ~ 69% 稀释剂 + 1% ~ 2% 催渗剂	0.4 ~ 1	100 ~ 120	>2	30 ~ 50	950 ~ 1050	1 ~ 5	≥0.08

注：碳素钢的渗铝温度宜取下限，合金钢、铸铁件宜取上限。

2. 热浸镀铝

热浸镀铝工艺见表 4-72。

表4-72　热浸镀铝工艺（GB/T 18592—2001）

覆层材料	铝液组成（质量分数,%）	铝液温度/℃	热浸镀铝时间/min		
			工件壁厚/mm	浸渍型	扩散型
铝	Si ≤ 2.0，Zn ≤ 0.05，Fe ≤ 2.5，杂质总量 ≤ 0.30，Al为余量	700～780	1.0～1.5	0.5～1	2～4
			1.5～2.5	1～2	4～6
铝-硅	Si为4.0～10.0，Zn ≤ 0.05，Fe ≤ 4.5，杂质总量 ≤ 0.30，Al为余量	670～740	2.5～4.0	2～3	6～8
			4.0～6.0	3～4	8～10
			>6.0	4～5	10～12
备注	一般每使用8h后应取样进行分析和调整	碳素钢件取下限，合金钢、铸铁件取上限	数据为碳素钢、低合金钢件推荐的热浸镀铝时间，相同壁厚的中高合金钢、铸铁件的热浸镀铝时间应增加20%～30%		

扩散处理温度为850～930℃，保温时间为3～5h。以层厚要求为主时，可取扩散保温温度与时间的上限；若以基体金属强度要求为主时，可取扩散保温温度与时间的下限。

扩散处理后的冷却方式，应根据所要求的基体金属的力学性能选定炉冷或空冷。

4.11.3　铝铬共渗

粉末法铝铬共渗工艺见表4-73。

表4-73　粉末法铝铬共渗工艺

渗剂组成（质量分数）	材料	工艺参数		共渗层深度/mm	渗层元素含量（质量分数,%）	
		温度/℃	时间/h		Cr	Al
75% AlFe粉 + 25% CrFe粉，另加1.5% NH₄Cl	10钢	1025	10	0.53	6	37

（续）

渗剂组成（质量分数）	材料	工艺参数		共渗层深度/mm	渗层元素含量（质量分数,%）	
		温度/℃	时间/h		Cr	Al
50% AlFe 粉 + 50% CrFe 粉，另加 1.5% NH₄Cl	10 钢	1025	10	0.37	10	22
20% AlFe 粉 + 80% CrFe 粉，另加 1.5% NH₄Cl	10 钢	1025	10	0.23	42	3

4.11.4 渗锌

1. 粉末渗锌

粉末渗锌工艺见表4-74。

表4-74 粉末渗锌工艺

渗剂成分（质量分数）	工艺参数		渗锌层深度/μm	备 注
	温度/℃	时间/h		
97% ~ 100% Zn（工业锌粉）+0 ~ 3% NH₄Cl	390 ± 10	2 ~ 6	20 ~ 80	在静止的渗箱中渗锌，速率仅为可倾斜、滚动的回转炉中的1/3 ~ 1/2；渗锌可在 340 ~ 440℃ 进行
50% Zn + 30% Al₂O₃ + 20% ZnO	440	3	10 ~ 20	
50% ~ 75% 锌粉 + 25% ~ 50% 氧化铝（氧化锌），另加 0.05% ~ 1% NH₄Cl	340 ~ 440	1.5 ~ 8	12 ~ 100	温度低于360℃时，色泽银白、表面光亮；高于420℃时，呈灰色，且表面较粗糙

（续）

渗剂成分 （质量分数）	工艺参数		渗锌层深度 /μm	备　　注
	温度 /℃	时间 /h		
50% Zn 粉 + 30% Al_2O_3 + 20% ZnO	380 ~ 440	2 ~ 6	20 ~ 70	
100% 锌 粉，另 加 0.05% NH_4Cl	390	2	10 ~ 20	

2. 热浸镀锌

热浸镀锌工艺见表 4-75。

表 4-75　热浸镀锌工艺

镀　　液	材　　　料	工 艺 参 数		热浸镀锌层 深度/mm
		温度/℃	时间	
熔融的锌或 锌合金溶液	结构钢	440 ~ 460	数分钟	0.02 ~ 0.03
	铸铁	540 ~ 560	数分钟	

4.11.5　渗钛

渗钛工艺见表 4-76。

表 4-76　渗钛工艺

方法	渗剂组成（质量分数）	工艺参数		渗钛层深度 /mm	渗层组织
		温度/℃	时间/h		
粉末法	50% TiO_2 + 29% Al_2O_3 + 18% Al + 2.5% $(NH_4)_2SO_4$ + 0.5% NH_4Cl	1000	4	0.02（T8 钢）	工 业 纯 铁 和 08 钢：TiFe + 含钛 α 固 溶体 中高碳 钢：TiC
	75% 钛铁 + 15% CaF_2 + 4% NaF + 6% HCl	1000 ~ 1200	≤10		

（续）

方法	渗剂组成（质量分数）	工艺参数		渗钛层深度 /mm	渗层组织
		温度/℃	时间/h		
熔盐电解法	16% K_2TiF_6 + 84% NaCl，添加海绵钛，石墨作阳极，电压为 3 ~ 6V，电流密度为 0.95A/cm^2；盐浴面上用 Ar 保护	850 ~ 900			工业纯铁和 08 钢：TiFe + 含钛 α 固溶体
气体法	将海绵钛与工件置于真空炉内，彼此不接触，真空度为 $(0.5 ~ 1) × 10^{-2}$ Pa	1050	16	0.34(08 钢) 0.08(45 钢)	中高碳钢：TiC

4.11.6　渗钒

常用渗钒工艺见表 4-77。

表 4-77　常用渗钒工艺

方法	渗剂组成（质量分数）	温度/℃	时间/h	渗钒层深度/mm
粉末法	50% 钒铁粉 + 33% Al_2O_3 + 6% NH_4Cl + 1% Al + 10% KBF_6	960	6	0.010 ~ 0.015
	50% 钒 + 48% Al_2O_3 + 2% NH_4Cl	900 ~ 1150	3 ~ 9	0.010
	49% 钒 + 49% TiO_2 + 2% NH_4Cl	900 ~ 1150	3 ~ 9	0.010
	60% 钒铁 + 37% 高岭土 + 3% NH_4Cl	1000 ~ 1100		
气体法	V（或钒铁）、HCl 或 VCl、H_2	1000 ~ 1200		

注：渗钒层深度为 06Cr18Ni11Ti 钢经 1050℃ ×3h 处理后的结果。

4.11.7　渗锰、渗铌

渗锰、渗铌工艺见表 4-78。

表 4-78　渗锰、渗铌工艺

种类	方法	渗剂组成（质量分数）	温度/℃	渗层组织	
				低碳钢	中高碳钢
渗锰	粉末法	50% Mn（或锰铁）+ 49% Al_2O_3 + 1% NH_4Cl	950 ~ 1150	α 固溶体	（MnFe）$_3$C 或 （Mn、Fe）$_3$C + α
	气体法	Mn（或锰铁），H_2，HCl	800 ~ 1100		
渗铌	粉末法	50% Nb + 49% Al_2O_3 + 1% NH_4Cl	950 ~ 1200	α 固溶体	NbC 或 Nb + α 固溶体
	气体法	铌铁，H_2，HCl	1000 ~ 1200		
		$NbCl_5$，H_2（或 Ar）	1000 ~ 1200		

4.12　硼铝共渗

硼铝共渗工艺见表 4-79。

表 4-79　硼铝共渗工艺

工艺方法	渗剂组成（质量分数）	工艺参数		共渗层深度/mm		
		温度/℃	时间/h	纯铁	45 钢	T8
粉末法	70% Al_2O_3 + 16% B_2O_3 + 13.5% Al + 0.5% NaF[①]	950	4	0.175	0.140	0.125
	70% Al_2O_3 + 13.5% B_2O_3 + 16% Al + 0.5% NaF[②]	1000	4	0.280	0.230	0.200
熔盐电解法	19.9% $Na_2B_4O_7$ + 20.1% Al_2O_3 + 60% $Na_2O·K_2O$[③]	950	4	0.130		
熔盐法	硼砂 + 铝铁粉 + 氟化铝 + 碳化硼 + 中性盐	840 ~ 870	3 ~ 4	0.070 ~ 0.130		

（续）

工艺方法	渗剂组成（质量分数）	工艺参数		共渗层深度/mm		
		温度/℃	时间/h	纯铁	45 钢	T8
膏剂法	8% Al + 72% B_4C + 20% Na_3AlF$_6$ + 黏结剂	850	6	0.050		

① 以提高耐磨性为主。

② 以提高耐热性为主。

③ 电流密度为 0.3A/cm²。

第 5 章 铸钢的热处理

5.1 铸钢的热处理工艺参数

1. 一般工程用铸钢件的热处理工艺参数（表 5-1）

表 5-1 一般工程用铸钢件的热处理工艺参数

牌　号	正火或退火温度 /℃	回火温度 /℃	备　注
ZG200-400	910～930	—	有特殊要求时可在 600～620℃回火
ZG230-450	880～900	—	
ZG270-500	860～880	600～620	小件不回火
ZG310-570	840～860	600～620	
ZG340-640	830～850		

2. 低合金钢铸件的热处理工艺参数（表 5-2）

表 5-2 低合金钢铸件的热处理工艺参数

牌　号	正火或退火		淬　火		回　火	
	温度/℃	冷却	温度/℃	冷却	温度/℃	冷却
ZG35Mn	—	—	850～860		560～600	
ZG40Mn	850～860	空冷	—	—	400～450	炉冷
ZG40Mn2	870～890	炉冷	830～850	油冷	350～450	空冷
ZG35CrMnSi	880～900	空冷	—	—	400～450	炉冷
ZG40Cr1	830～860	空冷	830～860	油冷	520～680	空冷
ZG35Cr1Mo	880～900	空冷	—	—	400～450	炉冷

3. 铸钢完全退火工艺规范（表 5-3）

表5-3　铸钢完全退火工艺规范

牌　号	截面尺寸 /mm	装炉温度 /°C	650~700°C		700°C~退火温度		冷却速度 /(°C/h)	出炉温度 /°C
			升温速度 /(°C/h)	保温时间 /h	升温速度 /(°C/h)	保温时间 /h		
ZG200-400 ZG230-450 ZG270-500	≤200	≤650			120	1~2	≥120	450
	201~500	400~500	70	2	100	2~5		400
	501~800	300~350	60	3	80	5~8		350
	801~1200	260~300	40	4	60	8~12		300
	1201~1500	≤200	30	5	50	12~15		250
ZG310-570 ZG35Cr1Mo ZG35SiMnMo ZG35CrMnSi	≤200	400~500	80	2	100	1~2	≥80	350
	201~500	250~350	60	3	80	2~5		350
	501~800	200~300	50	4	60	5~8		300
ZG55CrMnMo	≤500	250~300	40	2~4	70	2~5		200
	501~1000	≤200	30	5~8	50	5~10		200

5.2　承压钢铸件的热处理工艺参数

承压钢铸件的热处理工艺参数见表 5-4。

表 5-4　承压钢铸件的热处理工艺参数（GB/T 16253—2019）

序号	牌　　号	热处理方式[①]	热处理温度[②]	
			正火温度或淬火温度或固溶温度/℃	回火温度/℃
1	ZGR240-420[③]	+ N[④]	900 ~ 980	
		+ QT	900 ~ 980	600 ~ 700
2	ZGR280-480[③]	+ N[④]	900 ~ 980	
		+ QT	900 ~ 980	600 ~ 700
3	ZG18	+ QT	890 ~ 980	600 ~ 700
4	ZG20[③]	+ N[④]	900 ~ 980	
		+ QT	900 ~ 980	610 ~ 660
5	ZG18Mo	+ QT	900 ~ 980	600 ~ 700
6	ZG19Mo	+ QT	920 ~ 980	650 ~ 730
7	ZG18CrMo	+ QT	920 ~ 960	680 ~ 730
8	ZG17Cr2Mo	+ QT	930 ~ 970	680 ~ 740
9	ZG13MoCrV	+ QT	950 ~ 1000	680 ~ 720
10	ZG18CrMoV	+ QT	920 ~ 960	680 ~ 740
11	ZG26CrNiMo[③]	+ QT1	960 ~ 970	600 ~ 700
		+ QT2	870 ~ 960	600 ~ 680
12	ZG26Ni2CrMo[③]	+ QT1	850 ~ 920	600 ~ 650
		+ QT2	850 ~ 920	600 ~ 650
13	ZG17Ni3Cr2Mo	+ QT	890 ~ 930	600 ~ 640
14	ZG012Ni3	+ QT	830 ~ 890	600 ~ 650
15	ZG012Ni4	+ QT	820 ~ 900	590 ~ 640
16	ZG16Cr5Mo	+ QT	930 ~ 990	680 ~ 730
17	ZG10Cr9MoV	+ NT	1040 ~ 1080	730 ~ 800
18	ZG16Cr9Mo	+ QT	960 ~ 1020	680 ~ 730

（续）

序号	牌　号	热处理方式[①]	热处理温度[②]	
			正火温度或淬火温度或固溶温度/℃	回火温度/℃
19	ZG12Cr9Mo2CoNiVNbNB[⑤]	+ QT	1040 ~ 1130	700 ~ 750 + 700 ~ 750
20	ZG010Cr12Ni[③]	+ QT1	1000 ~ 1060	680 ~ 730
		+ QT2	1000 ~ 1060	600 ~ 680
21	ZG23Cr12MoV	+ QT	1030 ~ 1080	700 ~ 750
22	ZG05Cr13Ni4[⑤]	+ QT	1000 ~ 1050	670 ~ 690 + 590 ~ 620
23	ZG06Cr13Ni4	+ QT	1000 ~ 1050	590 ~ 620
24	ZG06Cr16Ni5Mo	+ QT	1020 ~ 1070	580 ~ 630
25	ZG03Cr19Ni11N	+ AT	1050 ~ 1150	—
26	ZG07Cr19Ni10	+ AT	1050 ~ 1150	—
27	ZG07Cr19Ni11Nb[⑥]	+ AT	1050 ~ 1150	—
28	ZG03Cr19Ni11Mo2N	+ AT	1080 ~ 1150	—
29	ZG07Cr19Ni11Mo2	+ AT	1080 ~ 1150	—
30	ZG07Cr19Ni11Mo2Nb[⑥]	+ AT	1080 ~ 1150	—
31	ZG03Cr22Ni5Mo3N[⑦]	+ AT	1120 ~ 1150	—
32	ZG03Cr26Ni6Mo3Cu3N[⑦]	+ AT	1120 ~ 1150	—
33	ZG03Cr26Ni7Mo4N[⑦]	+ AT	1140 ~ 1180	—
34	ZG03Ni28Cr21Mo2	+ AT	1100 ~ 1180	—

① 热处理方式为强制性，热处理方式代号的含义： + N 表示正火； + QT 表示淬火加回火； + AT 表示固溶处理。

② 热处理温度仅供参考。

③ 应根据拉伸性能要求在钢牌号中增加热处理方式的代号。

④ 允许回火处理。

⑤ 铸件应进行二次回火，且第二次回火温度不得高于第一次回火。

⑥ 为提高材料的耐蚀性，ZG07Cr19Ni11Nb 可在 600 ~ 650℃ 下进行稳定化处理，而 ZG07Cr19Ni11Mo2Nb 可在 550 ~ 600℃ 下进行稳定化处理。

⑦ 铸件固溶处理时可降温至 1010 ~ 1040℃ 后再进行快速冷却。

5.3　通用耐蚀钢铸件的热处理工艺参数

通用耐蚀钢铸件的热处理工艺参数见表 5-5。

表 5-5　通用耐蚀钢铸件的热处理工艺参数（GB/T 2100—2017）

序号	牌　　号	热处理工艺
1	ZG15Cr13	加热到 950 ~ 1050℃，保温，空冷；并在 650 ~ 750℃，回火，空冷
2	ZG20Cr13	加热到 950 ~ 1050℃，保温，空冷或油冷；并在 680 ~ 740℃，回火，空冷
3	ZG10Cr13Ni2Mo	加热到 1000 ~ 1050℃，保温，空冷；并在 620 ~ 720℃，回火，空冷或炉冷
4	ZG06Cr13Ni4Mo	加热到 1000 ~ 1050℃，保温，空冷；并在 570 ~ 620℃，回火，空冷或炉冷
5	ZG06Cr13Ni4	加热到 1000 ~ 1050℃，保温，空冷；并在 570 ~ 620℃，回火，空冷或炉冷
6	ZG06Cr16Ni5Mo	加热到 1020 ~ 1070℃，保温，空冷；并在 580 ~ 630℃，回火，空冷或炉冷
7	ZG10Cr12Ni1	加热到 1020 ~ 1060℃，保温，空冷；并在 680 ~ 730℃，回火，空冷或炉冷
8	ZG03Cr19Ni11	加热到 1050 ~ 1150℃，保温，固溶处理，水淬。也可根据铸件厚度空冷或其他快冷方法
9	ZG03Cr19Ni11N	加热到 1050 ~ 1150℃，保温，固溶处理，水淬。也可根据铸件厚度空冷或其他快冷方法

（续）

序号	牌　号	热处理工艺
10	ZG07Cr19Ni10	加热到 1050～1150℃，保温，固溶处理，水淬。也可根据铸件厚度空冷或其他快冷方法
11	ZG07Cr19Ni11Nb	加热到 1050～1150℃，保温，固溶处理，水淬。也可根据铸件厚度空冷或其他快冷方法
12	ZG03Cr19Ni11Mo2	加热到 1080～1150℃，保温，固溶处理，水淬。也可根据铸件厚度空冷或其他快冷方法
13	ZG03Cr19Ni11Mo2N	加热到 1080～1150℃，保温，固溶处理，水淬。也可根据铸件厚度空冷或其他快冷方法
14	ZG05Cr26Ni6Mo2N	加热到 1120～1150℃，保温，固溶处理，水淬。也可为防止形状复杂的铸件开裂，可随炉冷却到 1010～1040℃ 时再固溶处理，水淬
15	ZG07Cr19Ni11Mo2	加热到 1080～1150℃，保温，固溶处理，水淬。也可根据铸件厚度空冷或其他快冷方法
16	ZG07Cr19Ni11Mo2Nb	加热到 1080～1150℃，保温，固溶处理，水淬。也可根据铸件厚度空冷或其他快冷方法
17	ZG03Cr19Ni11Mo3	加热到 ≥1120℃，保温，固溶处理，水淬。也可根据铸件厚度空冷或其他快冷方法
18	ZG03Cr19Ni11Mo3N	加热到 ≥1120℃，保温，固溶处理，水淬。也可根据铸件厚度空冷或其他快冷方法
19	ZG03Cr22Ni6Mo3N	加热到 1120～1150℃，保温，固溶处理，水淬。也可为防止形状复杂的铸件开裂，可随炉冷却至 1010～1040℃ 时再固溶处理，水淬

（续）

序号	牌　　号	热处理工艺
20	ZG03Cr25Ni7Mo4WCuN	加热到1120~1150℃，保温，固溶处理，水淬。也可为防止形状复杂的铸件开裂，可随炉冷却至1010~1040℃时再固溶处理，水淬
21	ZG03Cr26Ni7Mo4CuN	加热到1120~1150℃，保温，固溶处理，水淬。也可为防止形状复杂的铸件开裂，可随炉冷却至1010~1040℃时再固溶处理，水淬
22	ZG07Cr19Ni12Mo3	加热到1120~1180℃，保温，固溶处理，水淬。也可根据铸件厚度空冷或其他快冷方法
23	ZG025Cr20Ni25Mo-7Cu1N	加热到1200~1240℃，保温，固溶处理，水淬
24	ZG025Cr20Ni19Mo7CuN	加热到1080~1150℃，保温，固溶处理，水淬。也可根据铸件厚度空冷或其他快冷方法
25	ZG03Cr26Ni6Mo3Cu3N	加热到1120~1150℃，保温，固溶处理，水淬。为防止形状复杂的铸件开裂，也可随炉冷却至1010~1040℃时再固溶处理，水淬
26	ZG03Cr26Ni6Mo3Cu1N	加热到1120~1150℃，保温，固溶处理，水淬。为防止形状复杂的铸件开裂，也可随炉冷却至1010~1040℃时再固溶处理，水淬
27	ZG03Cr26Ni6Mo3N	加热到1120~1150℃，保温，固溶处理，水淬。为防止形状复杂的铸件开裂，也可随炉冷却至1010~1040℃时再固溶处理，水淬

第6章　铸铁的热处理

6.1　灰铸铁的热处理

1. 灰铸铁的热处理工艺温度（表6-1）

表6-1　灰铸铁的热处理工艺温度（JB/T 7711—2007）

工艺方法		工艺温度/℃	保温精度/℃
退火	高温石墨化退火	$A^Zc_1 + (50 \sim 100)$	±20
	低温石墨化退火	$A^Sc_1 - (30 \sim 50)$	±15
	去应力退火	常用温度为 $520 \sim 560$	±20
正火	完全奥氏体化正火	$A^Zc_1 + (50 \sim 60)$	±20
	部分奥氏体化正火	$A^Sc_1 \sim A^Zc_1$ 之间	±15
淬火	完全奥氏体化淬火	$A^Zc_1 + (30 \sim 50)$	±15
回火	高温回火	$500 \sim 600$	±15
	中温回火	$350 \sim 500$	±15
	低温回火	$140 \sim 250$	±15
等温淬火	完全奥氏体化等温淬火	$A^Zc_1 + (30 \sim 50)$，常用等温淬火温度为 $280 \sim 320$	±10

注：1. A^Zc_1 为在加热过程中，铁素体完全转变成奥氏体的温度。

2. A^Sc_1 为在加热过程中，奥氏体开始形成的温度。

2. 灰铸铁的临界温度（表6-2）

表6-2　灰铸铁的临界温度

序号	化学成分（质量分数,%）									临界温度/℃			
	C	Si	Mn	S	P	Cr	Ni	Mo	Cu	$A^S c_1$	$A^Z c_1$	$A^S r_1$	$A^Z r_1$
1	2.83	2.17	0.50	0.09	0.13	—	—	—	—	775	830	765	723
2	2.86	2.27	0.50	0.09	0.14	0.7	1.7	—	—	770	825	750	700
3	2.86	2.23	0.50	0.10	0.15	0.95	3.00	—	—	770	825	750	700
4	2.85	2.24	0.45	0.10	0.13	—	2.3	0.90	—	780	830	725	625
5	2.86	2.24	0.50	0.10	0.12	0.35	—	0.69	—	775	850	775	700
6	2.85	2.25	0.55	0.09	0.13	—	—	—	3.00	770	825	725	680

注: 1. $A^S c_1$、$A^Z c_1$ 见表6-1注。

2. $A^S r_1$ 为在冷却过程中，奥氏体开始转变为珠光体和铁素体的温度。

3. $A^Z r_1$ 为在冷却过程中，奥氏体完全转变成珠光体与铁素体的温度。

3. 灰铸铁件的去应力退火工艺参数（表6-3）

表6-3　灰铸铁件去应力退火工艺参数

铸件种类	铸件质量/kg	铸件厚度/mm	装炉温度/℃	升温速度/(℃/h)	加热温度/℃		保温时间/h	冷却速度/(℃/h)	出炉温度/℃
					普通灰铸铁	低合金铸铁			
一般铸件	<200		≤200	≤100	500~550	550~570	4~6	30	≤200
	200~2500		≤200	≤80	500~550	550~570	6~8	30	≤200
	>2500		≤200	≤60	500~550	550~570	8	30	≤200

（续）

铸件种类	铸件质量/kg	铸件厚度/mm	装炉温度/℃	升温速度/(℃/h)	加热温度/℃ 普通灰铸铁	低合金铸铁	保温时间/h	冷却速度/(℃/h)	出炉温度/℃
精密铸件	<200		≤200	≤100	500~550	550~570	4~6	20	≤200
	200~2500		≤200	≤80	500~550	550~570	6~8	20	≤200
简单或圆筒状铸件	<300	10~40	100~300	100~150	500~600		2~3	40~50	<200
一般精度的铸件	100~1000	15~60	100~200	<75	500		8~10	40	<200
结构复杂、较高精度铸件	1500	<40	<150	<60	420~450		5~6	30~40	<200
		40~70	<200	<70	450~550		8~9	20~30	<200
		>70	<200	<75	500~550		9~10	20~30	<200
纺织机械小铸件	<50	<15	<150	50~70	500~550		1.5	30~40	150
机床小铸件	<1000	<60	≤200	<100	500~550		3~5	20~30	150~200
机床大铸件	>2000	20~80	<150	30~60	500~550		8~10	30~40	150~200

4. 灰铸铁的石墨化退火（表6-4）

表6-4　灰铸铁的石墨化退火

工艺名称	目的	工艺曲线	金相组织	备注
低温石墨化退火	使共析渗碳体石墨化与粒化，从而降低硬度，提高塑性和韧性		铁素体+石墨，或铁素体+珠光体+石墨	铸件中不存在共晶渗碳体或数量不多时采用
高温石墨化退火	消除自由渗碳体，降低硬度，提高塑性和韧性，改善可加工性		铁素体+石墨，或铁素体+珠光体+石墨	装炉温度在300℃以下 适于铁素体基体灰铸铁
			珠光体+石墨	装炉温度在300℃以下 适于珠光体基体的灰铸铁

5. 灰铸铁的正火工艺（表6-5）

表6-5 灰铸铁的正火工艺

工艺名称	目的	工艺曲线	金相组织	备注
正火	增加基体组织中的珠光体量，提高铸件的硬度、强度和耐磨性，改善铸件的力学性能和可加工性，或改善基体组织，作为表面淬火的预备热处理		珠光体+石墨	大型或形状复杂的铸件，需再进行一次去应力退火
高温石墨化+正火	白口高温石墨化可消除铸件白口			

6. 灰铸铁的淬火与回火 (表6-6和表6-7)

表6-6　灰铸铁的淬火与回火工艺

工艺名称	工艺参数	金相组织	备注
淬火	加热温度为850~900℃ 保温时间为1~4h，或按20min/25mm计算 冷却方式为油冷至150℃，立即回火	马氏体+石墨	形状复杂或大型铸件在650℃以下应缓慢加热，或在500~650℃预热
回火	回火温度应低于550℃ 保温时间 (h) 按 [铸件厚度 (mm)/25] +1 计算		
等温淬火	加热温度为850~900℃ 保温时间为1~4h，或按20min/25mm计算 等温温度为280~320℃ 冷却介质为硝盐或熱热油，保持时间为0.5~1h	下贝氏体+少量残留奥氏体+石墨	改变基体组织，提高铸件的综合力学性能，同时减少淬火变形 适用于凸轮、齿轮、缸套等零件
马氏体分级淬火与回火	加热温度为850~900℃ 保温时间为1~4h，或按20min/25mm计算 热浴温度为205~260℃ 回火工艺为200℃×2h	马氏体+石墨	减少淬火变形和开裂倾向 适于形状复杂铸件

注：铸件淬火前需要进行正火处理，原始组织中的珠光体体应在65% (体积分数) 以上，石墨应细小、分布均匀。

表 6-7　灰铸铁表面淬火工艺

工艺名称		工艺参数	效果	备注
感应淬火	中频感应淬火	频率为 2.5~8kHz 加热温度为 870~925℃	淬硬层深度为 3~5mm 硬度 >50HRC	表面具有较高的硬度和耐磨性，变形较小，淬火质量稳定 适用于中、小工件、齿轮、机床导轨等
	高频感应淬火	频率为 200~300kHz 加热温度为 870~925℃	淬硬层深度为 1~2mm 硬度 >50HRC	
火焰淬火		加热温度为 850~950℃，或将冷却为喷水冷却，工件投入淬火槽中	淬硬层深度为 2~6mm 硬度为 40~48HRC	温度不易控制，过热淬火后变形大 适于单件或小批生产的大工件
接触电阻加热淬火		二次侧开路电压 <5V 电流为 400~600A 接触压力为 40~60N 铜滚轮移动速度为 2~3m/min	淬硬层深度为 0.20~0.25mm 硬度 >54HRC	提高表面硬度和耐磨性 适于机床导轨等铸件

6.2　球墨铸铁的热处理

1. 球墨铸铁热处理的工艺温度（表6-8）

表6-8　球墨铸铁热处理的工艺温度（JB/T 6051—2007）

工艺方法		工艺温度/℃	保温精度/℃
退火	高温石墨化退火	$A^Z c_1 + (50 \sim 100)$	±20
	低温石墨化退火	$A^S c_1 - (30 \sim 50)$	±15
	去应力退火	常用温度为 560～620	±20
正火	完全奥氏体化正火	$A^Z c_1 + (50 \sim 70)$	±20
	部分奥氏体化正火	$A^S c_1 \sim A^Z c_1$ 之间	±15
	低碳奥氏体化正火	$A^S c_1 - (30 \sim 50)$,保温后快速加热到 $A^S c_1 + (30 \sim 50)$,不保温冷却	±15
调质	完全奥氏体化淬火	$A^Z c_1 + (30 \sim 50)$	±15
	高温回火	常用温度为 560～600	±15
等温淬火	上贝氏体等温淬火	$A^Z c_1 + (30 \sim 50)$,常用等温淬火温度为 350～380	±10
	下贝氏体等温淬火	$A^Z c_1 + (30 \sim 50)$,常用等温淬火温度为 230～330	±10

注：$A^S c_1$、$A^Z c_1$、$A^S r_1$、$A^Z r_1$ 见表6-1、表6-2 注。

2. 球墨铸铁的临界温度（表6-9）

表 6-9 球墨铸铁的临界温度

铸铁类型	化学成分（质量分数,%）									临界温度/℃			
	C	Si	Mn	P	S	Cu	Mo	Mg	Ce	$A^S c_1$	$A^Z c_1$	$A^S r_1$	$A^Z r_1$
球墨铸铁	3.80	2.42	0.62	0.08	0.033	—	—	0.041	0.035	765	820	785	720
	3.80	3.84	0.62	0.08	0.033	—	—	0.041	0.035	795	920	860	750
	3.86	2.66	0.92	0.073	0.036	—	—	0.05	0.04	755	815	765	675
合金球墨铸铁	3.50	2.90	0.265	0.08	—	0.62	0.194	0.039	0.038	790	840		
	3.40	2.65	0.63	0.063	0.0124	1.70	0.2	0.037	0.053	785	835		

注：$A^S c_1$、$A^Z c_1$、$A^S r_1$、$A^Z r_1$ 见表6-1、表6-2注。

3. 球墨铸铁的退火工艺（表6-10）

表6-10 球墨铸铁的退火工艺

工艺名称	目的	工艺曲线	金相组织	备注
去应力退火	消除或降低残余应力，并使其稳定化		同原始组织	可除去90%~95%的内应力还可用于正火后的球墨铸铁件
低温石墨化退火	使共析渗碳体石墨化与粒化，以降低硬度，改善可加工性，提高塑性和韧性		曲线1的组织为铁素体+珠光体+石墨 曲线2、3的组织为铁素体+石墨	适用于铸态组织中自由渗碳体体积分数<3%（体积分数）的铸件

工艺名称	目的	工艺曲线	金相组织	备注
高温石墨化退火	消除自由渗碳体，降低硬度，改善可加工性，提高塑性和韧性		曲线 1、2 的组织为铁素体 + 石墨，或铁素体 + 珠光体 + 石墨；曲线 3 的组织为珠光体 + 石墨	

4. 球墨铸铁的正火工艺（表 6-11）

表 6-11　球墨铸铁的正火工艺

工艺名称	目的	工艺曲线	金相组织	备注
高温完全奥氏体化正火	提高组织均匀性，消除自由渗碳体，改善可加工性；提高铸件的强度、硬度和耐磨性		珠光体 + 少量牛眼状铁素体 + 石墨	抗拉强度可达 700 ~ 800MPa，硬度为 250 ~ 300HBW，但塑性和韧性较低，断后伸长率为 2% ~ 4%，冲击韧度为 15 ~ 30J/cm²

（续）

工艺名称	目的	工艺曲线	金相组织	备注
高温阶段正火	消除铸态组织中的自由渗碳体		珠光体 + 少量牛眼状铁素体 + 石墨	适用于铸态组织中有3%（体积分数）以上自由渗碳体的铸件
中温部分奥氏体化正火	获得较高的综合力学性能，特别是塑性和韧性		珠光体 + 铁素体（碎块状或条状）+ 球状石墨	抗拉强度为700～900MPa，硬度为230～260HBW，耐磨性较低，但韧性有明显改善，断后伸长率达4%～8%，冲击韧度达40～60J/cm²，适合于无自由渗碳体、硅与磷含量偏高的球墨铸铁件

阶段部分奥氏体化正火	消除铸件铸态时存在的自由渗碳体或严重的偏析，以提高组织的均匀性		珠光体+铁素体（碎块状或条状）+球状石墨	适合于存在过量自由渗碳体或成分偏析较严重的铸件
低碳奥氏体化正火（高温不保温正火）	获得较高的综合力学性能（包括强度和韧性）		珠光体+少量碎块状铁素体+球状石墨	若铸态存在过量自由渗碳体时，需经高温石墨化退火后再正火

注：1. 风冷、雾冷只应在相变区间内应用，随后的冷却不应风冷或雾冷，以免增加铸件的内应力。

2. 对于复杂铸件，风冷或雾冷的铸件，正火后需要回火。回火工艺为 550~650℃，保温 2~4h。

4. 球墨铸铁的淬火与回火工艺 (表6-12)

表6-12　球墨铸铁的淬火与回火工艺

工艺名称	工艺曲线	金相组织	备注
淬火 + 回火	(温度/℃: 860~900, Ac₁ 上限, 1~4, 水冷或油冷; 时间/h)	淬火后为马氏体 + 少量铁素体 + 球状石墨	硬度可达 58~60HRC, 但内应力和脆性较大, 淬火前最好进行正火
		140~250℃ 回火后的组织为回火马氏体 + 少量残留奥氏体 + 球状石墨	具有高的硬度和耐磨性
	(温度/℃: 500~600, 350~400, 140~250, 有效厚度(mm) t25+1; 时间/h)	350~500℃ 回火后的组织为回火托氏体 + 球状石墨	较少采用
		550~600℃ 回火后的组织为回火索氏体 + 少量铁素体 + 球状石墨	可获得较高的综合力学性能应用广泛
等温淬火 上贝氏体等温淬火	(温度/℃: 900~950, Ac₁ 上限, 2~4, 350~400, 1~2, 空冷; 时间/h)	上贝氏体 + 较多残留奥氏体 + 球状石墨	具有高韧性, 高强度和中等硬度的力学性能, 并有很好的加工硬化能力, 伸长率和断裂韧度均好

		工艺曲线	组织	特点
等温淬火	下贝氏体等温淬火	温度/℃：860~900，Ac₁上限，2~4，260~300，空冷，1~2，时间/h	下贝氏体+少量马氏体+部分残留奥氏体+球状石墨	具有很高的强度，一定的塑性和韧性，并具有加工硬化的能力；硬度为43~50HRC，具有高的耐磨性
	部分奥氏体化等温淬火	温度/℃：790~810，Ac₁上限，30，300~320(硝盐)，空冷，45，时间/min	下贝氏体+碎片状铁素体	铸态组织需无自由渗碳体，否则在淬火前需经高温石墨化退火。等温淬火后再经回火，可获得良好的强度和韧性
火焰淬火感应淬火			细针状马氏体+少量残留奥氏体+球状石墨+细渡层为小岛状马氏体+细小铁素体	提高表面层硬度，耐磨性和疲劳强度。对于铁素体基体的球墨铸铁，必须先进行正火，使珠光体量（体积分数）≥70%，可在380~410℃回火以消除淬火应力火处理

6.3 可锻铸铁的热处理

1. 生产可锻铸铁的石墨化退火工艺（表6-13）

表6-13　生产可锻铸铁的石墨化退火工艺

铸铁种类	原理	工艺曲线	金相组织	备注
白心可锻铸铁	将白口铸铁在氧化介质中经长时间的脱碳退火而成	固体脱碳法 温度/℃：950~1000，40~70，炉冷 550~650，空冷，时间/h 气体脱碳法 温度/℃：1000~1050，炉冷 550，空冷，时间/h	铁素体+团絮状石墨 薄铸件心部还有少量珠光体 厚铸件心部常残留部分自由渗碳体	脱碳剂为粒度 8~15mm 的铁矿石或氧化铁屑＋大粒砂，添加量为铸件质量的 10%~20%，与铸件一起装箱，密封后加热 脱碳气氛：$\varphi(CO_2) \approx 4\%$、$\varphi(H_2) = 8\%$、$\varphi(CO) = 11\%$、$\varphi(H_2O) = 5.5\%$，其余为 N_2 的气体；通入 O_2 或 H_2O 调节

黑心可锻铸铁	白口铸铁经石墨化退火而成		铁素体+团絮状石墨	塑性和韧性显著提高，石墨化退火工艺分为三种，应根据具体情况试验后确定升温方式有以下几种 1) 直接升温时，加热速度为 40~90℃/h 2) 在 300~400℃保温 3~5h 3) 在 300~450℃间以 30~40℃/h 的速度加热
		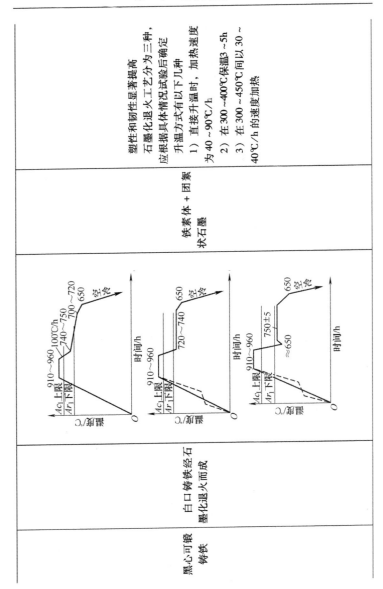		

（续）

铸铁种类	原理	工艺曲线	金相组织	备注
珠光体可锻铸铁	自由渗碳体石墨化后正火回火		回火后的组织为珠光体+少量铁素体+团絮状石墨	回火的目的是使可能出现的淬火组织转变为珠光体,并消除应力 适用于厚度不大的铸件 具有高的强度和硬度,耐磨性好,且可加工性良好,但塑性和韧性较低
	自由渗碳体石墨化后淬火回火		回火后的组织为珠光体+少量铁素体+团絮状石墨	力学性能相当于 KTZ700-02

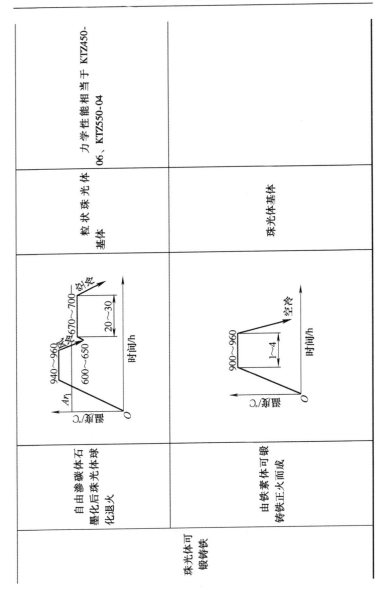

| 珠光体可锻铸铁 | 自由渗碳体石墨化后珠光体球化退火 | （图：940~960，Ar₁，670~700，600~650，20~30，空冷，温度/℃，时间/h） | 粒状珠光体基体 | 力学性能相当于 KTZ450-06、KTZ550-04 |
| | 由铁素体可锻铸铁正火而成 | （图：900~960，1~4，空冷，温度/℃，时间/h） | 珠光体基体 | |

2. 珠光体可锻铸铁的淬火与回火工艺（表6-14）

表6-14　珠光体可锻铸铁的淬火与回火工艺

工艺类型	工艺曲线	基体组织	备注
整体淬火		马氏体及贝氏体	硬度为555～627HBW
回火		珠光体	硬度为241～321HBW
马氏体分级淬火		马氏体	可减小淬裂倾向
等温淬火		曲线1：上贝氏体 曲线2：下贝氏体	曲线1：硬度为350HBW 曲线2：硬度为430HBW

3. 球墨可锻铸铁的热处理工艺（表6-15）

表6-15　球墨可锻铸铁的热处理工艺

工艺种类	工艺曲线	金相组织	备注
铁素体化退火		铁素体 + 球状石墨	可消除渗碳体，获得高韧性
高温石墨化退火		珠光体 + 牛眼状铁素体 + 球状石墨	可消除渗碳体，获得较高的综合力学性能
高温石墨化退火（正火）		珠光体 + 球状石墨	可消除渗碳体，获得强度较高的珠光体组织
高温石墨化退火（中温回火）		珠光体 + 破碎铁素体 + 球状石墨	可消除渗碳体，获得较好的综合力学性能

（续）

工艺种类	工艺曲线	金相组织	备注
高温石墨化＋等温淬火		贝氏体＋残留奥氏体＋马氏体＋球状石墨	可消除渗碳体，提高强度，并保持一定的韧性 可利用铸件余热进行高温石墨化处理，快冷后再等温淬火

6.4 蠕墨铸铁的热处理

蠕墨铸铁的热处理工艺见表6-16。

表6-16 蠕墨铸铁的热处理工艺

工艺名称		加热		冷却方式	备 注
		温度/℃	保温时间/h		
石墨化退火		920	3	以 40℃/h 冷却至 700℃后炉冷	基体组织以铁素体为主
正火		880～1000	3～4	风冷	正火后 550～600℃回火 基体中珠光体数量增加，抗拉强度与耐磨性比铸态高
淬火	整体淬火	850～870	按铸件壁厚 1～1.5min/mm 计算	油冷或水冷	回火温度应低于550℃，一般为 200～500℃。200℃回火后硬度基本不降低，400～500℃回火后抗拉强度最高

（续）

工艺名称		加热		冷却方式	备　注
		温度/℃	保温时间/h		
淬火	等温淬火	850~870	按铸件壁厚1~1.5min/mm 计算	250~270℃等温 2h	变形小，强度高
	表面淬火	经石墨化退火后，进行高频感应淬火			提高表面耐磨性

6.5　抗磨白口铸铁的热处理

抗磨白口铸铁的热处理工艺见表 6-17。

表 6-17　抗磨白口铸铁的热处理工艺（GB/T 8263—2010）

牌号	软化退火处理	硬化处理	回火处理
BTMNi4Cr2-DT	—	430~470℃保温 4~6h，出炉空冷或炉冷	在 250~300℃保温 8~16h，出炉空冷或炉冷
BTMNi4Cr2-GT			
BTMCr9Ni5	—	800~850℃保温 6~16h，出炉空冷或炉冷	
BTMCr8	920~960℃保温，缓冷至 700~750℃，保温，缓冷至 600℃以下出炉，空冷或炉冷	940~980℃保温，出炉后以合适的方式快速冷却	在 200~550℃保温，出炉空冷或炉冷
BTMCr12-DT		900~980℃保温，出炉后以合适的方式快速冷却	
BTMCr12-GT		900~980℃保温，出炉后以合适的方式快速冷却	

（续）

牌号	软化退火处理	硬化处理	回火处理
BTMCr15	920 ~ 960℃保温，缓冷至 700 ~ 750℃，保温，缓冷至 600℃以下出炉，空冷或炉冷	920 ~ 1000℃保温，出炉后以合适的方式快速冷却	在 200 ~ 550℃保温，出炉空冷或炉冷
BTMCr20	960 ~ 1060℃保温，缓冷至 700 ~ 750℃，保温，缓冷至 600℃以下出炉，空冷或炉冷	950 ~ 1050℃保温，出炉后以合适的方式快速冷却	
BTMCr26		960 ~ 1060℃保温，出炉后以合适的方式快速冷却	

注：1. 热处理规范中保温时间主要由铸件壁厚决定。

　　2. BTMCr20 和 BTMCr26 经 200 ~ 650℃去应力退火处理。

第7章 有色金属材料的热处理

7.1 铜及铜合金的热处理

7.1.1 加工铜的热处理

加工纯铜的退火工艺参数见表7-1。锆铜的固溶处理和时效工艺见表7-2。

表7-1 加工纯铜的退火工艺参数

产品类型	牌号	规格尺寸 /mm	退火温度 /℃	保温时间 /min	冷却方式
管材	T1、T2、T3、TP1、TU1、TU2	≤φ1.0	470~520	40~50	水或空气
		φ1.05~φ1.75	500~550	50~60	
		φ1.8~φ2.5	530~580	50~60	
		φ2.6~φ4.0	550~600	50~60	
		φ>4.0	580~630	60~70	
棒材	T2、TU1、TU2、TP1	软制品	550~620	60~70	
带材	T2	δ≤0.09	290~340		
		δ=0.1~0.25	340~380		
		δ=0.3~0.55	350~410		
		δ=0.6~1.2	380~440		
线材	T2、T3	φ0.3~φ0.8	410~430		

表7-2　锆铜的固溶处理和时效工艺

牌号	固溶处理		时效		硬度
	温度/℃	时间/min	温度/℃	时间/min	HBW
TZr0.2	900~920	15~30	420~460	2~3	120
TZr0.4	920~950	15~35	420~460	2~3	130

7.1.2　加工高铜的热处理

1. 加工高铜的去应力退火

加工高铜的去应力退火温度见表7-3。

表7-3　加工高铜的去应力退火温度

牌号	退火温度/℃
TBe2	150~200
TBe1.9	150~200
TMg0.8	200~250

2. 加工高铜的中间退火

加工高铜的中间退火温度见表7-4。

表7-4　加工高铜的中间退火温度

牌号	有效厚度/mm			
	≤0.5	>0.5~1	>1~5	>5
	退火温度/℃			
TBe2	640~680	650~700	670~720	
TBe1.7	640~680	670~720	670~720	680~750
TBe1.9	640~680	670~720	670~720	680~750
TCr0.5	500~550	530~580	570~600	580~620
TCd1	540~560	560~580	570~590	680~750
TMg0.8	540~560	560~580	570~590	600~660

3. 加工高铜的固溶处理和时效

铍铜的固溶处理及时效温度见表7-5。铍铜薄板、带材及厚度很小的工件固溶处理时的保温时间见表7-6。固溶处理温度对TBe2晶粒尺寸和时效后力学性能的影响见表7-7。TCr0.5铬铜的固溶处理和时效工艺见表7-8。

表7-5 铍铜的固溶处理及时效温度

合金		固溶处理温度/℃	时效温度/℃
组成（质量分数，%）	相对应的牌号		
Cu + 1.9 ~ 2.2Be + 0.2 ~ 0.5Ni	TBo2	780 ~ 790	320 ~ 330
Cu + 2.0 ~ 2.3Be + (< 0.4Ni)	—	780 ~ 800	300 ~ 345
Cu + 1.6 ~ 1.85Be + 0.2 ~ 0.4Ni + 0.10 ~ 0.25Ti	TBe1.7	780 ~ 800	320 ~ 330
Cu + 1.85 ~ 2.1Be + 0.2 ~ 0.4Ni + 0.10 ~ 0.25Ti	TBe1.9	780 ~ 800	320 ~ 330
Cu + 1.9 ~ 2.15Be + 0.25 ~ 0.35Co	—	785 ~ 790	305 ~ 325
Cu + 1.6 ~ 1.8Be + 0.25 ~ 0.35Co	—	785 ~ 790	305 ~ 325
Cu + 0.45 ~ 0.6Be + 2.35 ~ 2.60Co	TBe0.6-2.5	920 ~ 930	450 ~ 480
Cu + 0.25 ~ 0.5Be + 1.4 ~ 1.7Co + 0.9 ~ 1.1Ag	TBe0.3-1.5	925 ~ 930	450 ~ 480
Cu + 0.2 ~ 0.3Be + 1.4 ~ 1.6Ni	TBe0.4-1.8	950 ~ 960	450 ~ 500
Cu + 0.63Be + 2.48Ti		780 ~ 800	400 ~ 450
Cu + 2.0 ~ 2.3Be + 0.35 ~ 0.45Co + 0.07 ~ 0.11Fe	—	800 ~ 820	295 ~ 315

表7-6 铍铜薄板、带材及厚度很小的工件固溶处理时的保温时间

有效厚度/mm	< 0.13	0.11 ~ 0.25	0.25 ~ 0.76	0.74 ~ 2.30
保温时间/min	2 ~ 6	3 ~ 9	6 ~ 10	10 ~ 30

表7-7 固溶处理温度对 TBe2 晶粒尺寸和时效后力学性能的影响

固溶处理			320℃ ×2h 时效后的力学性能		
温度/℃	时间/min	晶粒直径/mm	抗拉强度 R_m/MPa	断后伸长率 A(%)	硬度 HV0.2
760	5	0.015 ~ 0.020	1165	10.5	360
780	15	0.025 ~ 0.030	1220	9.5	380
800	10	0.035 ~ 0.040	1250	7.5	400
820	15	0.040 ~ 0.045	1260	6.0	405
840	120	0.055 ~ 0.065	1210	4.0	380

注：试样厚度为 0.33mm。

表7-8　TCr0.5铬铜的固溶处理和时效工艺

序号	固溶处理		时效		硬度 HBW
	温度/℃	时间/min	温度/℃	时间/h	
1	1000~1020	20~40	440~470	2~3	110~130
2	950~980	30	400~450	6	

7.1.3　加工黄铜的热处理

1. 加工黄铜的退火

（1）加工黄铜的去应力退火　加工黄铜的去应力退火温度见表7-9。根据有效厚度的不同，保温时间一般为30~60min，保温后空冷。

表7-9　加工黄铜的去应力退火温度

牌号	退火温度/℃	牌号	退火温度/℃
H95	150~170	H62	260~270
H90	200	HPb59-1	280
H85	160~200	HSn62-1	350~370
H80	200~210	HSn70-1	300~350
H70	250~260	HAl77-2	300~350
H68		HAl59-3-2	350~400
H65	260	HNi56-3	300~400

（2）加工黄铜的再结晶退火　黄铜常用的再结晶退火温度为450~650℃。黄铜冷加工中间退火温度见表7-10。黄铜型材的再结晶退火温度见表7-11。黄铜预冷变形60%后最佳退火工艺见表7-12。

表 7-10　黄铜冷加工中间退火温度

牌号	有效厚度/mm			
	<0.5	0.5~1	1~5	>5
	退火温度/℃			
H95	450~550	500~540	540~580	560~600
H90	450~560	560~620	620~680	650~720
H80	500~560	540~600	580~650	650~700
H70	520~550	540~580	580~620	600~650
H68	440~500	500~560	540~600	580~650
H62	460~530	520~600	600~660	650~700
H59	460~530	520~600	600~660	650~700
HNi65-5	570~610	590~630	610~660	620~680
HFe59-1-1	420~480	450~550	520~620	600~650
HPb63-3	480~540	520~600	540~620	600~650
HPb59-1	480~550	550~600	580~630	600~650
HAl59-3-2	450~500	540~580	550~620	600~650
HMn58-2	500~550	550~600	580~640	600~660
HSn90-1	450~560	560~620	620~680	650~720
HSn70-1	450~500	470~560	560~620	600~650
HSn62-1	500~550	520~580	550~630	600~650
HSn60-1	500~550	520~580	550~630	600~650

表7-11　黄铜型材的再结晶退火温度

型材类型	牌号	规格尺寸/mm	退火温度/℃		
			硬	拉制或半硬	软
线材	H95	φ0.3 ~ φ0.6			390 ~ 410
	H90、H80	φ0.3 ~ 6.0	160 ~ 180		390 ~ 410
	H68	φ0.3 ~ 6.0	160 ~ 180	350 ~ 370（半硬）	460 ~ 480
	H62	φ0.3 ~ φ1.0	160 ~ 180	160 ~ 180（半硬）	390 ~ 410
		φ1.1 ~ φ4.8	160 ~ 180	240 ~ 260（半硬）	390 ~ 410
		φ5.0 ~ φ6.0	160 ~ 180	260 ~ 280（半硬）	390 ~ 410
	HPb59-1	φ0.5 ~ φ6.0	250 ~ 270	330 ~ 350（半硬）	410 ~ 430
	HMn58-2、HSn62-1、HFe59-1-1	φ0.3 ~ φ6.0	160 ~ 180		390 ~ 410
棒材	H95				550 ~ 620
	H90、H80、H70			250 ~ 300	650 ~ 720
	H68			350 ~ 400	500 ~ 550
	H62、HSn62-1			400 ~ 450	
	HPb59-1、HFe59-1-1			350 ~ 400	
	HMn58-2			320 ~ 370	

（续）

型材类型	牌号	规格尺寸/mm	退火温度/℃		
			硬	拉制或半硬	软
管材	H95				550~600
	H80				480~550
	H68、H62		340	400~450（半硬）	
	HPb59-1、HSn70-1			420~500（半硬）	
	H60 圆形、矩形波导管		200~250		

表 7-12　黄铜预冷变形 60% 后最佳退火工艺

牌号	退火工艺		弹性极限/MPa			硬度 HV
	温度/℃	时间/min	$\sigma_{0.002}$	$\sigma_{0.005}$	$\sigma_{0.01}$	
H68	200	60	452	519	581	190
H80	200	60	390	475	538	170
H85	200	30	349	405	454	155

2. 加工黄铜的固溶处理和时效

一般黄铜不能进行固溶处理和时效强化处理，只有铝的质量分数大于 3% 的铝黄铜才可以。铝黄铜 HAl59-3-2 的固溶处理温度为 800℃，时效温度为 350~450℃。

7.1.4　加工青铜的热处理

1. 加工青铜的退火

（1）加工青铜的均匀化退火　锡青铜的均匀化退火温度为 625~725℃，保温时间为 4~6h，保温后随炉冷却。

（2）加工青铜的去应力退火　加工青铜的去应力退火温度见表 7-13。保温时间一般为 30~60min，保温后空冷。

表 7-13　加工青铜的去应力退火温度

牌号	退火温度/℃	牌号	退火温度/℃
QSn4-3	250～300	QAl5	300～360
QSn4-0.3	200	QAl7	
QSn6.5-0.4	250～270	QSi3-1	280
QSn6.5-0.1	250～300	QSi1-3	290
QSn7-0.2	250～300		

（3）加工青铜的中间退火　青铜在压力加工过程中应进行中间退火。加工青铜的中间退火温度见表7-14。

表 7-14　加工青铜的中间退火温度

牌号	有效厚度/mm			
	<0.5	0.5～1	1～5	>5
	退火温度/℃			
QSn4-3	460～500	500～600	580～630	600～650
QSn4-4-2.5	450～520	520～600	550～620	580～650
QSn4-4-4	440～490	510～560	540～580	590～610
QSn6.5-0.1	470～530	520～580	580～620	600～660
QSn6.5-0.4	470～530	520～580	580～620	600～660
QSn7-0.2	500～580	530～620	600～650	620～680
QSn4-0.3	450～500	500～560	570～610	600～650
QAl5	550～620	620～680	650～720	700～750
QAl7	550～620	620～680	650～720	700～750
QAl9-2	550～620	600～650	650～700	680～740
QAl9-4	550～620	600～650	650～700	680～740
QAl10-3-1.5	550～620	600～680	630～700	650～750
QAl10-4-4	550～610	600～650	620～700	650～750
QAl11-6-6	550～620	620～670	650～720	700～750
QSi1-3	480～520	500～600	600～650	650～700
QSi3-1	480～520	500～600	600～650	650～700
QMn1.5	480～520	500～600	600～650	650～700
QMn5	480～520	500～600	600～650	650～700

（4）加工青铜的最终退火　铝青铜的退火温度见表 7-15。锡青铜的退火温度见表 7-16。青铜预冷变形 60% 后最佳退火工艺见表 7-17。

表 7-15　铝青铜的退火温度

牌号	退火温度/℃	牌号	退火温度/℃
QAl9-2	650~750	QAl10-3-1.5	650~750
QAl9-4	700~750	QAl10-4-4	700~750

表 7-16　锡青铜的退火温度

牌号	规格	退火温度/℃
QSn6.5-0.1	棒材（硬）	250~300
QSn6.5-0.4	φ0.3~φ0.6 线材（软）	420~440
QSn7-0.2		

表 7-17　青铜预冷变形 60% 后最佳退火工艺

牌号	退火工艺		弹性极限/MPa			硬度 HV
	退火温度/℃	时间/min	$\sigma_{0.002}$	$\sigma_{0.005}$	$\sigma_{0.01}$	
QSn4-3	150	30	463	532	593	218
QSn6.5-0.1	150	30	489	550	596	
QSi3-1	275	60	494	565	632	210
QAl7	275	30	630	725	790	270

2. 加工青铜的固溶处理和时效

铝青铜与硅青铜的固溶处理和时效工艺见表 7-18。

表 7-18　铝青铜与硅青铜的固溶处理和时效工艺

牌号	固溶处理		时效		硬度
	温度/℃	时间/h	温度/℃	时间/h	HBW
QAl9-2	800		350		150~187
QAl9-4	950		250~350	2~3	170~180
QAl10-3-1.5	830~860		300~350		207~285
QAl10-4-4	920		650		200~240
QAl11-6-6	925	1.5	400	24	365HV
QSi1-3	850	2	450	1~3	130~180
QSi3-1	790~810	1~2	410~470	1.5~2	130~180

7.1.5　加工白铜的热处理

1. 加工白铜的退火

（1）均匀化退火　加工白铜铸锭的均匀化退火工艺见表7-19。

表7-19　加工白铜铸锭的均匀化退火工艺

牌号	退火温度/℃	保温时间/h	冷却方式
B19、B30	1000 ~ 1050	3 ~ 4	炉冷
BMn3-12	830 ~ 870	2 ~ 3	
BMn40-1.5	1050 ~ 1150	3 ~ 4	
BZn15-20	940 ~ 970	2 ~ 3	

（2）去应力退火　加工白铜的去应力退火工艺见表7-20。

表7-20　加工白铜的去应力退火工艺

牌号	退火温度/℃	保温时间/min	冷却方式
B19、B30	250 ~ 300	30 ~ 60	空冷
BMn3-12	300 ~ 400		
BZn15-20	325 ~ 370		

（3）中间退火　加工白铜的中间退火温度见表7-21。

表7-21　加工白铜的中间退火温度

牌号	有效厚度/mm			
	<0.5	0.5 ~ 1	1 ~ 5	>5
	退火温度/℃			
B19、B25	530 ~ 620	620 ~ 700	700 ~ 750	750 ~ 780
BZn15-20、BMn3-12	520 ~ 600	600 ~ 700	680 ~ 730	700 ~ 750
BAl6-1.5、BAl13-3	550 ~ 600	580 ~ 700	700 ~ 730	700 ~ 750
BMn40-1.5	550 ~ 600	600 ~ 750	750 ~ 800	800 ~ 850

（4）最终退火　白铜棒材、线材成品的退火温度见表7-22。白铜预冷变形60%后最佳退火工艺见表7-23。

表 7-22　白铜棒材、线材成品的退火温度

牌号	直径/mm		退火温度/℃	
			半硬	软
BZn15-20	棒材		400 ~ 420	650 ~ 700
	线材 $\phi0.3 ~ \phi6.0$			600 ~ 620
BMn3-12	线材 $\phi0.3 ~ \phi6.0$			500 ~ 540
BMn40-1.5	线材	$\phi0.3 ~ \phi0.8$		670 ~ 680
		$\phi0.85 ~ \phi2.0$		690 ~ 700
		$\phi2.1 ~ \phi6.0$		710 ~ 730

表 7-23　白铜预冷变形 60% 后最佳退火工艺

牌号	退火工艺		弹性极限/MPa			硬度 HV
	温度/℃	时间/h	$\sigma_{0.002}$	$\sigma_{0.005}$	$\sigma_{0.01}$	
BZn15-20	300	4	548	614	561	230

2. 加工白铜的固溶处理和时效

铝白铜固溶处理温度和时效温度见表 7-24。

表 7-24　铝白铜固溶处理温度和时效温度

牌号	固溶处理温度/℃	加工	时效温度/℃
BAl6-1.5、BAl13-3	900℃	50%冷轧	550℃

7.1.6　铸造铜及铜合金的热处理

1. 铸造铍铜的热处理

1）铸造铍铜的固溶处理可与均匀化退火相结合，保温时间较长，一般为 3h 以上。

2）铸造铍铜的时效特征与成分相同的高铜合金基本一致。四种铸造铍铜的时效工艺及性能见表 7-25。

表7-25　四种铸造铍铜的时效工艺及性能

序号	化学成分 （质量分数，%）	时效工艺		力学性能		电导率 IACS （%）
		温度/℃	时间 h	抗拉强度 R_m/MPa	断后 伸长率 A（%）	
1	Cu-Be0.5-Co2.5	480	3	720	10	45
2	Cu-Be0.4-Ni1.8	480	3	720	9	45
3	Cu-Be1.7-Co0.3	345	3	1120	2.5	18
4	Cu-Be2.0-Co0.5	345	3	1160	2	18

2. 铸造锡青铜的热处理

铸造锡青铜的退火温度及力学性能见表7-26。

表7-26　铸造锡青铜的退火温度及力学性能

牌号	退火温度 /℃	力学性能	
		抗拉强度 R_m/MPa	断后伸长率 A（%）
ZCuSn10P1（金属型铸造）	420	250~350	7~10
ZCuSn10Zn2（金属型铸造）	420	200~250	2~10

3. 铸造铝青铜的热处理

w(Al)≥10%的铸造铝青铜，为提高强度和改善可加工性，可进行退火处理，加热温度为800℃，炉冷至530℃后出炉空冷。

7.2　铝及铝合金的热处理

7.2.1　变形铝合金的热处理

1. 变形铝合金的退火

（1）均匀化退火　变形铝合金铸锭的均匀化退火工艺见表7-27。

表 7-27 变形铝合金铸锭的均匀化退火工艺

牌号	加热温度/℃	保温时间/h	牌号	加热温度/℃	保温时间/h
2A02	470~485	12	5A03	460~475	24
2A04	475~490	24	5A05	460~475	13~24
2A06	475~490	24	5A06	460~475	13~24
2A11	480~495	12	5B06	460~475	13~24
2A12	480~495	12	5A12	445~460	24
2A14	480~495	10	5A13	445~460	24
2A16	515~530	24	5456	470	13
2A17	505~520	24	6061	550	9
2A50	515~530	12	6063	560	9
2B50	515~530	12	6A51	520~540	16
2A70	485~500	12	7A03	450~465	12~24
2A80	485~500	12	7A04	450~465	12~24
2A90	485~500	12	7A09	455~470	24
3003	490~620	4	7A10	455~470	24
3A12	600~620	4	7055	460	16
4A11	510	16	7075	460~475	16
4032	495	16	7475	440~480	16
5A02	460~475	24			

（2）去应力退火 几种铝合金的去应力退火工艺见表 7-28。

表 7-28 几种铝合金的去应力退火工艺

牌号	退火温度/℃	保温时间/h	
		$\delta < 6mm$	$\delta > 6mm$
5A02	150~180	1~2	
5A03	270~300	1~2	
3A21	250~280	1~2.5	1~2.5

（3）中间退火　变形铝合金型材的中间退火工艺见表7-29。

表7-29　变形铝合金型材的中间退火工艺

牌号	型材种类	状态	退火工艺		冷却方式
			温度/℃	时间/h	
2A01	线材	挤压	370～410	2.0	空冷
		拉深	370～390	2.0	
3A21	线材	挤压、冷拉	370～410	1.5	
5A02	管材、棒材	拉延	470～500	1.5～3.0	
	线材	挤压、拉延	370～410	1.5	
5A03	板材（<0.6mm）	板材	360～390	1.0	
	管材、棒材	拉深	450～470	1.5～3.0	
	管材	冷轧	315～400	2.5	
	线材	挤压、拉深	370～410	1.5	
5A05	板材（<1.2mm）	板材	360～390	1.0	
	管材、棒材	拉深	450～470	1.5～3.0	
	管材	冷轧	315～400	2.5	
	线材	挤压、拉深	370～410	1.5	
5A06	板材（<2.0mm）	板材	340～360	1.0	
1035 8A06	管材、棒材	拉深	410～440	1～1.5	
	线材	挤压、拉深	370～410	1.5	
	板材	板材	340～380	1.0	
2A06	板材（<0.8mm）	板材	400～450	1～3.0	以≤30℃/h 速度炉冷至 270℃以下空冷
	线材	挤压、拉深	370～410	2.0	
2A10	线材	挤压	370～410	1.5	
		拉深	370～390	2.0	
2B11 2B12	线材	挤压、拉深	370～410	1.5	
2A11	板材（<0.8mm）	板材	400～450	1～3	
2B12	管材、棒材	挤压、拉深	430～450	3.0	
2A16	板材（<0.8mm）	板材	400～450	1～3.0	
	线材	挤压、拉深	350～370	1.5	
6A02	管材、棒材	拉深	410～440	2.5	
7A03	线材	挤压、拉延	350～370	1.5	
7A04	板材（<1.0mm）	板材	390～430	1～3.0	

（4）完全退火　变形铝及铝合金成品的完全退火工艺见表7-30。

表7-30　变形铝及铝合金成品的完全退火工艺（YS/T 591—2017）

牌号	温度①/℃	保温时间/h	冷却速度/(℃/h)
1×××（铝箔）、8×××（铝箔）	170~240	10~200（根据厚度、宽度、卷径选择时间）	4~10
1100、1200、1035、1050A、1060、1070A、3004、3105、3A21、5005、5050、5052、5652、5154、5254、5454、5056、5456、5457、5083、5086、5A01、5A02、5A03、5A05、5B05、5A06	350~410②	按工件直径或厚度确定保温时间，但保温时间不宜过长，以晶粒度满足标准为宜	镁的质量分数大于5%的5×××合金采用空冷，其他合金采用水冷、空冷或循环风机冷却
2036	325~385	1~3	退火消除固溶热处理的影响，以不大于30℃/h的冷却速度随炉至260℃以下出炉空冷
3003	355~415	1~3	
2014、2017、2117、2219、2024、2A01、2A02、2A04、2A06、2A10、2A11、2B11、2A12、2B12、2A14、2A16、2A17、2A50、2B50、2A70、2A80、2A90、6005、6053、6061、6063、6066、6A02	350~410	1~3	退火消除固溶处理的影响，以不大于30℃/h的冷却速度随炉至260℃以下出炉空冷
7001③、7075③、7175③、7178③、7A03、7A04、7A09	320~380	1~3	

① 退火炉内金属温度宜控制在±10℃。

② 3A21允许在盐浴槽470~500℃退火。1070A、1060、1050A、1035、1200板材可选用320~400℃，5A01、5A02、5A03、5A05、5A06、5B05、3A21可选用300~350℃。

③ 可不用控制冷却速率，在空气中冷却至205℃或低于205℃，随后重新加热到230℃，保温4h，最后在室温下冷却，通过这种退火方式可消除固溶处理的影响。

2. 变形铝合金的固溶处理

（1）固溶处理温度和保温时间　变形铝合金的固溶处理温度见表 7-31。变形铝合金固溶处理的保温时间见表 7-32。

表 7-31　变形铝合金的固溶处理温度（YS/T 591—2017）

牌号	产品类型	固溶处理温度[1]/℃
2011	线材、棒材	507 ~ 535
2013	挤压件	539 ~ 551
2014	所有制品	496 ~ 507
2014A	板材	496 ~ 507
2017	线材、棒材	496 ~ 510
2017A	板材	496 ~ 507
2117	铆钉线	477 ~ 510
	其他线材、棒材	496 ~ 510
2018	模锻件	504 ~ 521
2218	模锻件	504 ~ 516
2618	模锻件及自由锻件	524 ~ 535
2219	所有制品	529 ~ 541
2024	线材（除铆钉线）[2]、棒材[2]	488 ~ 499
	其他制品	488 ~ 499
2124	厚板	488 ~ 499
2524	薄板	488 ~ 499
2025	模锻件	510 ~ 521
2026	挤压件	488 ~ 499
2027	厚板、挤压件	491 ~ 502
2048	板材	488 ~ 499
2056	薄板	491 ~ 502

（续）

牌号	产品类型	固溶处理温度[1]/℃
2090	挤压件	532~543
	板材	524~538
2297	厚板	527~538
2397	厚板	516~527
2098	所有制品	516~527
2099	挤压件	532~554
2A01	所有制品	495~505
2A02	所有制品	495~505
2A04	所有制品	502~508
2A06[3]	所有制品	495~505
2B06	板材	500~508
	型材	495~505
2A10	所有制品	510~520
2A11	所有制品	495~505
2B11	所有制品	495~505
2A12[3]	所有制品	490~500
2B12	所有制品	490~500
2D12	板材	492~500
	型材	490~498
2A14	所有制品	495~505
2A16	所有制品	530~540
2A17	所有制品	520~530
2018	模锻件	504~521
2218	模锻件	504~516

（续）

牌号	产品类型	固溶处理温度[①]/℃
2618	模锻件及自由锻件	524~535
2219	所有制品	529~541
2024	线材（除铆钉线）[②]、棒材[②]	488~499
	其他制品	488~499
2124	厚板	488~499
2524	薄板	488~499
2025	模锻件	510~521
2026	挤压件	488~499
2027	厚板、挤压件	491~502
2048	板材	488~499
2056	薄板	491~502
2090	挤压件	532~543
	板材	524~538
2297	厚板	527~538
2397	厚板	516~527
2098	所有制品	516~527
2099	挤压件	532~554
2A01	所有制品	495~505
2A02	所有制品	495~505
2A04	所有制品	502~508
2A06[③]	所有制品	495~505
2B06	板材	500~508
	型材	495~505
2A10	所有制品	510~520

（续）

牌号	产品类型	固溶处理温度[①]/℃
2A11	所有制品	495 ~ 505
2B11	所有制品	495 ~ 505
2A12[③]	所有制品	490 ~ 500
2B12	所有制品	490 ~ 500
2D12	板材	492 ~ 500
	型材	490 ~ 498
2A14	所有制品	495 ~ 505
2A16	所有制品	530 ~ 540
2A17	所有制品	520 ~ 530
2A50	所有制品	510 ~ 520
2B50	所有制品	510 ~ 520
2A70	所有制品	525 ~ 535
2D70	型材	525 ~ 535
2A80	所有制品	525 ~ 535
2A90	所有制品	512 ~ 522
4032	模锻件	504 ~ 521
4A11[③]	所有制品	525 ~ 535
6101	挤压件	515 ~ 527
6201	线材	504 ~ 516
6010	薄板	563 ~ 574
6110	线材、棒材、模锻件	527 ~ 566
6013	薄板	563 ~ 574
	棒材	560 ~ 571
6016	板材	516 ~ 579

（续）

牌号	产品类型	固溶处理温度[①]/℃
6151	模锻件、轧制环	510~527
6351	挤压件	516~543
6951	薄板	524~535
6053	模锻件	516~527
6156	薄板	543~552
6061	轧制环	516~552
	薄板[④]、其他制品	516~579
6262	线材、棒材、挤压件、拉伸管	516~566
6063	挤压件	516~530
	拉伸管	516~530
	板材	516~579
6463	挤压件	515~527
6066	挤压件、拉伸管、模锻件	516~543
6070	挤压件	540~552
6082	板材	516~579
	模锻件、挤压件	525~565
6A01	挤压件	515~521
6A02	所有制品	515~525
7001	挤压件	460~471
7010	厚板、锻件	471~482
7020	板材	471~482
	挤压件	467~473
7021	板材	465~475
7129	挤压件	476~488

（续）

牌号	产品类型	固溶处理温度^①/℃

牌号	产品类型	固溶处理温度[①]/℃
7036	挤压件	466 ~ 477
7136	挤压件	466 ~ 477
7039	薄板、厚板	449 ~ 460[⑤]
7040	厚板	471 ~ 488
7140	厚板	471 ~ 482
7049	挤压件、模锻件及自由锻件	460 ~ 474
7149	挤压件、模锻件及自由锻件	460 ~ 474
7249	挤压件	463 ~ 479
7349	挤压件	466 ~ 477
7449	厚板、挤压件	460 ~ 477
7050	所有制品	471 ~ 482
7150	挤压件	471 ~ 482
	厚板	471 ~ 479
7055	挤压件	466 ~ 477
	厚板	460 ~ 482
7056	厚板	460 ~ 477
7068	挤压件	460 ~ 474
7075	薄板[⑥]、厚板[⑦]、线材、棒材[⑦]	460 ~ 499
	挤压件、拉伸管	460 ~ 471
	轧制环、模锻件及自由锻件	460 ~ 477
7175	厚板、挤压件	471 ~ 488
	模锻件、自由锻件	465 ~ 478
7475	薄板（包铝合金）	471 ~ 507
	其他薄板（除包铝合金）、厚板	471 ~ 521

（续）

牌号	产品类型	固溶处理温度①/℃
7076	模锻件及自由锻件	454 ~ 488
7178	薄板⑧	460 ~ 499
	厚板⑧	460 ~ 488
	挤压件	460 ~ 471
7A03	所有制品	465 ~ 475
7A04③	所有制品	465 ~ 475
7B04	板材、型材	465 ~ 475
7A09③	所有制品	465 ~ 475
7A19	所有制品	455 ~ 465
7B50	厚板	471 ~ 482
7A52	板材	465 ~ 482
8090	薄板	532 ~ 538
	厚板	532 ~ 552

① 表中所列的温度指工件温度，温度范围最大值和最小值之间的差值超过 11℃时，只要没有特殊要求，可在表中所示温度范围内采用任意一个 11℃的温度范围（对于6061为17℃）。

② 可以采用482℃的低温，只要每个热处理批次经过测试表明能满足适用的 材料标准的要求，同时经过对测试数据分析，证明数据、资料符合标准。

③ 2A06板材可采用497~507℃；2A12板材可采用492~502℃；7A04挤压 件可采用472~477℃；7A09挤压件可采用455~465℃；4A11锻件可采 用511~521℃。

④ 6061包铝板的最高温度不应超过538℃。

⑤ 对于特定的截面、条件和要求，也可采用其他温度范围。

⑥ 在某些条件下将7075合金加热到482℃以上时会出现熔化现象，应采取 措施避免此问题。为最大限度地减少包铝层和基体之间的扩散，厚度小 于或等于0.5mm的包铝7075合金应在454~499℃范围内进行固溶处理。 大于0.5mm的包铝7075合金应在454~482℃范围内进行固溶处理。

⑦ 对于厚度超过102mm的板材和直径或厚度大于102mm的圆棒和矩形棒， 建议最高温度为488℃，以避免熔化。

⑧ 在某些情况下，加热该合金超过482℃会出现熔化。

表7-32 变形铝合金固溶处理的保温时间（YS/T 591—2017）

规格尺寸[①] /mm	保温时间/min					
	板材、挤压件		自由锻件、模锻件		铆钉线和铆钉	
	盐浴炉	空气炉	盐浴炉	空气炉	盐浴炉	空气炉
≤0.5	5~15	10~25	—	—	—	—
>0.5~1.0	7~25	10~35	—	—	—	—
>1.0~2.0	10~35	15~45	—	—	—	—
>2.0~3.0	10~40	20~50	10~40	30~40	—	—
>3.0~5.0	15~45	25~60	15~45	40~50	25~40	50~80
>5.0~10.0	20~55	30~70	25~55	50~75	30~50	60~80
>10.0~20.0	25~70	35~100	35~70	75~90	—	—
>20.0~30.0	30~90	45~120	40~90	60~120	—	—
>30.0~50.0	40~120	60~180	60~120	120~150	—	—
>50.0~75.0	50~180	100~220	75~160	150~210	—	—
>75.0~100.0	70~180	120~260	90~180	180~240	—	—
>100.0~ 120.0	80~200	150~300	105~240	210~360	—	—
>120.0~ 200.0	规格每增加12.7mm增加15min	规格每增加12.7mm增加30min	—	—	—	—

① 板材的规格尺寸指厚度，挤压棒材的规格尺寸指直径或内切圆直径，挤压型材或管材的规格尺寸指壁厚，锻件的规格尺寸指最大截面线性尺寸，铆钉线和铆钉的规格尺寸指直径。

（2）淬火方式 变形铝合金的淬火方式有浸没式淬火和喷淋淬火两种。

1）浸没式淬火。淬火冷却介质为水时，淬火完成时的水温不宜超过40℃；淬火冷却介质为聚合物水溶液时，淬火完成时的液温不宜超过55℃。产品浸没前允许的最长转移时间应符合表7-33的规定。淬火冷却介质中的停留时间见表7-34。

表 7-33　浸没式淬火时建议的最长淬火转移时间（YS/T 591—2017）

厚度/mm	最长时间/s
≤0.4	5
>0.4 ~0.8	7
>0.8 ~2.3	10
>2.3 ~6.5	15
>6.5	20

注：1. 在保证制品符合相应技术标准或协议要求的前提下，淬火转移时间可适当延长。

　　2. 除 2A16、2219 合金外，如果试验证明整个炉料淬火时温度超过 413℃，最长淬火转移时间可延长（如装炉量很大或炉料很长）。对 2A16、2219 合金，如果试验证明炉料的各个部分的温度在淬火时都在 482℃ 以上，则最长淬火转移时间可延长。

表 7-34　淬火冷却介质中的停留时间（YS/T 591—2017）

厚度 t/mm	淬火液沸腾停止后停留时间/min
≤6.0	0
>6.0	$\geqslant t/25 \times 2$

注：当 $t/25$ 不为整数时，应向上修约为整数，如 $t/25$ 等于 1.3，应向上修约为 2。

2）喷淋淬火。采用喷水淬火时，应保持喷水接触直到产品表面不再有水汽升起时为止。采用喷气淬火时，直到产品表面温度降至不大于 100℃ 时为止。

（3）**重复固溶处理**　重复固溶处理次数应不超过两次，包铝材料重复固溶处理次数应不超过表 7-35 中的规定。

表 7-35　包铝材料重复固溶处理次数（YS/T 591—2017）

厚度/mm	允许重复固溶处理的最多次数
≤0.5	0
>0.5 ~3.0	1
>3.0	2

重复固溶处理的保温时间可缩短至原定时间的一半。

若连续式热处理炉的加热速度足够快，只要不出现严重的包铝层扩散，则允许在表7-35的基础上增加一次重复固溶处理。

未经供方同意，不允许对T451、T651、T7×51状态及T4、T6、T7×状态的产品进行重复固溶处理。

3. 变形铝合金的时效

1) 典型产品单级时效处理工艺见表7-36。

表7-36 典型产品单级时效处理工艺（YS/T 591—2017）

| 牌号 | 时效前状态 | 产品类型 | 单级时效工艺[①] | | 时效硬化热处理后状态的代号 |
			温度[②]/℃	时效时间[③]/h	
2011	W	除锻件	室温	≥96	T4、T42
	T3	挤压件	154～166	13～15	T8
2013	T3511	挤压件	185～195	7～9	T6511
2014	W	除锻件	室温	≥96	T4、T42
	T4	板材	154～166	17～18	T6
	T4、T42[④]	除锻件	171～182	9～11	T6、T62
	T451[④]	除锻件	171～182	9～11	T651
	T4510	挤压件	171～182	9～11	T6510
	T4511	挤压件	171～182	9～11	T6511
	W	自由锻件	室温	≥96	T4
	T4		166～177	9～11	T6
	T41		171～182	5～14	T61
	T452		166～177	9～11	T652
2017	W	所有制品	室温	≥96	T4
2017A	T4	板材	150～165	10～18	T6
2117	W	线材、棒材、铆钉线	室温	≥96	T4
2018	W	模锻件	室温	≥96	T4
	T41	模锻件	166～177	9～10	T61
2218	W	模锻件	室温	≥96	T4、T41
	T4	模锻件	166～177	9～10	T61
	T41	模锻件	232～243	5～7	T72
	T42	模锻件	166～177	9～11	T62
	T42	模锻件	232～243	5.5～6.5	T72

（续）

牌号	时效前状态	产品类型	单级时效工艺①		时效硬化热处理后状态的代号
			温度②/℃	时效时间③/h	
2618	W	除锻件	室温	≥96	T4
	T41	模锻件	193～204	19～21	T61
2219	W	所有制品	室温	≥96	T4、T42
	T31	薄板	171～182	17～18	T81
	T31	挤压件	185～196	17～18	T81
	T31	铆钉线材	171～182	17～18	T81
	T37	薄板	157～168	23～25	T87
	T37	厚板	171～182	17～18	T87
	T42	所有制品	185～196	35～36	T62
	T351	所有制品	171～182	17～18	T851
	T351	圆棒、方棒	185～196	17～18	T851
	T3510	挤压件	185～196	17～18	T8510
	T3511		185～196	17～18	T8511
	W	锻件	室温	≥96	T4
	T4		185～196	25～26	T6
	T352	自由锻件	171～182	17～18	T852
2024	W	所有制品	室温	≥96	T4、T42
	T3	薄板、拉伸管	185～196	11～12	T81
	T4	线材、棒材	185～196	11～12	T6
	T3	挤压件	185～196	11～12	T81
	T36	线材	185～196	8～9	T86
	T42	薄板、圆棒	185～196	9～10	T62
	T42	薄板	185～196	15～16	T72
	T42	薄板、厚板除外	185～196	15～16	T62
	T351	薄板、厚板	185～196	11～12	T851
	T361		185～196	8～9	T861
	T3510	挤压件	185～196	11～12	T8510
	T3511		185～196	11～12	T8511
	W	模锻和自由锻件	室温	≥96	T4
	W52	自由锻件	室温	≥96	T352
	T4	模锻和自由锻件	185～196	11～12	T6
	T352	自由锻件	185～196	11～12	T852

（续）

牌号	时效前状态	产品类型	单级时效工艺①		时效硬化热处理后状态的代号
			温度②/℃	时效时间③/h	
2124	W	厚板	室温	≥96	T4、T42
	T4		185～196	9～10	T6
	T42		185～196	9～10	T62
	T351		185～196	11～12	T851
2025	W	模锻件	室温	≥96	T4
	T4	模锻件	166～177	9～10	T6
2048	W	除锻件	室温	≥96	T4、T42
	T42	薄板、圆棒	185～196	9～10	T62
	T351	薄板、厚板	185～196	11～12	T851
2090	T3	挤压件	146～157	29～31	T862
	T3	厚板	158～169	22～24	T832
2297	T37	厚板	155～166	23～25	T87
2397	T37	厚板	155～166	59～61	T87
2098	T351	所有制品	155～166	17～19	T851
	T42	所有制品	155～166	17～19	T62
2A01	—	铆钉线材、铆钉	室温	≥96	T4
2A02		所有制品	165～175	15～16	T6
			185～195	23～24	T6
2A04	—	铆钉线材、铆钉	室温	≥240	T4
2A06	—	所有制品	室温	120～240	T4
2B06	W	板材、型材	室温	120～240	T4
2A10	—	铆钉线材、铆钉	室温	≥96	T4
2A11	—	所有制品	室温	≥96	T4
2B11	—	铆钉线材、铆钉	室温	≥96	T4
2A12		其他所有制品	室温	≥96	T4
	—	厚度≤2.5mm 包铝板	185～195	11～13	T62
	—	壁厚≤5mm 挤压型材	185～195	11～13	T62
				6～12	T6

（续）

| 牌号 | 时效前状态 | 产品类型 | 单级时效工艺① | | 时效硬化热处理后状态的代号 |
			温度②/℃	时效时间③/h	
2B12	—	铆钉线材、铆钉	室温	≥96	T4
2D12	W	板材、型材	室温	≥96	T4
2A14	—	所有制品	室温	≥96	T4
			155～165	4～15	T6
2A16	—	其他所有制品	室温	≥96	T4
			160～170	10～16	T6
			205～215	11～12	T6
		厚度 1.0～2.5mm 包铝板材	185～195	17～18	T73
		壁厚 1.0～1.5mm 挤压型材	185～195	17～18	T73
2A17	W	所有制品	180～190	15～16	T6
2A19	W	所有制品	160～170	17～18	T6
2A50	—	所有制品	室温	≥96	T4
	—	所有制品	150～160	6～15	T6
2B50	—	所有制品	150～160	6～15	T6
2A70	—	所有制品	185～195	8～12	T6
2D70	W	型材	190～200	12～21	T6
	T351	板材	180～195	10～16	T651
2A80	—	所有制品	165～175	10～16	T6
2A90	—	挤压棒材	155～165	4～15	T6
	—	锻件、模锻件	165～175	6～16	T6
4032	W	模锻件	室温	≥96	T4
	T4	模锻件	165～175	9～11	T6
4A11	—	所有制品	165～175	8～12	T6
6101	T1	挤压材	175～185	5～6	T6

（续）

牌号	时效前状态	产品类型	单级时效工艺①		时效硬化热处理后状态的代号
			温度②/℃	时效时间③/h	
6101B	T1	挤压材	175 ~ 185	5 ~ 6	T6
6201	T3	线材	154 ~ 165	4 ~ 5	T81
6005	T1	挤压件	171 ~ 182	8 ~ 9	T5
6005A	T1	挤压件	171 ~ 182	8 ~ 9	T5
6105	T1	挤压件	171 ~ 182	8 ~ 9	T5
6106	T1	挤压材	175 ~ 185	5 ~ 6	T6
6010	W	薄板	171 ~ 182	8 ~ 9	T6
6110	T4	线材、棒材	187 ~ 199	8 ~ 9	T9
	T4	模锻件	173 ~ 185	6 ~ 10	T6
6111	T4	板、带材	60 ~ 120	3 ~ 10	T4P⑤
6013	T4	除锻件	185 ~ 196	4 ~ 5	T6
	T4	板、带材	60 ~ 120	3 ~ 10	T4P⑤
6014	T4	板、带材	60 ~ 120	3 ~ 10	T4P⑤
6016	T4	板、带材	60 ~ 120	3 ~ 10	T4P⑤
6022	T4	板、带材	60 ~ 120	3 ~ 10	T4P⑤
6151	W	模锻件	室温	≥96	T4
	T4	模锻件	166 ~ 182	9 ~ 10	T6
	T452	轧环	166 ~ 182	9 ~ 10	T652
6351	T1	挤压件	171 ~ 183	8 ~ 9	T5
					T51
			115 ~ 127	9 ~ 10	T54
	T4		171 ~ 183	8 ~ 9	T6
6951	W	除锻件	室温	≥96	T4、T42
	T4	薄板	154 ~ 166	17 ~ 18	T6
	T42		154 ~ 166	17 ~ 18	T62

（续）

| 牌号 | 时效前状态 | 产品类型 | 单级时效工艺① | | 时效硬化热处理后状态的代号 |
			温度②/℃	时效时间③/h	
6053	W	模锻件	室温	≥96	T4
	T4	模锻件	166~177	9~10	T6
	T4	线材、棒材	174~185	8~9	T61
6156	T4	薄板	185~195	4~6	T62
6061	W	除锻件	室温	≥96	T4、T42
	T1	圆棒、方棒、型材	171~182	8~9	T5
	T4	板、带材、锻件	154~166	17~18	T6
	T451		154~166	17~18	T651
	T42		154~166	17~18	T62
	T4	挤压件	171~182	8~9	T6
	T42		171~182	8~9	T62
	T4510		171~182	8~9	T6510
	T4511		171~182	8~9	T6511
	W	模锻和自由锻件	室温	≥96	T4
	T41	模锻和自由锻件	171~182	8~9	T61
	T452	轧环和自由锻件	171~182	8~9	T652
6262	W	除锻件	室温	≥96	T4
	T4	挤压件	172~183	11~12	T6
	T4510				T6510
	T4511				T6511
	T4	所有其他	166~178	8~9	T6
6063	W	挤压件	室温	≥96	T4、T42
	T1	除锻件	177~188	3~4	T5、T52
	T1	除锻件	213~224	1~2	T5、T52
	T4	除锻件	171~182	8~9	T6
	T4	除锻件	177~188	6~7	T6
	T42	除锻件	171~182	8~9	T62
	T42	除锻件	177~188	6~7	T62
	T4510	除锻件	171~182	8~9	T6510
	T4511	除锻件	171~182	8~9	T6511

（续）

牌号	时效前状态	产品类型	单级时效工艺①		时效硬化热处理后状态的代号
			温度②/℃	时效时间③/h	
6463	T1	挤压件	198~210	1~2	T5
	T4	挤压件	171~183	7~8	T6
6066	W	挤压件	室温	≥96	T4、T42
	T4	除锻件	171~182	8~9	T6
	T42	除锻件	171~182	8~9	T62
	T4510	除锻件	171~182	8~9	T6510
	T4511	除锻件	171~182	8~9	T6511
	W	模锻件	室温	≥96	T4
	T4	模锻件	171~182	8~9	T6
6181	T4	板、带材	60~120	3~10	T4P⑤
6082	T4	板、带材	154~166	12~18	T6
	T451	板、带材	154~166	12~18	T651
	T4	模锻件	173~185	7~9	T6
6A01	T4	挤压件	155~165	7~9	T6
6A02	—	所有制品	室温	≥96	T4
			155~165	8~15	T6
6A16	T4	板、带材	60~120	3~10	T4P⑤
7001	W	挤压件	116~127	23~24	T6
	W510		116~127	23~24	T6510
	W511		116~127	23~24	T6511
7020	W	挤压材	105~115	9~10	T6
			155~165	3~4	
7021	W	板、带材	110~125	10~18	T6
7116	W	挤压件	97~108	4~5	T5
			161~173	4~5	
7129	W	挤压件	97~108	>5	T5
			155~166	4~5	
			97~108	>5	T6
			155~166	4~5	
7149	W	模锻和自由锻件	室温	>48	
7068	W	挤压件	115~125	23~25	T6

（续）

牌号	时效前状态	产品类型	单级时效工艺①		时效硬化热处理后状态的代号
			温度②/℃	时效时间③/h	
7075	W⑥	所有制品	116 ~ 127	23 ~ 24	T6、T62
	W51⑦	所有制品	116 ~ 127	23 ~ 24	T651
	W510⑥	挤压件	116 ~ 127	23 ~ 24	T6510
	W511⑥		116 ~ 127	23 ~ 24	T6511
	T6⑧	薄板	157 ~ 168	24 ~ 30	T73
	T6⑧	线材、圆棒、方棒	171 ~ 182	8 ~ 10	T73
	T6⑧	挤压件	171 ~ 182	6 ~ 8	T73
			154 ~ 166	18 ~ 21	T76
	T651⑧	厚板	157 ~ 168	24 ~ 30	T7351
			157 ~ 168	15 ~ 18	T7651
	T651⑧	线材、圆棒、方棒	171 ~ 182	8 ~ 10	T7351
	T6510⑧	挤压件	171 ~ 182	6 ~ 8	T73510
			154 ~ 166	18 ~ 21	T76510
	T6511⑥		171 ~ 182	6 ~ 8	T73511
			154 ~ 166	18 ~ 21	T76511
	W	锻件	116 ~ 127	23 ~ 24	T6
	W52	自由锻件	116 ~ 127	23 ~ 24	T652
7175	W52	自由锻件	116 ~ 127	23 ~ 24	T652
7475	W51	厚板	116 ~ 127	23 ~ 24	T651
	W	薄板（包铝合金）	121 ~ 157	3 ~ 4	T61
7076	W	模锻件和自由锻件	129 ~ 141	13 ~ 14	T6

（续）

牌号	时效前状态	产品类型	单级时效工艺①		时效硬化热处理后状态的代号
			温度②/℃	时效时间③/h	
7178	W	除锻件	116~127	23~24	T6、T62
	W51	厚板	116~127	23~24	T651
	W510	挤压件	116~127	23~24	T6510
	W511	挤压件	116~127	23~24	T7651
	T6、T62	挤压件	155~166	18~20	T762
	T6、T62	板材	158~169	16~18	T762
7A03	—	铆钉线材	95~105	2~3	T6
	—	铆钉	163~173	3~4	T6
7A04		包铝板材	115~225	22~24	T6
	—	挤压件、锻件及非包铝板材	135~145	15~16	T6
	—	所有制品	115~125 155~165	3~4	T6
7B04	T4	板材	115~125	23~25	T6
	T4	型材	115~125	23~25	T6
7A09	—	板材	125~135	8~16	
	—	挤压件、锻件	135~145	16	
7A19	—	所有制品	115~125	2~3	T6
8090	W	薄板、厚板	165~175	8~48	T8
6005	在线风淬	挤压件	180~200	4~8	T5
	在线水淬 T4	挤压件	180~190	6~10	T6
6060	在线风淬	挤压件	190~210	2.5~3	T5
	在线水淬 T4	挤压件	180~200	3~6	T6

（续）

牌号	时效前状态	产品类型	单级时效工艺①		时效硬化热处理后状态的代号
			温度②/℃	时效时间③/h	
6061	在线水淬 T4	挤压件	180~190	6~10	T6
6063	在线风淬	挤压件	190~210	2.5~3	T5
	在线水淬 T4	挤压件	180~200	3~6	T6
6063A	在线风淬	挤压件	190~210	2.5~4	T5
	在线水淬 T4	挤压件	180~200	4~8	T6
6463	在线风淬	挤压件	190~210	2.5~3	T5
	在线水淬 T4	挤压件	180~200	3~6	T6
6463A	在线风淬	挤压件	190~210	2.5~3	T5
	在线水淬 T4	挤压件	180~200	3~6	T6

① 为了消除制品残余应力状态，固溶处理 W 状态的制品在时效前，宜进行拉伸或压缩变形。

② 当规定温度范围间隔超过11℃，只要没有其他规定，就可任选整个范围内11℃作为温度范围。

③ 在时效时宜快速升温使制品达到时效温度，时效时间从制品温度全部达到最低时效温度开始计时。

④ 对于薄板和厚板，也可采用152~166℃下加热18h 的制度来代替。

⑤ T4P 状态为产品固溶淬火后经过特殊时效处理，在一定时间内，产品强度稳定在一个较低值的状态。

⑥ 对于挤压件，可采用三级时效处理来代替，即先在 93~104℃下加热5h，随后在116~127℃下加热4h，接着在143~154℃下加热4h。

⑦ 对于厚板，可采用在 91~102℃下进行 4h 处理，随后进行第二阶段的152~163℃下加热8h 的时效工艺来代替。

⑧ 由任意状态时效到 T7 状态，铝合金 7079、7050、7075 和 7178 时效要求严格控制时效实际参数，如时间、温度、加热速率等。除上述情况外，将 T6 状态经时效处理成 T7 状态时，T6 状态材料的性能值和其他处理参数是非常重要的，它影响最终处理后 T7 状态合金组织性能。

2）典型产品双级时效处理工艺见表7-37。

表7-37　典型产品双级时效处理工艺（YS/T 591—2017）

牌号	时效前状态	产品类型	双级时效工艺①				时效硬化热处理后状态的代号
			一级时效		二级时效		
			温度②/℃	时效时间③/h	温度②/℃	时效时间③/h	
2099	挤压件	T33	115~125	10~14	155~165	42~54	T83
7010	W51	厚板	116~127	6~24	166~177	6~15	T7651
	W51	厚板	116~127	6~24	166~177	9~18	T7451
	W51	厚板	116~127	6~24	166~177	15~24	T7351
	W	厚板、锻件	116~127	6~24	166~177	19~21	T732
	W	厚板、锻件	116~127	6~24	166~177	13~15	T742
	W	厚板、锻件	116~127	6~24	166~177	10~12	T762
7020	W	板材	105~115	12~18	145~155	6~10	T76
7039	W	薄板	74~85	15~16	154~166	13~14	T61
	W51	厚板	74~85	15~16	154~166	13~14	T64
7040	W	锻件	115~125	23~25	159~169	11~13	T73
	W	板材	115~125	4~28	160~170	10~16	T7451
7140	W	板材	115~125	6~12	150~160	20~30	T7451
7049	W511	挤压件	116~127	23~25	160~166	12~14	T76510 T76511
	W511	挤压件	116~127	23~25	163~168	12~21	T73510 T73511
	W W52	模锻件、自由锻件	116~127	23~25	160~166	10~16	T73 T7352
	W511	模锻件、自由锻件	116~127	23~25	144~155	12~21	T73511

牌号	时效前状态	产品类型	双级时效工艺①				时效硬化热处理后的状态的代号
			一级时效		二级时效		
			温度②/℃	时效时间③/h	温度②/℃	时效时间③/h	
7149	W511	挤压件	116~127	23~25	160~166	12~14	T76510 T76511
	W52	锻件	116~127	23~25	163~168	12~21	T73510 T73511
7349	W	挤压件	116~127	23~24	160~171	10~16	T73 T7352
7449	W	板材	115~125	4~28	151~161	9~13	T76511
	W	板材	115~125	4~28	155~165	8~12	T7651
	W	挤压件	115~125	4~28	145~155	15~19	T7951
	W	挤压件	115~125	4~28	145~155	15~19	T79511
7050	W51④	厚板	116~127	3~6	157~168	12~15	T7651
	W51④	厚板	116~127	3~8	157~168	24~30	T7451
	W51④	厚板	116~127	4~24	172~182	8~16	T7351
	W510④	挤压件	116~127	3~8	157~168	15~18	T76510
	W510④	挤压件	116~127	23~24	171~183	12~15	T73510
	W510④	挤压件	116~127	23~24	165~178	8~12	T74510
	W511④	挤压件	116~127	23~24	171~183	12~15	T73511
	W511④	挤压件	116~127	23~24	165~177	8~12	T74511
	W511④	挤压件	116~127	3~8	157~168	15~18	T76511
	W④	线材、圆棒	118~124	≥4	177~182	≥8	T73
	W	模锻件	116~127	3~6	171~182	6~12	T74
	W52	自由锻件	116~127	3~6	171~182	6~8	T7452

合金	状态	产品形式					最终状态
7150	W510	挤压件	116~127	7~8	154~166	4~6	T6510
	W511						T6511
7055	W51	厚板	116~127	23~24	149~160	11~12	T7651
	W	挤压件	116~127	4~6	155~166	11~12	T74511
	W	挤压件	116~127	4~6	155~166	6.5~7.5	T76511
7056	W	板材	115~125	19~29	145~155	11~21	T7651
	W④⑤	薄板和厚板	102~113	6~8	157~168	24~30	T73
	W④		116~127	6~8	157~168	15~18	T76
	W④⑥	线材、圆棒和方棒	102~113	6~8	171~182	8~10	T73
	W④⑤	挤压件	102~113	6~8	171~182	6~8	T73
	W④		116~127	3~5	154~166	18~21	T76
	W51④⑤	厚板	102~113	6~8	157~168	24~30	T7351
	W51④	厚板	116~127	3~5	157~168	15~18	T7651
7075	W51④⑥	线材、圆棒、方棒	102~113	6~8	171~182	8~10	T7351
	W510④⑤	挤压件	102~113	6~8	171~182	6~8	T73510
	W511④⑥		116~127	6~8	171~182	6~8	T73511
	W510④⑤		116~127	3~5	154~166	18~21	T76510
	W511④⑤		102~113	3~5	154~166	18~21	T76511
	W④	—	102~113	6~8	171~182	8~10	T73
	W51、W52④	锻件	102~113	6~8	171~182	6~8	T7351, T7352
	W51	轧环	102~113	6~8	171~182	6~8	T7351
	W	模锻件和自由锻件	102~113	6~8	171~182	6~8	T74

（续）

牌号	时效前状态	产品类型	双级时效工艺①				时效硬化热处理后状态的代号
			一级时效		二级时效		
			温度②/℃	时效时间③/h	温度②/℃	时效时间③/h	
7175	W52	模锻件、自由锻件	102~113	6~8	171~182	6~8	T7452
	W	模锻件、自由锻件	102~113	6~8	171~182	6~8	T74
7475	W	薄板	116~127	3~4	157~163	8~10	T761
	W④	薄板	116~127	3~5	157~168	15~18	T76
	W④	挤压件	116~127	3~5	154~166	18~21	T76
7178	W51④	厚板	116~127	3~5	157~168	15~18	T7651
	W510④	挤压件	116~127	3~5	154~166	18~21	T76510
	W511④	挤压件	116~127	3~5	154~166	18~21	T76511
7B04	W	板材	110~120	5~10	160~170	14~24	T74
	W51	板材	110~120	5~10	160~170	14~24	T7451
	W51	板材	110~120	5~10	160~170	25~35	T7351
7B05	—	—	90~110	1~8	140~160	10~20	

合金	制品		105~115	6~8	172~182	8~10	T73
7A09	锻件	—	105~115	6~8	172~182	8~10	T73
		—	105~115	6~8	160~170	8~10	T74
7A19	所有制品	—	95~105	9~10	175~185	2~3	T73
		—	95~105	9~10	150~160	10~12	T76

① 为了消除制品残余应力状态，固溶处理、在两级时效步骤之间无须出炉冷却，可连续升温。

② 当规定温度范围超过11℃，只要没有其他规定，就可任选整个范围。

③ 在时效时宜快速升温使制品达到规定效温度，时效时间以从制品温度达到规定最低温度开始计时。

④ 由任意状态时效到T7状态，铝合金7079、7050、7075和7178时效采用严格控制效时效系列时，T6状态经时效处理成T7状态系列，T6状态材料的性能值和其他性能处理参数是非常重要的，它影响最终处理后T7状态合金组织性能。

⑤ 只要加热速率为14℃/h，就可用在102~113℃下加热6~8h，随后在此163~174℃下加热14~18h的双级时效处理来代替。

⑥ 只要加热速率为14℃/h，就可用在171~182℃下加热10~14h的工艺来代替。

7.2.2　铸造铝合金的热处理

1. 铸造铝合金的热处理工艺参数（表7-38）

表7-38 铸造铝合金的热处理工艺参数（GB/T 25745—2010）

序号	牌号	代号	热处理状态	固溶处理 温度/℃	保温时间/h	冷却介质及温度/℃	最长转移时间/s	时效处理 温度/℃	保温时间/h	冷却介质
1	ZAlSi7Mg	ZL101	T2	—	—	—	—	290~310	2~4	空气或随炉冷
			T4	530~540	2~6	60~100,水	25	室温	≥24	—
			T5	530~540	2~6	60~100,水	25	145~155	3~5	空气
			T6	530~540	2~6	60~100,水	25	195~205	3~5	空气
			T7	530~540	2~6	60~100,水	25	220~230	3~5	空气
			T8	530~540	2~6	60~100,水	25	245~255	3~5	空气
2	ZAlSi7MgA	ZL101A	T4	530~540	6~12	60~100,水	25	室温	—	空气
			T5	530~540	6~12	60~100,水	25	室温 再150~160	不少于8 2~12	空气
			T6	530~540	6~12	60~100,水	25	室温 再175~185	不少于8 3~8	空气
3	ZAlSi12	ZL102	T2	—	—	—	—	290~310	2~4	空气或随炉冷

序号	合金牌号	合金代号	状态	固溶温度	时间	淬火介质	时间	时效温度	时间	冷却
4	ZAlSi9Mg	ZL104	T1	—	—	—	—	170~180	3~17	空气
			T6	530~540	2~6	60~100,水	25	170~180	8~15	
5	ZAlSi5Cu1Mg	ZL105	T2	—	—	—	—	175~185	5~10	空气
			T5	520~530	3~5	60~100,水	25	170~180	3~10	
			T7	520~530	3~5	60~100,水	25	220~230	3~10	
6	ZAlSi5Cu1MgA	ZL105A	T5	520~530	4~12	60~100,水	25	155~165	3~5	空气
7	ZAlSi8Cu1Mg	ZL106	T1	—	—	—	—	175~185	3~5	空气
			T5	510~520	5~12	60~100,水	25	145~155	3~5	
			T6	510~520	5~12	60~100,水	25	170~180	3~10	
			T7	510~520	5~12	60~100,水	25	225~235	6~8	
8	ZAlSi7Cu4	ZL107	T6	510~520	8~10	60~100,水	25	160~170	6~10	空气
9	ZAlSi12Cu2Mg1	ZL108	T1	—	—	—	—	190~210	10~14	空气
			T6	510~520	3~8	60~100,水	25	175~185	10~16	
			T7	510~520	3~8	60~100,水	25	200~210	6~10	

（续）

序号	牌号	代号	热处理状态	固溶处理				时效处理		
				温度/℃	保温时间/h	冷却介质及温度/℃	最长转移时间/s	温度/℃	保温时间/h	冷却介质
10	ZAlSi12Cu1Mg1Ni1	ZL109	T1	—	—	—	—	200~210	6~10	空气
			T6	495~505	4~6	60~100,水	25	180~190	10~14	空气
11	ZAlSi15Cu6Mg	ZL110	T1	—	—	—	—	195~205	5~10	空气
12	ZAlSi9Cu2Mg	ZL111	T6	分段加热 500~510 再530~540	4~6 6~8	60~100,水	25	170~180	5~8	空气
13	ZAlSi7Mg1A	ZL114A	T5	530~540	4~6	60~100,水	25	155~165	4~8	空气
			T8	530~540	6~10			160~170	5~10	
14	ZAlSi8MgBe	ZL115	T4	535~545	10~12	60~100,水	25	室温	≥24	空气
			T5	535~545	10~12			145~155	3~5	
15	ZAlSi8MgBe	ZL116	T4	530~540	8~12	60~100,水	25	室温	≥24	空气
			T5	530~540	8~12			170~180	4~8	

序号	合金牌号	代号	状态	加热温度	保温时间	冷却介质及温度		时效温度	时效时间	冷却介质
16	ZAlCu5Mn	ZL201	T4	分段加热 525~535 再535~545	5~9 5~9	60~100,水	20	室温	≥24	
			T5	分段加热 525~535 再535~545	5~9 5~9	60~100,水	20	170~180	3~5	空气
17	ZAlCu5MnA	ZL201A	T5	530~540 再540~550	7~9	60~100,水	20	155~165	6~9	空气
18	ZAlCu4	ZL203	T4	510~520	10~16	60~100,水	25	室温	≥24	
			T5	510~520	10~15	60~100,水	25	145~155	2~4	空气
19	ZAlCu5MnCdA	ZL204A	T6	533~543	10~18	室温~60,水	20	170~180	3~5	空气
20	ZAlCu5MnCdVA	ZL205A	T5	533~543	10~18	室温~60,水	20	150~160	8~10	空气
			T6	533~543	10~18	室温~60,水	20	170~180	4~6	空气
			T7	533~543	10~18	室温~60,水	20	185~195	2~4	空气

（续）

序号	牌号	代号	热处理状态	固溶处理				时效处理		
				温度/℃	保温时间/h	冷却介质及温度/℃	最长转移时间/s	温度/℃	保温时间/h	冷却介质
21	ZAlRE5Cu3Si2	ZL207	T1	195~205	5~10	195~205	5~10	195~205	5~10	空气
22	ZAlMg10	ZL301	T4	425~435	12~20	沸水或50~100油	25	室温	≥24	
23	ZAlMg5Si1	ZL303	T1	—	—	—	—	170~180	4~6	空气
			T4	420~430	15~20	沸水或50~100油	25	室温	≥24	
24	ZAlMg8Zn1	ZL305	T4	分段加热 430~440 再425~435	8~10 6~8	沸水或50~100油	25	室温	≥24	
25	ZAlZn11Si7	ZL401	T1	—	—		—	195~205	5~10	空气
26	ZAlZn6Mg	ZL402	T1	—	—		—	175~185	8~10	空气

2. 铸造铝合金的冷热循环处理制度（表 7-39）

表 7-39　铸造铝合金的冷热循环处理制度（GB/T 25745—2010）

制度号	制度名称	温度/℃	时间/h	冷却方式
1	正温处理	135 ~ 145	4 ~ 6	空冷
	负温处理	≤ -50	2 ~ 3	在空气中回复到室温
	正温处理	135 ~ 145	4 ~ 6	随炉冷至 ≤60℃取出空冷
2	正温处理	115 ~ 125	6 ~ 8	空冷
	负温处理	≤ -50	6 ~ 8	在空气中回复到室温
	正温处理	115 ~ 125	6 ~ 8	随炉冷至室温

3. 铸造铝合金的重复热处理

当铸件热处理后力学性能不合格时，可进行重复热处理。

1）重复热处理的保温时间可酌情减少。

2）固溶处理重复次数一般不超过 2 次。

3）时效处理重复次数不受限制。

4）固溶处理为分段加热的铸件，在重复热处理时，固溶处理已加热温度可以不采用分段加热工艺。

4. 铸造铝合金的稳定化时效

几种铸造铝合金的稳定化时效制度见表 7-40。稳定化处理也可采用多级时效。固溶处理后预时效，然后进行正常时效，最后进行终时效。

表 7-40　几种铸造铝合金的稳定化时效制度

牌号	时效温度/℃	时效时间/h
ZL101	215 ~ 235	3 ~ 5
ZL201、ZL202	250	3 ~ 10
ZL501	250 ~ 300	1 ~ 3
	175	5 ~ 10

5. 铸造铝合金的冷处理工艺（表 7-41）

表 7-41　铸造铝合金的冷处理工艺

铸件类型	冷处理工艺
消除内应力的铸件	将铸造或固溶处理后的铸件冷却到 -50℃、-70℃ 或更低的温度，保持 2~4h，然后在空气或热水中加热到室温
要求尺寸稳定性更高的铸件	将铸件冷却到 -50℃、-70℃ 或更低的温度，保持 2~4h，恢复室温后，加热到200℃左右，保持一定的时间，反复进行多次

7.3　钛及钛合金的热处理

7.3.1　钛及钛合金的 β 转变温度

1. 钛及钛合金的名义化学成分及 β 转变温度 T_β（表 7-42）

表 7-42　钛及钛合金的名义化学成分及 β 转变温度 T_β

牌号	名义化学成分	$T_\beta/℃$
TA1	工业纯钛	890
TA2	工业纯钛	900
TA3	工业纯钛	910
TA4	工业纯钛	930
TA5	Ti-4Al-0.005B	990
TA6	Ti-5Al	1010
TA7	Ti-5Al-2.5Sn	1010
TA7ELI	Ti-5Al-2.5Sn	1000
TA9	Ti-0.2Pd	910
TA10	Ti-0.3Mo-0.8Ni	900
TA11	Ti-8Al-1Mo-1V	1040
TA12	Ti-5.5Al-4Sn-2Zr-1Mo-1Nd-0.25Si	1005
TA13	Ti-2.5Cu	895
TA15	Ti-6.5Al-2Zr-1Mo-1V-2Zr	1000
TA15-1	Ti-2.5Al-1.5Zr-1Mo-1V-1.5Zr	915

（续）

牌号	名义化学成分	$T_\beta/℃$
TA15-2	Ti-4Al-1.5Zr-1Mo-1V-1.5Zr	965
TA16	Ti-2Al-2.5Zr	930
TA18	Ti-3Al-2.5V	935
TA19	Ti-6Al-2Sn-4Zr-2Mo-0.1Si	995
TA20	Ti-4Al-3V-1.5Zr	940
TA21	Ti-1Al-1Mn	890
TB2	Ti-5Mo-5V-8Cr-3Al	750
TB3	Ti-3.5Al-10Mo-8V-1Fe	750
TB5	Ti-15V-3Al-3Cr-3Sn	760
TB6	Ti-10V-2Fe-3Al	800
TB8	Ti-15Mo-3Al-2.7Nb-0.25Si	815
TC1	Ti-2Al-1.5Mn	930
TC2	Ti-4Al-1.5Mn	955
TC3	Ti-5Al-4V	965
TC4	Ti-6Al-4V	995
TC6	Ti-6Al-1.5Cr-2.5Mo-0.5Fe-0.3Si	970
TC9	Ti-6.5Al-3.5Mo-2.5Sn-0.3Si	1000
TC10	Ti-6Al-6V-2Sn-0.5Cu-0.5Fe	995
TC11	Ti-6.5Al-3.5Mo-1.5Zr-0.3Si	1000
TC16	Ti-3Al-5Mo-4.5V	860
TC17	Ti-5Al-2Sn-2Zr-4Mo-4Cr	885
TC18	Ti-5Al-4.75Mo-4.75V-1Cr-1Fe	870

2. 铸造钛及钛合金的 β 转变温度 T_β（表7-43）

表7-43 铸造钛及钛合金的 β 转变温度 T_β

牌号	代号	$T_\beta/℃$
ZTi2	ZTA2	900
ZTiAl4	ZTA5	990
ZTiAl5Sn2.5	ZTA7	1010
ZTiAl6V4	ZTC4	995

7.3.2 钛及钛合金的热处理工艺

1. 钛及钛合金的退火

（1）去应力退火　钛及钛合金的去应力退火工艺见表7-44所示。铸造钛及钛合金的去应力退火工艺见表7-45。

表7-44　钛及钛合金的去应力退火工艺

牌号	加热温度/℃	保温时间/min
TA1、TA2、TA3、TA4	445 ~ 595	15 ~ 360
TA5	500 ~ 600	15 ~ 240
TA6	550 ~ 600	15 ~ 360
TA7	540 ~ 650	15 ~ 360
TA7ELI	540 ~ 650	15 ~ 360
TA9	480 ~ 600	15 ~ 240
TA10	480 ~ 600	15 ~ 240
TA11	595 ~ 760	15 ~ 240
TA12	500 ~ 550	60 ~ 300
TA13	550 ~ 650	30 ~ 120
TA15	550 ~ 650	30 ~ 360
TA16	500 ~ 600	30 ~ 360
TA18	370 ~ 595	15 ~ 240
TA19	480 ~ 650	60 ~ 240
TA21	480 ~ 580	30 ~ 360
TB2	650 ~ 700	30 ~ 60
TB3	680 ~ 730	30 ~ 60
TB5	680 ~ 710	30 ~ 60
TB6	675 ~ 705	30 ~ 60
TB8	680 ~ 710	30 ~ 60

（续）

牌号	加热温度/℃	保温时间/min
TC1	520 ~ 580	60 ~ 240
TC2	545 ~ 600	30 ~ 360
TC3	550 ~ 650	60 ~ 360
TC4①	480 ~ 650	60 ~ 360
TC6	530 ~ 620	30 ~ 360
	800 ~ 850②	60 ~ 180
TC9	530 ~ 580	30 ~ 360
TC10	540 ~ 600	30 ~ 360
TC11	530 ~ 580	30 ~ 360
TC16	550 ~ 650	30 ~ 240
TC17	480 ~ 650	60 ~ 240
TC18	600 ~ 680	60 ~ 240

注：对于已淬火且时效强化的或经双重退火的钛合金，去应力退火应小心进行，加热温度不应超过时效温度或第二阶段退火温度。

① 去应力退火可以在 760 ~ 790℃ 与热成形同时完成。

② 用于焊接后的去应力退火。

表 7-45 铸造钛及钛合金的去应力退火工艺（GB/T 6614—2014）

代号	温度/℃	保温时间/min	冷却方式
ZTA1、ZTA2、ZTA3	500 ~ 600	30 ~ 60	
ZTA5	550 ~ 650	30 ~ 90	
ZTA7	550 ~ 650	30 ~ 120	
ZTA9、ZTA10	500 ~ 600	30 ~ 120	炉冷或空冷
ZTA15	550 ~ 750	30 ~ 240	
ZTA17	550 ~ 650	30 ~ 240	
ZTC4	550 ~ 650	30 ~ 240	

（2）退火　钛及钛合金的退火工艺见表7-46。钛合金完全退火的保温时间见表7-47。

表7-46　钛及钛合金的退火工艺

牌号	材料类型	加热温度/℃	保温时间/min	冷却方式
TA1 TA2	板材、带材、箔材及管材	630～815	15～120	空冷或更慢冷
		520～570	15～120	空冷或更慢冷
TA3 TA4	棒材、线材及锻件	630～815	60～120	空冷或更慢冷
TA5	板材、带材、箔材及管材	750～850	10～120	空冷
	棒材、线材及锻件	750～850	60～240	空冷
TA6	板材、带材、箔材及管材	750～850	10～120	空冷
	棒材、线材及锻件	750～850	60～240	空冷
TA7 TA7ELI	板材、带材、箔材及管材	700～850	10～120	空冷
	棒材、线材及锻件	700～850	60～240	空冷
TA9 TA10	板材、带材、箔材及管材	600～815	15～120	空冷或更慢冷
	棒材、线材及锻件	600～815	60～240	空冷或更慢冷
TA11	板材、带材、箔材及管材	760～815	60～480	A
	棒材、线材及锻件	900～1000	60～120	B
TA12	棒材、线材及锻件	$T_\beta-(15\sim30)$	60～120	C
		$T_\beta-(30\sim50)$	60～120	D
TA13	板材、带材、箔材及管材	780～800	10～60	空冷
	棒材、线材及锻件	780～800	60～120	空冷
TA15	板材、带材、箔材及管材	700～850	15～120	空冷或更慢冷
	棒材、线材及锻件	700～850	60～240	空冷
TA15-1 TA15-2	焊丝	650～750	60～240	真空炉冷
TA16	管材	600～815	15～120	真空炉冷

（续）

牌号	材料类型	加热温度/℃	保温时间/min	冷却方式
TA18	板材、带材、箔材及管材	600～815	30～120	空冷或更慢冷
	棒材、线材及锻件	600～815	60～180	E
TA19	板材、带材、箔材及管材	870～925	薄板:10～60 厚板:30～120	F
	棒材、线材及锻件	$T_\beta - (15\sim30)$	60～120	E
TA20	焊丝	700～750	60～180	真空炉冷
TA21	板材、带材、箔材及管材	600～770	15～120	空冷或更慢冷
	棒材、线材及锻件	600～770	60～120	空冷或更慢冷
TC1	板材、带材、箔材及管材	640～750	15～120	空冷或更慢冷
	棒材、线材及锻件	700～800	60～120	空冷或更慢冷
TC2	板材、带材、箔材及管材	660～820	15～120	空冷或更慢冷
	棒材、线材及锻件	700～820	60～120	空冷或更慢冷
TC3	板材、带材、箔材及管材	700～850	15～120	空冷或更慢冷
	棒材、线材及锻件	700～850	60～120	空冷或更慢冷
TC4[①]	板材、带材、箔材及管材	700～870	15～120	G
	棒材、线材及锻件	700～850	60～120	空冷或更慢冷
TC6	棒材、线材及锻件	800～850[②]	60～120	空冷
		870～920	60～120	H
TC9	棒材、线材及锻件	950～980	60～120	I
TC10	板材、带材、箔材及管材	710～850	15～120	空冷或更慢冷
	棒材、线材及锻件	710～850	60～120	空冷
TC11	棒材、线材及锻件	950～980	60～120	I
TC16	板材、带材、箔材及管材	680～790	15～120	I
	棒材、线材及锻件	770～790[③]	60～120	J
TC18	板材、带材、箔材及管材	740～760	15～120	空冷
	棒材、线材及锻件	820～850	60～180	K
ZTA7	铸件	900～920[④]	120～180	炉冷

（续）

牌号	材料类型	加热温度 /℃	保温时间 /min	冷却方式
ZTC4	铸件	910~930④	120~180	炉冷

注：冷却方式代号含义如下表所示。

冷却方式代号	含　义
A	炉冷至 480℃以下，双重退火要求第二阶段在 790℃保温 15min，空冷
B	空冷或更快冷，随后在 595℃保温 8h，空冷
C	空冷后再在 600℃保温 2h，空冷
D	空冷后在 T_β - (50~70)℃保温 1~2h，空冷；再在 600℃保温 3~5h，空冷
E	空冷后在 595℃保温 8h，空冷（TA18 合金线材在真空炉冷却）
F	空冷后再在 790℃保温 15min，空冷
G	空冷或者更慢冷。当对 TC4 合金规定进行双重退火（或固溶处理和退火）时，退火处理制度为：在 β 转变温度以下 15~30℃保温 1~2h，空冷或者更快冷；再在 705~760℃保温 1~2h，空冷

	冷却方式依据截面厚度选择		
H	截面厚度 /mm	退火方式	冷　却　方　式
	≤20	等温退火	炉冷至 550~650℃，保温 2h，空冷
	>20~50	等温退火	转移到炉温为 550~650℃的另一炉中，保温 2h，空冷
	>50	等温退火	空冷后再在 550~650℃保温 2~5h，空冷

I	空冷后再在 550~580℃保温 2~5h，空冷
J	以 2~4℃/min 的速度炉冷至 550℃（在真空炉中不高于 500℃），然后空冷
K	复杂退火：炉冷至 740~760℃，保温 1~3h，空冷；再在 550~650℃保温 2~6h，空冷

① 当 TC4 合金的再结晶退火用于提高断裂韧度时，通常采用以下工艺：在 β 转变温度以下 15~30℃保温 1~4h，空冷或更慢冷；再在 705~760℃保温 1~2h，空冷。
② 800~850℃普通退火适用于在 300℃以下工作 5000h 的、截面厚度不大于 90mm 的飞机结构件。
③ 可根据使用要求，经试验后适当调整。
④ 热等静压处理，压强为 100~140MPa，炉冷至 300℃以下。

表 7-47　钛合金完全退火的保温时间

查表法	有效厚度/mm	≤1.5	>1.5~2.0	>2.0~5.5	>5.5
	保温时间/min	10	15	25	60

计算法	$T = AD + 15$ 式中　T—保温时间（min） 　　　A—保温时间系数（min/mm），一般为 1~1.5 　　　D—工件有效厚度（mm）

2. 钛合金的固溶处理

钛合金的固溶处理工艺见表 7-48。钛合金零件的淬火转移时间见表 7-49。

表 7-48　钛合金的固溶处理工艺

牌号	板材、带材及箔材		棒材、线材及锻件		冷却方式[2]
	加热温度/℃	保温时间/min	加热温度/℃	保温时间[1]/min	
TA11	—	—	900~1010	20~90	空冷或更快冷
TA13	780~815	10~60	780~815	30~240	空冷或更快冷
TA19	815~915	2~90	900~980	20~120	空冷或更快冷
TB2	750~800	2~30	750~800	10~30	空冷或更快冷
TB3	—	—	750~800	10~30	空冷或更快冷
TB5	760~815	2~30	760~815	10~90	空冷或更快冷
TB6	—	—	705~775	60~120	水冷[3]
TB8	815~900	3~30	—	—	空冷或更快冷
	—	—	$T_\beta - (10~60)$	60~120	水冷[3]
TC4	890~970	2~90	890~970	20~120	空冷或更快冷
TC6	—	—	840~900	20~120	水冷
TC9	—	—	920~940	20~120	水冷
TC10	850~900	2~90	850~900	20~120	水冷
TC11	—	—	920~940	20~120	水冷
TC16	—	—	780~830	90~150	水冷

（续）

| 牌号 | 板材、带材及箔材 | | 棒材、线材及锻件 | | 冷却方式② |
	加热温度/℃	保温时间/min	加热温度/℃	保温时间①/min	
TC17	—		790 ~ 815	20 ~ 240	水冷
TC18	—		720 ~ 780④	60 ~ 180	水冷

① 某些特殊锻件可能需要较长的保温时间。采用接在炉料上的热电偶可精确测定温度，可选取较短的保温时间。

② 使用真空热处理设备时，可在惰性气体中冷却，以代替空冷。

③ 直径或厚度不大于25mm时，允许空冷。

④ 对于复杂形状的TC18合金半成品和零件，为了尽量减少不同截面的强度差别，推荐以下工艺：810 ~ 830℃保温1 ~ 3h，炉冷至720 ~ 780℃，保温1 ~ 3h，水冷，并按表7-45所示的工艺时效。

表7-49　钛合金零件的淬火转移时间

零件厚度/mm	允许的最大淬火转移时间/s
<5	6
5 ~ 25	8
>25	12

3. 钛合金的时效处理工艺（表7-50）

表7-50　钛合金的时效处理工艺

牌号	时效温度/℃	保温时间/h	牌号	时效温度/℃	保温时间/h
TA11	540 ~ 620	8 ~ 24	TC4	480 ~ 690	2 ~ 8
TA13	400 ~ 430	8 ~ 24①	TC6	500 ~ 620	1 ~ 4
TA19	565 ~ 620	2 ~ 8	TC9	500 ~ 600	1 ~ 6
TB2	450 ~ 550	8 ~ 24	TC10	510 ~ 600	4 ~ 8
TB3	500 ~ 550	8 ~ 16	TC11	500 ~ 600	1 ~ 6
TB5	480 ~ 675	2 ~ 24	TC16	500 ~ 580	4 ~ 10
TB6	480 ~ 620	8 ~ 10	TC17	460 ~ 685	4 ~ 8
TB8	540 ~ 680	7.5 ~ 8.5	TC18	480 ~ 600	4 ~ 10
	670 ~ 700	7.5 ~ 8.5②			

① 空冷后再进行第二阶段时效：475℃保温8h，空冷。

② 空冷或炉冷后再进行第二阶段时效：650℃保温8h，空冷或炉冷。适用于有高温（550℃以下）性能要求的材料。

7.4 镁合金的热处理

1. 镁合金的退火

变形镁合金的退火工艺参数见表 7-51。

表 7-51 变形镁合金的退火工艺参数

牌号	去应力退火				完全退火	
	板材		挤压件和锻件		温度/℃	时间[①]/h
	温度/℃	时间/h	温度/℃	时间/h		
M2M	205	1	260	0.25	340~400	3~5
AZ40M	150	1	260	0.25	350~400	3~5
AZ41M	250~280	0.5				
ME20M[②]					280~320	2~3
ZK61M			260	0.25	380~400	6~8

① 完全退火保温时间应以工件发生完全再结晶为限，时间可适当缩短。

② 当要求较高的抗拉强度和屈服强度时，可以在 260~290℃进行退火；当要求较高的塑性时，则需要在 320~350℃进行退火。

2. 镁合金的固溶处理和时效

(1) 变形镁合金的固溶处理和时效工艺（表 7-52）

表 7-52 变形镁合金的固溶处理和时效工艺

牌号	热处理类型	固溶处理			时效（或退火）		
		温度/℃	时间/h	冷却介质	温度/℃	时间/h	冷却介质
M2M	T2	—	—	—	340~400	3~5	空气
ME20M	T2	—	—	—	280~320	2~3	空气
AZ40M	T2	—	—	—	280~350	3~5	空气
AZ41M	T2	—	—	—	250~280	0.5	
AZ61M	T2	—	—	—	320~380	4~8	
AZ62M	T2	—	—	—	320~350	4~6	
	T4	380±5			—	—	—
AZ80M	T2	—	—	—	200±10	1	空气
	T6	415±5			175±10	10	
AK61M	T1	—	—	—	150	2	空气
	T6	515	2	水	150	2	空气

(2) 铸造镁合金的固溶处理和时效（表 7-53）

表7-53　铸造镁合金的热处理工艺

合金牌号	热处理类型		固溶处理			时效（或退火）		
			温度/℃	时间/h	冷却介质	温度/℃	时间/h	冷却介质
ZM1	T1		—	—	—	175±5	28~32	空气
			—	—	—	195±5	16	空气
ZM2	T1		—	—	—	325±5	5~8	空气
ZM3	T1		—	—	—	250±5	10	空气
ZM4	T2		—	—	—	325±5	5~8	空气
	T4		570±5	4~6	压缩空气	—	—	—
	T6		570±5	4~6	压缩空气	200	12~16	空气
ZM5	Ⅰ	T4	415±5	14~24	空气	175±5	16	空气
		T6	415±5	14~24	空气	200±5	8	空气
	Ⅱ	T4	415±5	6~12	空气	175±5	16	空气
		T6	415±5	6~12	空气	200±5	8	空气
ZM6	T6（或T61）		530±5	8~12（4~8）	压缩空气（热水）	205	12~16（8~12）	空气

第8章 特殊材料的热处理

8.1 高温合金的热处理

8.1.1 变形高温合金的热处理

1. 铁基变形高温合金的热处理工艺参数（表8-1）

表8-1 铁基变形高温合金的热处理工艺参数（JB/T 7712—2007）

牌号	工序名称	热处理工艺参数			备注
		加热温度 /℃	保温时间	冷却方式	
GH1015	中间退火	1080	板材 5 ~ 15min，锻件约 1min/mm	空冷或水冷	板材厚度≤3mm， 5 ~ 15min
	固溶处理	1150		空冷或水冷	
GH1016	中间退火	1080	板材 5 ~ 15min，锻件约 1.4min/mm	空冷或水冷	板材厚度为 3 ~ 5mm，12 ~ 15min
	固溶处理	1160		空冷或水冷	
GH1035	中间退火	1060 ~ 1100	板材 1.2 ~ 2min/mm，棒 材 1 ~ 1.5h	空冷	
	固溶处理	1120 ~ 1150			
GH1040	固溶处理	1200	1h	空冷	
	时效	700	16h		
GH1131	中间退火	1000	板材 5 ~ 15min，锻件 1.4min/mm	空冷	
	固溶处理	1150			

（续）

牌号	工序名称	热处理工艺参数			备注
		加热温度 /℃	保温时间	冷却方式	
GH1140	中间退火	1050	板材 5 ~ 20min，锻件 1 ~ 2h	空冷或水冷	
	固溶处理	1080		空冷	综合性能好
		1150			热强性高
GH2018	退火或固溶	1120 ~ 1150	2 ~ 12min	空冷	适 用 于 板 材 零件
	时效	800	16h		
GH2036	固溶处理	1140	80min	流动水冷	大 型 锻 件 保 温 3h
	时效	660	16h	继续升温至	
		770 ~ 800	16h	空冷	
GH2038	固溶处理	1140	2h	流动水冷	
	时效	780	16 ~ 25h	空冷	
GH2130	一次固溶	1180	1.5h	空冷	
	二次固溶	1050	4h		
	时效	800	16 ~ 20h		
GH2132	退火或 固溶	980	板材 8min/ mm，棒材 1h/ 25mm，锻 件 1 ~ 2h	厚度 <2.2min 空冷， 其余油冷	冷热成形和焊 接后需固溶
	时效	720	16h	空冷	适用于各类锻件
	时效	600 ~ 650	16h		适用于冷作材料
GH2135	固溶处理	1140	8h	空冷	适 用 于 各 类 锻件
	一次时效	830	8h		
	二次时效	700	16h		

（续）

牌号	工序名称	热处理工艺参数			备注
		加热温度/℃	保温时间	冷却方式	
GH2135	固溶处理	1080	8h	空冷	适用于棒材制造的零件
	一次时效	830	8h		
	二次时效	700	16h		
GH2302	一次固溶	1180	2h	空冷	适用于棒材制造的零件
	二次固溶	1050	4h		
	时效	800	16h		
	固溶处理	1120	5~25min		适用于板材零件
	时效	800	16h		
GH2761	固溶处理	1120	2h	水冷	适用于大型锻件
	一次时效	850	4h	空冷	
	二次时效	750	24h		
	固溶处理	1090	2h	水冷	适用于其他锻件
	一次时效	850	4h	空冷	
	二次时效	750	24h		
GH2901	退火或固溶	1090	2h	水冷或油冷	按硬度要求选择二次时效温度
	一次时效	780	4h	空冷	
	二次时效	700~730	24h		
GH2903	固溶处理	845	1h	空冷	
	一次时效	720	8h	以55℃/h炉冷至620℃	
	二次时效	620	8h	空冷	

2. 镍基变形高温合金的热处理工艺参数（表8-2）

表8-2　镍基变形高温合金的热处理工艺参数（JB/T 7712—2007）

牌号	工序名称	热处理工艺参数			备注
		加热温度/℃	保温时间	冷却方式	
GH3030	退火或固溶	1000	8~16min	空冷	综合性能好
	固溶处理	1150	8~16min		热强性好
GH3039	中间退火	1050	8~16min	空冷或水冷	
	固溶处理	1080	8~16min	空冷	综合性能好
		1170	8~16min		热强性好
GH3044	中间退火	1140	板材8~16min，棒材2.5h	空冷	
	固溶处理	1150			综合性能好
		1200			热强性好
GH3128	中间退火	1100	板材8~16min，锻件1.5h	空冷	
	固溶处理	1160			综合性能好
		1200			热强性好
GH4032	固溶处理	1080	8h	空冷	
	时效	700	16h		
GH4033	固溶处理	1080	8h	空冷	
	时效	700	16h		适用于棒材
		750	16h		适用于锻件
GH4037	一次固溶	1180	2h	分散空冷	
	二次固溶	1050	4h	空冷或缓冷	
	时效	800	16h	空冷	

（续）

牌号	工序名称	热处理工艺参数			备注
		加热温度/℃	保温时间	冷却方式	
GH4043	一次固溶	1170	5h	空冷	
	二次固溶	1070	8h		
	时效	800	16h		
GH4049	一次固溶	1200	2h	分散空冷	
	二次固溶	1050	4h		
	时效	850	8h	空冷	
GH4133 GH4133B	固溶处理	1080	8h	空冷	适用于750℃以下工作的各种锻件
	时效	750	16h		
GH4169	中间退火	1010	20~45min	快速空冷	用于恢复塑性
	固溶处理	950~980	1h	油冷、空冷或水冷	
	一次时效	750	8h	40~50℃/h炉冷至620℃	
	二次时效	620	8h	空冷	
GH4099	中间退火	1100	15~20min	空冷或水冷	大型板材结构件可在固溶处理后不经时效直接使用
	固溶处理	1140	10~20min	空冷	
	时效	900	4h		
GH4698	一次固溶	1120	8h	空冷	
	二次固溶	1000	4h		
	时效	775	16h		

3. 高温合金棒材的热处理工艺参数及力学性能

1）高温合金冷拉棒材的热处理工艺参数见表8-3。

表8-3　高温合金冷拉棒材的热处理工艺参数（GB/T 14994—2008）

牌号	组别	固溶处理	时效处理
GH1040		1200℃，1h，空冷	700℃，16h，空冷
GH2036		1140 ~ 1145℃，1h20min，流动水冷却	670℃，12 ~ 14h，升温至770 ~ 800℃，10 ~ 12h，空冷
GH2132		980 ~ 1000℃，1 ~ 2h，油冷	700 ~ 720℃，16h，空冷
GH2696	I	—	750℃，16h，炉冷至650℃，16h，空冷
	II	—	750℃，16h，炉冷至650℃，16h，空冷
	III	1100℃，1 ~ 2h，油冷	780℃，16h，空冷
	IV	1100 ~ 1120℃，3 ~ 5h，油冷	840 ~ 850℃，3 ~ 5h，空冷，700 ~ 730℃，16 ~ 25h，空冷
GH3030		980 ~ 1000℃，水冷或空冷	
GH4033		1080℃，8h，空冷	700℃，16h，空冷
GH4080A		1080℃，15 ~ 45min，水冷或空冷	700℃，16h，空冷或750℃，4h，空冷
GH4090		1080℃，1 ~ 8h，空冷或水冷	750℃，4h，空冷
GH4169		950 ~ 980℃，1h，空冷	720℃，8h；(50±10)℃/h 炉冷到620℃，8h，空冷

　注：1. 对于GH2036合金，当碳的质量分数不大于0.36%时，建议第二阶段时效在770 ~ 780℃进行，而当碳的质量分数大于0.36%时，则在790 ~ 800℃进行时效。

　　　2. 热处理控温精度除GH4080A时效处理为±5℃外，其余均为±10℃。

2）高温合金冷拉棒材热处理后的力学性能见表8-4。

表 8-4　高温合金冷拉棒材热处理后的力学性能（GB/T 14994—2008）

牌号	试验温度/℃	瞬时拉伸性能					硬度	高温持久性能			
		抗拉强度 R_m/MPa	规定塑性延伸强度 $R_{p0.2}$/MPa	断后伸长率 A(%)	断面收缩率 Z(%)	室温冲击吸收能量 KU/J	HBW	试验温度/℃	试验应力 σ/MPa	时间/h	断后伸长率 A(%)
				≥							≥
GH1040	800	295									
GH2036	室温	835	590	15	20	27	311~276	650	375(345)	35(100)	
GH2132	室温	900	590	15	20		341~247	650	450(390)	23(100)	5 (3)
GH2696	室温 Ⅰ	1250	1050	10	35		302~229	600	570	实测	
	室温 Ⅱ	1300	1100	10	30		229~143			实测	
	室温 Ⅲ	980	685	10	12	24	341~285			50	
	室温 Ⅳ	930	635	10	12	24	341~285			50	
GH3030	室温	685		30							
GH4033	700	685		15	20			700	430(410)	60(80)	
GH4080A	室温	1000	620	20			≥285	750	340	30	
GH4090	650	820	590	8				870	140	30	
GH4169	室温	1270	1030	12	15		≥345				
GH4169	650	1000	860	12	15			650	690	23	4

3）转动部件用高温合金棒材的热处理工艺参数及力学性能见表 8-5。

表8-5 转动部件用高温合金棒材的热处理工艺参数及力学性能 (GB/T 14993—2008)

牌号	热处理工艺参数	组别	瞬时拉伸性能					室温冲击吸收能量 KU/J	高温持久性能			室温硬度 HBW
			试验温度/℃	抗拉强度 R_m/MPa	规定塑性延伸强度 $R_{p0.2}$/MPa	断后伸长率 A (%)	断面收缩率 Z (%)		试验温度/℃	应力 σ/MPa	时间 h	
					≥						≥	
GH2130	(1180℃±10℃保温2h,空冷) + (1050℃±10℃保温4h,空冷) + (800℃±10℃保温16h,空冷)	I	800	665		3	8		850	195	40	269~341
		II							800	245	100	
GH2150A	(1000~1130℃保温2~3h,油冷) + (780~830℃保温5h,空冷) + (650~730℃保温16h,空冷)		20	1130	685	12	14.0	27	600	785	60	293~363
GH4033	(1080℃±10℃,保温8h,空冷) + (700℃±10℃,保温16h,空冷)	I	700	685		15	20.0		700	430	60	255~321
		II								410	80	
GH4037	(1180℃±10℃,保温2h,缓冷) + (1050℃±10℃,保温4h,空冷) + (800℃±10℃,保温16h,空冷)	I	800	665		5.0	8.0		850	196	50	269~341
		II							800	245	100	
GH4049	(1200℃±10℃,保温2h,空冷) + (1050℃±10℃,保温4h,空冷) + (850℃±10℃,保温8h,空冷)	I	900	570		7.0	11.0		900	245	40	302~363
		II								215	80	
GH4133B	(1080℃±10℃,保温8h,空冷) + (750℃±10℃,保温16h,空冷)	I	20	1060	735	16	18.0	31	750	392	50	262~352
		II	750	750	实测	12	15.0		750	345	50	262~352

注: GH4049 棒材允许采用 950℃±10℃保温 2h 空冷时效,硬度应为 285~341HBW,其 900℃抗拉强度 R_m 应不小于 540MPa,其他性能指标不变。

4. 高温合金板材的热处理工艺参数及力学性能

1) 高温合金冷轧板材热处理工艺参数及力学性能见表 8-6。

表 8-6 高温合金冷轧板材热处理工艺参数及力学性能（GB/T 14996—2010）

牌号	热处理工艺参数	试验温度/℃	抗拉强度 R_m /MPa	规定塑性延伸强度 $R_{p0.2}$/MPa	断后伸长率 A (%)
GH1016	1140~1180℃，空冷				
GH1035	1100~1140℃，空冷	室温	≥590		≥35.0
		700	≥345		≥35.0
GH1131	1130~1170℃，空冷	室温	≥735		≥34.0
		900	≥180		≥40.0
		1000	≥110		≥43.0
GH1140	1050~1090℃，空冷	室温	≥635		≥40.0
		800	≥225		≥40.0
GH2018	1110~1150℃，空冷+时效（800℃±10℃，保温16h，空冷）	室温	≥930		≥15.0
		800	≥430		≥15.0
GH2132	交货状态+时效（700~720℃，保温12~16h，空冷）	室温	≥880		≥20.0
		650	≥735		≥15.0
		550	≥785		≥16.0

（续）

牌号	热处理工艺参数	试验温度/℃	抗拉强度 R_m/MPa	规定塑性延伸强度 $R_{p0.2}$/MPa	断后伸长率 A（%）
GH2302	1100~1130℃，空冷	室温	≥685		≥30.0
	1100~1130℃，空冷+时效（800℃±10℃，保温16h，空冷）	800	≥540		≥6.0
GH3030	980~1020℃，空冷	室温	≥685		≥30.0
		700	≥295		≥30.0
GH3039	1050~1090℃，空冷	室温	≥735		≥40.0
		800	≥245		≥40.0
GH3044	1120~1160℃，空冷	室温	≥735		≥40.0
		900	≥196		≥30.0
GH3128	1140~1180℃，空冷	室温	≥735		≥40.0
	1140~1180℃，空冷+固溶（1200℃±10℃，空冷）	950	≥175		≥40.0
GH3536	1130~1170℃，快冷或水冷				
GH4033	970~990℃，空冷+时效（750℃±10℃，保温4h，空冷）	室温	≥885		≥13.0
		700	≥685		≥13.0
GH4099	1080~1140℃（最高不超过1160℃），空冷或快冷	室温	≤1130		≥35.0
	1080~1140℃（最高不超过1160℃），空冷或快冷+时效（900℃±10℃，保温5h，空冷）	900	≥295		≥23.0

GH4145	厚度≤0.60mm	1070~1090℃，空冷	室温	≤930	≤515	≥30.0
	厚度>0.60mm			≤930	≤515	≥35.0
	厚度0.50~4.0mm	1070~1090℃，空冷+时效（730℃±10℃，保温8h，炉冷到620℃±10℃，保温>10h，空冷）		≥1170	≥795	≥18.0

2）高温合金热轧板材热处理工艺参数及力学性能见表8-7。

表8-7　高温合金热轧板材热处理工艺参数及力学性能（GB/T 14995—2010）

牌号	热处理工艺参数	试验温度/℃	抗拉强度 R_m/MPa	断后伸长率 A（%）	断面收缩率 Z（%）
GH1035	1100~1140℃，空冷	室温	≥590	≥35.0	实测
		700	≥345	≥35.0	实测
GH1131	1130~1170℃，空冷	室温	≥735	≥34.0	实测
		900	≥180	≥40.0	实测
		1000	≥110	≥43.0	实测
GH1140	1050~1090℃，空冷	室温	≥635	≥40.0	≥45.0
		800	≥245	≥40.0	≥50.0
GH2018	1100~1150℃，空冷+时效（800℃±10℃，保温16h，空冷，室温）	室温	≥930	≥15.0	实测
		800	≥430	≥15.0	实测

（续）

牌号	热处理工艺参数	试验温度/℃	抗拉强度 R_m/MPa	断后伸长率 A(%)	断面收缩率 Z(%)
GH2132	980~1000℃，空冷 + 时效（700~720℃，保温12~16h，空冷）	室温	≥880	≥20.0	实测
		650	≥735	≥15.0	实测
		550	≥785	≥16.0	实测
GH2302	1100~1130℃，空冷	室温	≥685	≥30.0	实测
	1100~1130℃，空冷 + 时效（800℃±10℃，保温16h，空冷）	800	≥540	≥6.0	实测
GH3030	980~1020℃，空冷	室温	≥685	≥30.0	实测
		700	≥295	≥30.0	实测
GH3039	1050~1090℃，空冷	室温	≥735	≥40.0	≥45.0
		800	≥245	≥40.0	≥50.0
GH3044	1120~1160℃，空冷	室温	≥735	≥40.0	实测
		900	≥185	≥30.0	实测
	1140~1180℃，空冷	室温	≥735	≥40.0	实测
GH3128	1140~1180℃，空冷 + 固溶（1200℃±10℃，空冷）	950	≥175	≥40.0	实测
GH4099	1080~1140℃，空冷 + 时效（900℃±10℃，保温5h，空冷）	900	≥295	≥23.0	

5. 一般用途高温合金管的热处理工艺参数及力学性能

1) 一般用途高温合金管的热处理工艺参数及室温及室温力学性能

表8-8 一般用途高温合金管的热处理工艺参数及室温力学性能（GB/T 15062—2008）

牌号	热处理工艺参数	抗拉强度 R_m/MPa	规定塑性延伸强度 $R_{p0.2}$/MPa	断后伸长率 A（%）
GH1140	1050～1080℃，水冷	≥590		≥35
GH3030	980～1020℃，水冷	≥590		≥35
GH3039	1050～1080℃，水冷	≥635		≥35
GH3044	1120～1210℃，空冷	≥685		≥30
GH3536	1130～1170℃，≤30min保温，快冷	≥690	≥310	≥25

2) 一般用途高温合金管的热处理工艺参数及高温力学性能见表8-9。

表8-9 一般用途高温合金管的热处理工艺参数及高温力学性能（GB/T 15062—2008）

牌号	热处理工艺参数	管材壁厚/mm	温度/℃	抗拉强度 R_m/MPa	规定塑性延伸强度 $R_{p0.2}$/MPa	断后伸长率 A（%）
GH4163	交货状态＋时效：（800℃±10℃）×8h，空冷	<0.5	780	≥540	≥400	≥9
		≥0.5		≥540		

6. 高温合金锻制圆饼的热处理工艺参数及力学性能（表8-10）

表8-10　高温合金锻制圆饼的热处理工艺参数及力学性能（YB/T 5351—2006）

新牌号	热处理工艺	瞬时拉伸性能					室温冲击韧度 a_K/(J/cm²)	室温硬度 HBW	高温持久性能		
		试验温度/℃	抗拉强度 R_m/MPa	下屈服强度 R_{eL}/MPa	断后伸长率 A (%)	断面收缩率 Z (%)			试验温度/℃	应力/MPa	时间/h
			≥		≥					≥	
GH2036	1140℃或1130℃保温1h20min，水冷+650~670℃保温14~16h，然后升温至770~800℃保温14~20h，空冷	室温	833	588	15.0	20.0	29.4	277~311	650	372 (343)	35 (100)
GH2132	980~1000℃保温1~2h，油冷+700~720℃保温12~16h，空冷	室温	931	617	20.0	40.0	29.4	255~321	650	392	100
		650	735		15.0	20.0					
GH2135	1140℃保温4h，空冷+830℃保温8h+650℃保温16h，空冷	室温	882	588	13.0	16.0	29.4	255~321	750	294 (343)	100 (50)
			804	588	10.0	13.0					

牌号	热处理工艺										
GH2136	980℃ 保温 1h, 油冷 + 720℃保温 16h, 空冷	室温	931	686	15.0	20.0	29.4	255~323	650 700	392 (294)	100 (100)
GH4033	1080℃ 保温 8h, 空冷 + 750℃保温 16h, 空冷	室温	882 804	588 588	13 10	16 13	29.4	255~321	750	294 (343)	100 (50)
GH4133	1080℃ 保温 8h, 空冷 + 750℃保温 16h, 空冷	室温	1058	735	16.0	18.0	39.2	285~363	750	294 (343)	100 (50)

注：
1. GH2036 合金的固溶处理温度 1130℃ 仅适用于电炉 + 电渣工艺。
2. 对于 GH2036 合金，当 $w(C) \leq 0.36\%$ 时，建议第二阶段时效在 770~780℃ 进行；当 $w(C) > 0.36\%$ 时，则在 790~800℃ 进行。
3. GH2036 合金的热处理温度控制准确度为 ±7℃，其他牌号为 ±10℃。
4. 对于 GH2036、GH2135、GH4033、GH4133 合金，允许完全重复热处理一次，重复时效不算重复热处理次数。
5. 对于 GH2036 合金，允许在 790~810℃ 下补充时效，其保温时间不小于 5h，对于 GH4033 合金，允许在 700℃ 进行补充时效，其保温时间应达到所需硬度值为宜。
6. 对于 GH2036、GH2135、GH2136、GH4033 和 GH4133 合金，当其持久性能不合格时，可按表中括号内的数据重新进行试验，试样数量不加倍。再次不合格时，则以括号内的数据按复验规定处理。

7. 高温合金环件毛坯的热处理工艺参数及力学性能（表8-11）

表8-11　高温合金环件毛坯的热处理工艺参数及力学性能（YB/T 5352—2006）

新牌号	热处理工艺参数	瞬时拉伸性能							高温持久性能		
		试验温度/℃	抗拉强度 R_m/MPa	下屈服强度 R_{eL}/MPa ≥	断后伸长率 A(%) ≥	断面收缩率 Z(%) ≥	室温冲击韧度 a_K/(J/cm²) ≥	室温硬度 HBW	试验温度/℃	应力/MPa	时间/h ≥
GH1140	1080℃，空冷	室温	617		40	45					
		800	245		40	50					
GH2036	1140℃或1130℃保温 1h20min，水冷；650~670℃保温14~16h 升温至 770~800℃保温14~20h，空冷	室温	833	588	15	20	29.4	277~311	650	372	35
										343	100
GH2132	980~990℃ 保温1~2h，油冷，710~720℃保温16h，空冷	室温	931	617	20	30	29.4	255~321	650	392	100
		650	735		15	15	29.4				
GH2135	1140℃保温4h，空冷；830℃保温 8h，空冷；650℃保温16h，空冷	室温	882	588	13	16	29.4	255~321	750	343	50
			804	588	10	13				294	100
GH3030	980~1020℃，空冷	室温	637		30						
		700			30						
GH4033	1080℃保温 8h，空冷；750℃保温 16h，空冷	室温	882	588	13	16	29.4	255~321	750	343	50
			804	588	10	13	29.4			294	100

注：GH2036 合金的 1130℃ 固溶温度仅适用于电炉＋电渣工艺生产的产品。

8.1.2 铸造高温合金的热处理

铸造高温合金的热处理工艺参数见表 8-12。

表 8-12 铸造高温合金的热处理工艺参数（JB/T 7712—2007）

牌号	工序名称	热处理工艺参数		
		加热温度/℃	保温时间/h	冷却方式
K211	时效	900	5	空冷
K214	固溶处理	110	5	空冷
K401	固溶处理	1120	10	空冷
K403	固溶处理	1210	4	空冷
K406	时效	980	5	空冷
K409	固溶处理	1080	4	空冷
	时效	980	10	空冷
K412	固溶处理	1150	7	空冷
K418	固溶处理	1170	2	空冷
	时效	930	16	空冷

8.2 钢结硬质合金的热处理

8.2.1 钢结硬质合金的相变温度

钢结硬质合金的相变温度见表 8-13。

表 8-13 钢结硬质合金的相变温度 （单位：℃）

牌号	Ac_1	$Ac_3 (Ac_{cm})$	Ar_1	$Ar_3 (Ar_{cm})$	Ms
GT35	740	770			
R5	780	820		700	
TLMW50	761	788	693	730	
GW50	745	790	710	770	
GJW50	760	810	710	763	255
DT	720	752			245
T1	780	800		730	
BR40	748	796	645	700	133

8.2.2 钢结硬质合金的热处理工艺参数

1. 钢结硬质合金的等温退火工艺参数（表 8-14）

表 8-14 钢结硬质合金的等温退火工艺参数

牌号	加热		冷却	等温		冷却
	温度 /℃	时间 /h		温度 /℃	时间 /h	
GT35	860 ~ 880	3 ~ 4	20℃/h	720	3 ~ 4	以 20℃/h 冷 至 640℃炉冷
R5、T1	820 ~ 840	3 ~ 4	20℃/h	720 ~ 740	3 ~ 4	以 20℃/h 冷 至 650℃炉冷
TLMW50	860 ~ 880	3 ~ 4	20℃/h	720 ~ 740	3 ~ 4	以 20℃/h 冷 至 500℃空冷
GW50	860	4 ~ 6	炉冷至 740℃, 再以 20℃/h 冷却	700	4 ~ 6	炉冷
GJW50	840 ~ 850	3	打开炉门冷	720 ~ 730	3 ~ 4	炉 冷 至 500℃ 空冷

2. 钢结硬质合金的淬火与回火工艺参数（表 8-15）

表 8-15 钢结硬质合金的淬火与回火工艺参数

牌号	淬 火							回火
	加热 设备	预热		加热		冷却方式	硬度 HRC	常用温度 /℃
		温度/℃	时间 /min	温度/℃	时间系数 /(min/mm)			
GT35	盐浴炉	800 ~ 850	30	960 ~ 980	0.5	油冷	69 ~ 72	200 ~ 250 450 ~ 500
R5	盐浴炉	800	30	1000 ~ 1050	0.6	油冷或空冷	70 ~ 73	450 ~ 500
R8	盐浴炉	800	30	1150 ~ 1200	0.5	油冷或空冷	62 ~ 66	500 ~ 550
TLMW50	盐浴炉	820 ~ 850	30	1050	0.5 ~ 0.7	油冷	68	200
GW50	箱式炉	800 ~ 850	30	1050 ~ 1100	2 ~ 3	油冷	68 ~ 72	200
GJW50	盐浴炉	800 ~ 820	30	1020	0.5 ~ 1.0	油冷	70	200

（续）

牌号	淬　火							回火
	加热设备	预热		加热		冷却方式	硬度 HRC	常用温度 /℃
		温度/℃	时间 /min	温度/℃	时间系数 /(min/mm)			
D1	盐浴炉	800	30	1220~1240	0.6~0.7	560℃盐浴-油冷	72~74	560,3 次
T1	盐浴炉	800	30	1240	0.3~0.4	600℃盐浴-空冷	73	560,3 次

8.3　磁性合金的热处理

8.3.1　软磁合金的热处理

1. 电磁纯铁的热处理工艺参数（表8-16）

表8-16　电磁纯铁的热处理工艺参数

工艺	加热	保温时间/h	冷却方式	硬度 HV5
高温净化退火	加热至 1200~1500℃	18	缓冷至 880℃，保温 12h，缓冷至室温	
退火	真空或惰性气体炉：随炉升温到 900℃±10℃	1	以 <50℃/h 的速度冷却到 500℃ 以下或室温	85~140
	脱碳气氛炉：随炉升温到 800℃，然后经不小于2h 的时间加热到 900℃±10℃	4	以 <50℃/h 的速度冷却到 500℃ 以下或室温	
去应力退火	在氢气或真空中，600℃ 以下装炉，随炉升温至 800℃，再以≤50℃/h 加热至 860~930℃	4	以 ≤50℃/h 冷至 700℃，再炉冷至 500℃ 以下出炉	
人工时效	加热至 130℃	50	空冷	

2. 电工钢的热处理工艺参数（表8-17）

表8-17　电工钢的热处理工艺参数

种类	热处理方式	温度/℃	时间/h	备注
冷轧无取向电工钢	中间退火	800 ~ 900		在干氢气或保护气氛中进行
	成品低温退火	<900		在氢气或保护气氛中进行 磁各向异性不大，磁感应强度高
	成品高温退火	>1100		在氢气或保护气氛中进行 磁各向异性降低
冷轧取向电工钢	黑退火	760 ~ 780	8 ~ 15	炉冷
	中间退火	800 ~ 900	数分钟	炉中通湿氢或分解氨保护
	脱碳退火	780 ~ 830		连续炉通湿氢处理
	成品退火	1150 ~ 1200（在950 ~ 1100之间控制加热速度）	8 ~ 12	在通氢气、保护气氛的电热罩式炉或真空炉中进行
	拉伸回火	700 ~ 750		氢气保护
冷轧双取向硅钢片	中间退火	1050		原料为高纯度单取向硅钢片，采用两次冷轧，变形率为60% ~ 70%，厚度≤0.20mm
	最终退火	1150 ~ 1200	7 ~ 10	

3. 铁镍软磁合金的热处理工艺参数（表8-18）

表8-18　铁镍软磁合金热处理工艺参数（GB/T 32286.1—2015）

牌号	加热温度/℃	保温时间/h	冷却方式
1J30、1J31、1J32、1J33、1J38	800	2	炉冷至200℃以下出炉
1J46、1J50、1J79、1J83	1100~1180	3~6	以不大于200℃/h 的速度冷却到600℃，然后以不小于400℃/h 的速度冷却至300℃以下出炉
1J51、1J52	1050~1100	1	以不大于200℃/h 的速度冷却到600℃，然后以不小于400℃/h 的速度冷却至300℃以下出炉
1J34、1J65、1J67	第一步：1100~1150	3	以不大于200℃/h 的速度冷却到600℃，然后炉冷至300℃以下出炉
	第二步：600（在不小于800A/m 场中回火）	1~4	以25~100℃/h 的速度冷却至200℃以下出炉
1J54、1J80	1100~1150	3~6	以不大于200℃/h 的速度冷却到400~500℃，然后以不小于400℃/h 的速度冷却至200℃以下出炉
1J76、1J77	1100~1150	3~6	以100~150℃/h 的速度冷却到500℃，然后以10~50℃/h 的速度冷却至200℃以下出炉

（续）

牌号	加热温度/℃	保温时间/h	冷却方式
1J85、1J86	1100~1200	3~6	以 100~200℃/h 的速度冷却到 500~600℃，然后以不小于 400℃/h 的速度冷却至 300℃以下出炉
1J403	第一步：1100~1200	3~6	炉冷至 400℃以下出炉
	第二步：700（在 1200~1600A/m 的纵向磁场中回火）	1~2	以 50~150℃/h 的速度冷却至 200℃以下出炉
1J66	第一步：1200	3	以 100℃/h 的速度冷却到 600℃，然后以不小于 400℃/h 的速度冷至 300℃出炉
	第二步：600（在 16×10^4 A/m 横向磁场中回火）	1	以 50~100℃/h 的速度冷却至 200℃出炉

注：为了改善 1J46、1J50、1J79、1J34、1J65、1J54、1J77、1J80、1J85、1J86 合金及半成品的可加工性，可以在推荐的基本热处理介质中经 800~900℃进行预热处理。

4. 铁钴软磁合金的热处理工艺参数（表 8-19）

表 8-19　铁钴软磁合金的热处理工艺参数（GB/T 14986.3—2018）

牌号	加热温度/℃	保温时间/h	冷却方式	备注
1J21	850~900	3~6	以 50~100℃/h 的速度冷却到 750℃，然后以 180~240℃/h 的速度冷却至 300℃以下出炉	适用于冷轧带材试样

（续）

牌号	加热温度/℃	保温时间/h	冷却方式	备注
1J22	850~900	3~6	以 50~100℃/h 的速度冷却到 750℃，然后以 180~240℃/h 的速度冷却至 300℃以下出炉	适用于冷轧带材试样
	1100±10	3~6	以 50~100℃/h 的速度冷却到 850℃保温 3h，然后以 30℃/h 的速度冷却到 700℃，再以 200℃/h 的速度冷却至 300℃以下出炉	适用于锻坯取的试样
	850±10	4	以 50℃/h 的速度冷却到 750℃保温 3h，然后以 200℃/h 的速度冷却到 300℃以下出炉，由保温（750℃）开始加 1200~1600A/m 直流磁场	适用于要求在较低磁场下具有较高磁感应强度、较低矫顽力、较高矩形比的情况
1J27	850±20	3~6	以 100~200℃/h 的速度冷却到 500℃，然后以任意速度冷却至 200℃以下出炉	

5. 铁铬软磁合金的热处理工艺参数（表8-20）

表8-20　铁铬软磁合金的热处理工艺参数（GB/T 14986.4—2018）

牌号	加热温度/℃	保温时间/h	冷却方式	备注
1J111	1150~1200	2~6	以 100~200℃/h 的速度冷却至 450~650℃ 以后，快冷至 200℃以下出炉	
	800~850	2	随炉冷却至 300℃以下出炉	只考核 B_{8000} 时

（续）

牌号	加热温度/℃	保温时间/h	冷却方式	备注
1J116、1J117	1150 ~ 1200	2 ~ 6	以 100 ~ 200℃/h 的速度冷却至 450 ~ 650℃ 以后，以不小于 400℃/h 的速度冷却至 200℃ 以下出炉	

6. 铁铝软磁合金的热处理工艺参数（表 8-21）

表 8-21　铁铝软磁合金的热处理工艺参数（GB/T 14986.5—2018）

牌号	加热温度/℃	保温时间/h	冷却方式	应用
1J6	950 ~ 1050	2 ~ 3	以 100 ~ 150℃/h 的速度冷却至 200℃ 出炉	适用于做磁阀铁心
	900 ~ 1000	2 ~ 3	冷却至 250℃ 出炉	
1J12	1050 ~ 1200	2 ~ 3	以 100 ~ 150℃/h 的速度冷却到 500℃，然后快冷（吹风）至 200℃ 出炉	
1J13	900 ~ 950	2	以 100℃/h 的速度冷却到 650℃，然后以不大于 60℃/h 的速度冷却至 200℃ 出炉	适用于要求线播声速稳定的元件
	780 ~ 800	2	以 100℃/h 的速度冷却到 650℃，然后以不大于 60℃/h 的速度冷却至 200℃ 出炉	
1J16	950 保温 4h，再随炉升温到 1050	1.5	炉冷到 650℃ 进行冰水淬火	磁性能要求不高时可在空气中热处理

注：1J12、1J13 和 1J16 合金的软化处理温度为 550 ~ 570℃，1J6 一般可不进行软化处理。

7. 高硬度高电阻铁镍软磁合金的热处理工艺参数

高硬度高电阻铁镍软磁合金一般应在露点小于 -40℃ 的净化氢气中进行热处理，其工艺参数见表 8-22。

表 8-22　高硬度高电阻铁镍软磁合金的热处理工艺参数
（GB/T 14987—2016）

牌号	加热温度/℃	保温时间/h	冷却方式
1J87	1050 ~ 1150	2 ~ 4	以 150 ~ 200℃/h 的速度冷至 600℃ 后，以 200 ~ 300℃/h 速度冷却
1J88	1050 ~ 1150	3 ~ 5	炉冷至 575℃ 保温 1h 后，快冷至 300℃，出炉

8. 耐蚀软磁合金的热处理工艺参数（表 8-23）

表 8-23　耐蚀软磁合金的热处理工艺参数（GB/T 14986—2008）

牌号	加热温度/℃	保温时间/h	冷却方式
1J36、1J116、1J117	1150 ~ 1250	2 ~ 6	以 100 ~ 200℃/h 的速度冷却至 450 ~ 650℃ 以后，快冷至 200℃，出炉

8.3.2　永磁合金的热处理

1. 变形永磁钢的热处理工艺参数（表 8-24）

表 8-24　变形永磁钢的热处理工艺参数（GB/T 14991—2016）

牌号	工艺名称	工艺参数
2J63	正火	1050℃
	固溶处理	在 500 ~ 600℃ 预热 5 ~ 15min，加热至 800 ~ 850℃，保温 10 ~ 15min，油淬
	时效	在 100℃ 沸水中，大于 5h
2J64	正火	1200 ~ 1250℃
	固溶处理	在 500 ~ 600℃ 预热 5 ~ 15min，加热至 800 ~ 860℃，保温 5 ~ 15min，油淬
	时效	在 100℃ 沸水中，大于 5h

（续）

牌号	工艺名称	工艺参数
2J65	正火	1150 ~ 1200℃
	固溶处理	在 500 ~ 600℃预热 5 ~ 15min，加热至 930 ~ 980℃，保温 10 ~ 15min，油淬
	时效	在 100℃沸水中，大于 5h
2J67	淬火	在 1250℃保温 15 ~ 30min，油淬
	回火	650 ~ 725℃，1 ~ 2h，空冷

2. 铁钴钒永磁合金的热处理工艺参数（表 8-25）

表 8-25　铁钴钒永磁合金的热处理工艺参数（GB/T 14989—2015）

牌号	回火温度/℃	保温时间/min	冷却方式
2J31、2J32、2J33	580 ~ 640	20 ~ 60	空冷

3. 变形铁铬钴永磁合金的热处理工艺参数（表 8-26）

表 8-26　变形铁铬钴永磁合金的热处理工艺参数（YB/T 5261—2016）

牌号	工艺名称	工艺参数
2J83	固溶处理	在 1300℃保温 15 ~ 25min，冰水淬
	磁场热处理	在大于 200kA/m（2500Oe）磁场强度的炉中，于 645 ~ 655℃保温 30 ~ 60min，进行等温处理
	回火	阶梯回火：在 610℃保温 0.5h，在 600℃保温 1h，于 580℃保温 2h，在 560℃保温 3h，于 540℃保温 4h，在 530℃保温 6h
2J84	固溶处理	在 1200℃保温 20 ~ 30min，冷水淬
	磁场热处理	在大于 200kA/m（2500Oe）磁场强度的炉中，于 640 ~ 650℃保温 40 ~ 80min，并在磁场中随炉缓冷至 500℃
	回火	阶梯回火：在 610℃保温 0.5h，在 600℃保温 1h，于 580℃保温 2h，在 560℃保温 3h，于 540℃保温 4h，在 530℃保温 6h

（续）

牌号	工艺名称	工艺参数
2J85	固溶处理	在1200℃保温 20~30min，冷水淬
	磁场热处理	在大于 200kA/m（25000e）磁场强度的炉中，于 635~645℃保温 1~2h，进行等温处理
	回火	阶梯回火：在610℃保温 0.5h，在600℃保温 1h，在580℃保温 2h，在560℃保温 3h，在540℃保温 4h，在530℃保温 6h

4. 铝镍钴铸造永磁合金的热处理工艺参数（表8-27）

表8-27 铝镍钴铸造永磁合金的热处理工艺参数

合金类型	固溶处理			磁场处理	回火工艺
	加热温度 /℃	冷却速度/（℃/min）			
		≈800℃	800~500℃		
AlNiCo	1200~1250	>100~150	15~20		
AlNiCo（各向异性）	1250~1300	150~200	15~20	830~750℃	600℃×2h[1]

① $w(Co)$ 为 12%~15%时无须回火。

5. 铂钴合金的热处理工艺参数（表8-28）

表8-28 铂钴合金的热处理工艺参数

化学成分（摩尔分数，%）				热处理工艺	
Pt	Co	Fe	其他	淬火	时效
47.5	52.5	—	—	1000℃，水冷	600℃×15~50min
49	51	—	—	1000℃，水冷	600℃×20~60min
48~45	50	—	Pd：2~5	1000℃，以14~20℃/min冷至600℃，保温1~5h	600℃×1~5h
20~50	20~50	5~10	—	900℃加热，620℃等温淬火	600~650℃
49.5	44.5	5	Ni：1	900℃加热，620℃等温淬火	600~650℃
49.45	44.5	5	Ni：1 Cu：0.05	900℃加热，620℃等温淬火	600~650℃

6. 钐钴合金的烧结和热处理工艺参数（表8-29）

表8-29　钐钴合金的烧结和热处理工艺

合金名称	工艺过程	温度/℃	保温时间/h	冷却	备注
$SmCo_5$	烧结	1140~1160	1	以不大于3℃/min的速度冷却至850~950℃	烧结温度为1150℃时矫顽力和磁能积最大
	退火处理	850~950	保温或不保温	以较快（不低于50℃/min）的速度冷却至室温	退火温度不能低于800℃，在800~500℃之间冷却速度一定要快（一般采取油冷），以免在750℃左右$SmCo_5$相分解，或生成较粗大的第二相析出物，而使合金的矫顽力降低
Sm_2Co_{17}	烧结	1190~1220	1~2	慢冷至固溶处理温度	得到致密的合金
	固溶处理	1130~1175	0.5~10	油淬或氩气流冷却至室温	获得均匀的单相固溶体
	时效处理	一次时效：750~850	Zr含量低的为20~40min Zr含量高的为8~30	控速冷却，冷却速度为0.3~1.0℃/min	Cr含量高的合金采用控速冷却至400℃后，应在此温度再时效一段时间

Sm_2Co_{17}	时效处理	分级时效： 750~850, 8~30h; 700, 1h; 600, 2h; 500, 4h; 400, 8~10h	400℃后急冷至室温	含Zr的合金适宜分级时效，处理后的矫顽力比经一次时效的要高得多

7. 钕铁硼永磁材料的热处理工艺参数

烧结钕铁硼永磁材料的烧结温度为1060~1100℃，烧结后一般采用快冷处理，然后回火。其回火工艺参数见表8-30。

表8-30　烧结钕铁硼永磁材料的回火工艺参数

时效工艺		加热温度 /℃	保温时间 /h	冷却方式	备注
一级回火		570~600	1	水冷	效果较好，应用最多
两级 回火	第一级	900	2	以1.3℃/min的速度冷却至室温	两级回火也可以在烧结之后不快冷至室温，而直接降温至第一级和第二级回火温度，连续分级进行处理
	第二级	550~700	1	水冷	

8.4　膨胀合金的热处理

1. 定膨胀封接铁镍钴合金的热处理工艺及平均线胀系数（表8-31）

表8-31　定膨胀封接铁镍钴合金的热处理工艺及平均线胀系数（YB/T 5231—2014）

牌号	热处理工艺	平均线胀系数 $\bar{\alpha}/(10^{-6}/℃)$				
		20~300℃	20~400℃	20~450℃	20~500℃	20~600℃
4J29	在真空或氢气气氛中加热至900℃±20℃，保温1h，再加热至1100℃±20℃，保温15min，以不大于5℃/min 的速度冷至200℃以下出炉		4.6~5.2	5.1~5.5		
4J44		4.3~5.1	4.6~5.2			
4J33	在真空或氢气气氛中加热至900℃±20℃，保温1h，以不大于5℃/min 的速度冷至200℃以下出炉		6.0~6.8		6.6~7.4	
4J34			6.3~7.1			7.8~8.5
4J46	在真空或氢气气氛中加热至800~900℃，保温1h，以不大于5℃/min 的速度冷至300℃以下出炉	5.5~6.5		5.6~6.6	7.0~8.0	

2. 无磁定膨胀瓷封镍基合金的热处理工艺及物理性能（表8-32）

表8-32　无磁定膨胀瓷封镍基合金的热处理工艺及物理性能（YB/T 5233—2005）

牌号	热处理工艺	平均线胀系数 $\bar{\alpha}/(10^{-6}/℃)$		磁导率 $\mu_{16000}/$ $(\mu H/m)\leqslant$
		20~500℃	20~600℃	
4J78	在氢气或真空中加热至1000~1050℃，保温30~40min，以不大于5℃/min 的速度冷至300℃以下，出炉	12.1~12.7	12.4~13.0	1.263
4J80	在氢气或真空中加热至850~900℃，保温30~40min，以不大于5℃/min 的速度冷至300℃以下，出炉	12.7~13.3	13.0~13.6	1.263
4J82	在氢气或真空中加热至1000~1050℃，保温30~40min，以不大于5℃/min 的速度冷至300℃以下，出炉	12.5~13.1	13.0~13.6	1.263

3. 定膨胀封接铁镍铬、铁镍合金热处理工艺及平均线胀系数（表8-33）

表8-33　定膨胀封接铁镍铬、铁镍合金的热处理工艺及平均线胀系数（YB/T 5235—2005）

牌号	热处理工艺	平均线胀系数 $\overline{\alpha}/(10^{-6}/℃)$		
		20~300℃	20~400℃	20~450℃
4J6	在真空氢气气氛中加热至1100℃±20℃，保温15min，以不大于5℃/min的速度冷至200℃以下出炉ᵃ	7.6~8.3	9.5~10.2	
4J47			8.1~8.7	
4J49		8.6~9.3	9.4~10.1	
4J42	在真空或氢气气氛中加热至900℃±20℃，保温1h，以不大于5℃/min的速度冷至200℃以下出炉	4.0~5.0		
4J45		6.5~7.2	6.5~7.2	6.5~7.5
4J50		9.2~10.0	9.2~9.9	

4. 低膨胀铁镍、铁镍钴合金的热处理工艺及平均线胀系数（表8-34）

表8-34　低膨胀铁镍、铁镍钴合金的热处理工艺及平均线胀系数（YB/T 5241—2014）

牌号	热处理工艺	平均线胀系数 $\overline{\alpha}/(10^{-6}/℃)$ ≤			
		-40~20℃	-20~20℃	20~100℃	20~300℃
4J32	将半成品试样加热至840℃±10℃，保温1h，水淬，再将试样加工为成品试样，在315℃±10℃，保温1h，随炉冷或空冷			1.0	
4J32A		0.6	0.5	0.4	
4J36				1.5	
4J38				1.5	
4J40					2.0

5. 玻封铁镍铜合金的热处理工艺及平均线胀系数（表8-35）

表8-35　玻封铁镍铜合金的热处理工艺及平均线胀系数（YB/T 5237—2005）

牌号	热处理工艺	平均线胀系数$\bar{\alpha}$/（10^{-6}/℃）	
		20~300℃	20~400℃
4J41	在氢气或真空中加热至850℃±20℃，保温1h，以不大于5℃/min的速度冷至400℃以下出炉	8.4~9.5	8.5~9.6

6. 玻封铁铬合金的热处理工艺及平均线胀系数（表8-36）

表8-36　玻封铁铬合金的热处理工艺及平均线胀系数（YB/T 5240—2005）

牌号	热处理工艺	平均线胀系数$\bar{\alpha}$/（10^{-6}/℃）
		20~530℃
4J28	加热至1100℃±20℃，保温15min，空冷至室温	10.8~11.4

7. 杜美丝芯用铁镍合金的热处理工艺及平均线胀系数（表8-37）

表8-37　杜美丝芯用铁镍合金的热处理工艺及平均线胀系数（YB/T 5236—2005）

牌号	热处理工艺	平均线胀系数$\bar{\alpha}$/（10^{-6}/℃）
		20~400℃
4J43	在氢气气氛中加热至900℃±20℃，保温1h，以大于5℃/min的速度冷至200℃以下出炉	6.3~7.2

8.5　耐蚀合金的热处理

1. 耐蚀合金热轧板及冷轧板的固溶处理及力学性能（表8-38）

表8-38　耐蚀合金热轧板及冷轧板的固溶处理及力学性能
（YB/T 5353—2012、YB/T 5354—2012）

牌号	推荐的固溶处理理温度/℃	抗拉强度 R_m/MPa	规定塑性延伸强度 $R_{p0.2}$/MPa	断后伸长率 A(%)
		≥		
NS1101	1000~1060	520	205	30
NS1102	1100~1170	450	170	30
NS1104	1120~1170	450	170	30
NS1301	1160~1210	590	240	30
NS1401	1000~1050	540	215	35
NS1402	940~1050	586	241	30
NS1403	980~1010	551	241	30
NS3101	1050~1100	570	245	40
NS3102	1000~1050	550	240	30
NS3103	1100~1160	550	195	30
NS3104	1080~1130	520	195	35
NS3201	1140~1190	690	310	40
NS3202	1040~1090	760	350	40
NS3301	1050~1100	540	195	35
NS3303	1160~1210	690	315	30
NS3304	1150~1200	690	283	40
NS3305	1050~1100	690	276	40
NS3306	1100~1150	690	276	30

2. 耐蚀合金锻制棒材的热处理及纵向力学性能（表 8-39、表 8-40）

表 8-39 耐蚀合金锻制棒材的固溶处理温度及纵向力学性能
（GB/T 37620—2019）

牌号	推荐固溶处理温度/℃	抗拉强度 R_m/MPa	规定塑性延伸强度 $R_{p0.2}$/MPa	断后伸长率 A(%)
			≥	
NS1101	1000 ~ 1060	520	205	30
NS1102	1100 ~ 1170	450	170	30
NS1103	1000 ~ 1050	515	205	30
NS1104	1150 ~ 1200	450	170	30
NS1105	1040 ~ 1100	483	207	30
NS1106	1150 ~ 1200	462	186	30
NS1301	1150 ~ 1200	590	240	30
NS1401	1000 ~ 1050	540	215	35
NS1402	1000 ~ 1050	590	240	30
NS1403	1000 ~ 1050	540	315	35
NS1502	1180 ~ 1230	620	275	30
NS3101	1050 ~ 1100	570	245	40
NS3102	1000 ~ 1050	550	240	30
NS3103	1100 ~ 1150	550	195	30
NS3104	1080 ~ 1120	520	195	35
NS3105	1000 ~ 1050	550	240	30
NS3201	1140 ~ 1190	690	310	40
NS3202	1040 ~ 1090	760	350	40
NS3301	1050 ~ 1100	540	195	35
NS3302	1160 ~ 1210	735	295	30
NS3303	1160 ~ 1210	690	315	30
NS3304	1150 ~ 1200	690	285	40
NS3305	1050 ~ 1100	690	275	40
NS3306	1100 ~ 1150	690	275	30
NS3401	1050 ~ 1100	590	195	40

注：性能指标适用于公称直径不大于 80mm 的锻制棒材。公称直径大于 80mm 的锻制棒材，允许改锻成直径或边长 80mm 的样坯后取样检验。

表 8-40　NS4101 锻制棒材的热处理工艺参数及纵向力学性能
（GB/T 37620—2019）

牌号	热处理工艺参数	抗拉强度 R_m/MPa	规定塑性延伸强度 $R_{p0.2}$/MPa	断后伸长率 A（%）	冲击吸收能量 KU_2/J	硬度 HRC
NS4101	1080 ~ 1100℃，水冷；750 ~ 780℃，8h，空冷；520 ~ 550℃，8h 空冷	≥910	≥690	≥20	80	>32

注：性能指标适用于公称直径不大于 80mm 的锻制棒材。公称直径大于
80mm 的锻制棒材，允许改锻成直径或边长 80mm 的样坯后取样检验。

8.6　铁基粉末冶金材料的热处理

常用铁基粉末冶金材料的热处理工艺参数见表 8-41。

表 8-41　常用铁基粉末冶金材料的热处理工艺参数

序号	化学成分（质量分数，%）					热处理工艺参数	显微组织
	C	Cu	Mo	其他	Fe		
1	1.25	3	0.9	—	余量	960℃油冷	马氏体 + 残留奥氏体
2	1.25	3	0.9	—	余量	960℃油冷，550℃回火	回火索氏体
3	1.5	1.5	—	—	余量	850 ~ 900℃油冷，620℃回火	回火索氏体
4	0.2	2	—	—	余量	860 ~ 870℃渗碳后，淬油，180℃回火	回火索氏体 + 少量残留奥氏体
5	1	—	—	B0.1	余量	960℃油冷，180℃回火	回火马氏体 + 少量残留奥氏体

（续）

序号	化学成分（质量分数，%）					热处理工艺参数	显微组织
	C	Cu	Mo	其他	Fe		
6	0.9	—	—	B0.1	余量	850℃油冷，350℃回火	屈氏体 + 粒状碳化物
7	0.5	—	0.5	Ni2	余量	820 ~ 850℃油冷，180℃回火	回火马氏体 + 少量残留奥氏体
8	0.2	—	—	—	余量	920℃渗碳后降温至860℃油冷，200℃回火	回火马氏体 + 残留奥氏体
9	0.8	—	—	B0.1	余量	920℃油冷，200℃回火	回火马氏体 + 残留奥氏体
10	0.2	—	—	S0.5	余量	850℃碳氮共渗，780℃油冷，200℃回火	
11	—	—	—	纯铁		920℃渗碳后降至860℃淬火，150℃回火	回火马氏体 + 残留奥氏体
12	1.6	—	—	W12 Cr4 V5 Co5	余量	850℃退火 1h，750℃退火 3h，1260℃油冷，540℃回火 1h，3次	回火马氏体 + 碳化物
13	1.7	—	—	W10 Cr3.75 V1.3 Mo5.25 Co12	余量	850℃退火 1h，750℃退火 3h，1190℃油淬，540℃回火 1h，3次	回火马氏体 + 碳化物
14	2.72	—	5.3	W9.5 Cr7.19 V7.56 Co7.48	余量	850℃碳氮共渗，780℃油淬火，200℃回火	回火马氏体 + 碳化物

附 录

附录A 不锈钢和耐热钢牌号新旧对照

（GB/T 20878—2007）

类型	序号	统一数字代号	新 牌 号	旧 牌 号
1.奥氏体型不锈钢和耐热钢（带呼应注者）	1	S35350	12Cr17Mn6Ni5N	1Cr17Mn6Ni5N
	2	S35950	10Cr17Mn9Ni4N	—
	3	S35450	12Cr18Mn9Ni5N	1Cr18Mn8Ni5N
	4	S35020	20Cr13Mn9Ni4	2Cr13Mn9Ni4
	5	S35550	20Cr15Mn15Ni2N	2Cr15Mn15Ni2N
	6	S35650	53Cr21Mn9Ni4N[①]	5Cr21Mn9Ni4N[①]
	7	S35750	26Cr18Mn12Si2N[①]	3Cr18Mn12Si2N[①]
	8	S35850	22Cr20Mn10Ni2Si2N[①]	2Cr20Mn9Ni2Si2N[①]
	9	S30110	12Cr17Ni7	1Cr17Ni7
	10	S30103	022Cr17Ni7	—
	11	S30153	022Cr17Ni7N	—
	12	S30220	17Cr18Ni9	2Cr18Ni9
	13	S30210	12Cr18Ni9[①]	1Cr18Ni9[①]
	14	S30240	12Cr18Ni9Si3[①]	1Cr18Ni9Si3[①]
	15	S30317	Y12Cr18Ni9	Y1Cr18Ni9
	16	S30327	Y12Cr18Ni9Se	Y1Cr18Ni9Se
	17	S30408	06Cr19Ni10[①]	0Cr18Ni9[①]
	18	S30403	022Cr19Ni10	00Cr19Ni10

（续）

类型	序号	统一数字代号	新　牌　号	旧　牌　号
1.奥氏体型不锈钢和耐热钢（带呼应注者）	19	S30409	07Cr19Ni10	—
	20	S30450	05Cr19Ni10Si2CeN	—
	21	S30480	06Cr18Ni9Cu2	0Cr18Ni9Cu2
	22	S30488	06Cr18Ni9Cu3	0Cr18Ni9Cu3
	23	S30458	06Cr19Ni10N	0Cr19Ni9N
	24	S30478	06Cr19Ni9NbN	0Cr19Ni10NbN
	25	S30453	022Cr19Ni10N	00Cr18Ni10N
	26	S30510	10Cr18Ni12	1Cr18Ni12
	27	S30508	06Cr18Ni12	0Cr18Ni12
	28	S30608	06Cr16Ni18	0Cr16Ni18
	29	S30808	06Cr20Ni11	—
	30	S30850	22Cr21Ni12N[1]	2Cr21Ni12N[1]
	31	S30920	16Cr23Ni13[1]	2Cr23Ni13[1]
	32	S30908	06Cr23Ni13[1]	0Cr23Ni13[1]
	33	S31010	14Cr23Ni18	1Cr23Ni18
	34	S31020	20Cr25Ni20[1]	2Cr25Ni20[1]
	35	S31008	06Cr25Ni20[1]	0Cr25Ni20[1]
	36	S31053	022Cr25Ni22Mo2N	—
	37	S31252	015Cr20Ni18Mo6CuN	—
	38	S31608	06Cr17Ni12Mo2[1]	0Cr17Ni12Mo2[1]
	39	S31603	022Cr17Ni12Mo2	00Cr17Ni14Mo2
	40	S31609	07Cr17Ni12Mo2[1]	1Cr17Ni12Mo2[1]
	41	S31668	06Cr17Ni12Mo2Ti[1]	0Cr18Ni12Mo3Ti[1]
	42	S31678	06Cr17Ni12Mo2Nb	—
	43	S31658	06Cr17Ni12Mo2N	0Cr17Ni12Mo2N

（续）

类型	序号	统一数字代号	新　牌　号	旧　牌　号
1.奥氏体型不锈钢和耐热钢（带呼应注者）	44	S31653	022Cr17Ni12Mo2N	00Cr17Ni13Mo2N
	45	S31688	06Cr18Ni12Mo2Cu2	0Cr18Ni12Mo2Cu2
	46	S31683	022Cr18Ni14Mo2Cu2	00Cr18Ni14Mo2Cu2
	47	S31693	022Cr18Ni15Mo3N	00Cr18Ni15Mo3N
	48	S31782	015Cr21Ni26Mo5Cu2	—
	49	S31708	06Cr19Ni13Mo3	0Cr19Ni13Mo3
	50	S31703	022Cr19Ni13Mo3[①]	00Cr19Ni13Mo3[①]
	51	S31793	022Cr18Ni14Mo3	00Cr18Ni14Mo3
	52	S31794	03Cr18Ni16Mo5	0Cr18Ni16Mo5
	53	S31723	022Cr19Ni16Mo5N	—
	54	S31753	022Cr19Ni13Mo4N	—
	55	S32168	06Cr18Ni11Ti[①]	0Cr18Ni10Ti[①]
	56	S32169	07Cr19Ni11Ti	1Cr18Ni11Ti
	57	S32590	45Cr14Ni14W2Mo[①]	4Cr14Ni14W2Mo[①]
	58	S32652	015Cr24Ni22Mo8Mn3CuN	—
	59	S32720	24Cr18Ni8W2[①]	2Cr18Ni8W2[①]
	60	S33010	12Cr16Ni35[①]	1Cr16Ni35[①]
	61	S34553	022Cr24Ni17Mo5Mn6NbN	—
	62	S34778	06Cr18Ni11Nb[①]	0Cr18Ni11Nb[①]
	63	S34779	07Cr18Ni11Nb[①]	1Cr19Ni11Nb[①]
	64	S38148	06Cr18Ni13Si4[①]	0Cr18Ni13Si4[①]
	65	S38240	16Cr20Ni14Si2[①]	1Cr20Ni14Si2[①]
	66	S38340	16Cr25Ni20Si2[①]	1Cr25Ni20Si2[①]

（续）

类型	序号	统一数字代号	新　牌　号	旧　牌　号
2. 奥氏体铁素体型不锈钢	67	S21860	14Cr18Ni11Si4AlTi	1Cr18Ni11Si4AlTi
	68	S21953	022Cr19Ni5Mo3Si2N	00Cr18Ni5Mo3Si2
	69	S22160	12Cr21Ni5Ti	1Cr21Ni5Ti
	70	S22253	022Cr22Ni5Mo3N	—
	71	S22053	022Cr23Ni5Mo3N	—
	72	S23043	022Cr23Ni4MoCuN	—
	73	S22553	022Cr25Ni6Mo2N	—
	74	S22583	022Cr25Ni7Mo3WCuN	—
	75	S25554	03Cr25Ni6Mo3Cu2N	—
	76	S25073	022Cr25Ni7Mo4N	—
	77	S27603	022Cr25Ni7Mo4WCuN	—
3. 铁素体型不锈钢和耐热钢（带呼应注者）	78	S11348	06Cr13Al[①]	0Cr13Al[①]
	79	S11168	06Cr11Ti	0Cr11Ti
	80	S11163	022Cr11Ti[①]	
	81	S11173	022Cr11NbTi[①]	—
	82	S11213	022Cr12Ni[①]	—
	83	S11203	022Cr12[①]	00Cr12[①]
	84	S11510	10Cr15	1Cr15
	85	S11710	10Cr17[①]	1Cr17[①]
	86	S11717	Y10Cr17	Y1Cr17
	87	S11863	022Cr18Ti	00Cr17

（续）

类型	序号	统一数字代号	新　牌　号	旧　牌　号
3.铁素体型不锈钢和耐热钢（带呼应注者）	88	S11790	10Cr17Mo	1Cr17Mo
	89	S11770	10Cr17MoNb	—
	90	S11862	019Cr18MoTi	—
	91	S11873	022Cr18NbTi	—
	92	S11972	019Cr19Mo2NbTi	00Cr18Mo2
	93	S12550	16Cr25N[①]	2Cr25N[①]
	94	S12791	008Cr27Mo	00Cr27Mo
	95	S13091	008Cr30Mo2	00Cr30Mo2
4.马氏体型不锈钢和耐热钢（带呼应注者）	96	S40310	12Cr12[①]	1Cr12[①]
	97	S41008	06Cr13	0Cr13
	98	S41010	12Cr13[①]	1Cr13[①]
	99	S41595	04Cr13Ni5Mo	—
	100	S41617	Y12Cr13	Y1Cr13
	101	S42020	20Cr13[①]	2Cr13[①]
	102	S42030	30Cr13	3Cr13
	103	S42037	Y30Cr13	Y3Cr13
	104	S42040	40Cr13	4Cr13
	105	S41427	Y25Cr13Ni2	Y2Cr13Ni2
	106	S43110	14Cr17Ni2[①]	1Cr17Ni2[①]
	107	S43120	17Cr16Ni2[①]	—
	108	S44070	68Cr17	7Cr17
	109	S44080	85Cr17	8Cr17

（续）

类型	序号	统一数字代号	新 牌 号	旧 牌 号
4.马氏体型不锈钢和耐热钢（带呼应注者）	110	S44096	108Cr17	11Cr17
	111	S44097	Y108Cr17	Y11Cr17
	112	S44090	95Cr18	9Cr18
	113	S45110	12Cr5Mo[①]	1Cr5Mo[①]
	114	S45610	12Cr12Mo[①]	1Cr12Mo[①]
	115	S45710	13Cr13Mo[①]	1Cr13Mo[①]
	116	S45830	32Cr13Mo	3Cr13Mo
	117	S45990	102Cr17Mo	9Cr18Mo
	118	S46990	90Cr18MoV	9Cr18MoV
	119	S46010	14Cr11MoV[①]	1Cr11MoV[①]
	120	S46110	158Cr12MoV[①]	1Cr12MoV[①]
	121	S46020	21Cr12MoV[①]	2Cr12MoV[①]
	122	S46250	18Cr12MoVNbN[①]	2Cr12MoVNbN[①]
	123	S47010	15Cr12WMoV[①]	1Cr12WMoV[①]
	124	S47220	22Cr12NiWMoV[①]	2Cr12NiMoWV[①]
	125	S47310	13Cr11Ni2W2MoV[①]	1Cr11Ni2W2MoV[①]
	126	S47410	14Cr12Ni2WMoVNb[①]	1Cr12Ni2WMoVNb[①]
	127	S47250	10Cr12Ni3Mo2VN	—
	128	S47450	18Cr11NiMoNbVN[①]	2Cr11NiMoNbVN[①]
	129	S47710	13Cr14Ni3W2VB[①]	1Cr14Ni3W2VB[①]
	130	S48040	42Cr9Si2	4Cr9Si2
	131	S48045	45Cr9Si3	—
	132	S48140	40Cr10Si2Mo[①]	4Cr10Si2Mo[①]
	133	S48380	80Cr20Si2Ni[①]	8Cr20Si2Ni[①]

（续）

类型	序号	统一数字代号	新　牌　号	旧　牌　号
5. 沉淀硬化型不锈钢和耐热钢（带呼应注者）	134	S51380	04Cr13Ni8Mo2Al	—
	135	S51290	022Cr12Ni9Cu2NbTi[①]	—
	136	S51550	05Cr15Ni5Cu4Nb	—
	137	S51740	05Cr17Ni4Cu4Nb[①]	0Cr17Ni4Cu4Nb[①]
	138	S51770	07Cr17Ni7Al[①]	0Cr17Ni7Al[①]
	139	S51570	07Cr15Ni7Mo2Al[①]	0Cr15Ni7Mo2Al[①]
	140	S51240	07Cr12Ni4Mn5Mo3Al	0Cr12Ni4Mn5Mo3Al
	141	S51750	09Cr17Ni5Mo3N	—
	142	S51778	06Cr17Ni7AlTi[①]	—
	143	S51525	06Cr15Ni25Ti2MoAlVB[①]	0Cr15Ni25Ti2MoAlVB[①]

①　耐热钢或可作耐热钢使用。

附录B　变形铝合金牌号新旧对照（GB/T 3190—2008）

牌　号	曾用牌号	牌　号	曾用牌号	牌　号	曾用牌号
1A99	LG5	1A90	LG2	1A30	L4-1
1B99	—	1B90	—	1B30	—
1C99	—	1A85	LG1	2A01	LY1
1A97	LG4	1A80	—	2A02	LY2
1B97	—	1A80A	—	2A04	LY4
1A95	—	1A60	—	2A06	LY6
1B95	—	1A50	LB2	2B06	—
1A93	LG3	1R50	—	2A10	LY10
1B93	—	1R35	—	2A11	LY11

牌　　号	曾用牌号	牌　　号	曾用牌号	牌　　号	曾用牌号
2B11	LY8	2A90	LD9	5A70	—
2A12	LY12	2A97	—	5B70	—
2B12	LY9	3A21	LF21	5A71	—
2D12	—	4A01	LT1	5B71	—
2E12	—	4A11	LD11	5A90	—
2A13	LY13	4A13	LT13	6A01	6N01
2A14	LD10	4A17	LT17	6A02	LD2
2A16	LY16	4A91	491	6B02	LD21
2B16	LY16-1	5A01	2102、LF15	6R05	—
2A17	LY17	5A02	LF2	6A10	—
2A20	LY20	5B02	—	6A51	651
2A21	214	5A03	LF3	6A60	—
2A23	—	5A05	LF5	7A01	LB1
2A24	—	5B05	LF10	7A03	LC3
2A25	225	5A06	LF6	7A04	LC4
2B25	—	5B06	LF14	7B04	—
2A39	—	5A12	LF12	7C04	—
2A40	—	5A13	LF13	7D04	—
2A49	149	5A25	—	7A05	705
2A50	LD6	5A30	2103、LF16	7B05	7N01
2B50	LD6	5A33	LF33	7A09	LC9
2A70	LD7	5A41	LT41	7A10	LC10
2B70	LD7-1	5A43	LF43	7A12	—
2D70	—	5A56	—	7A15	LC15、157
2A80	LD8	5A66	LT66	7A19	919、LC19

（续）

牌　号	曾用牌号	牌　号	曾用牌号	牌　号	曾用牌号
7A31	183-1	7A55	—	7A85	—
7A33	LB733	7A68	—	7A88	—
7B50	—	7B68	—	8A01	—
7A52	LC52、5210	7D68	7A60	8A06	L6

附录C　加工铜及铜合金牌号新旧对照 （GB/T 5231—2012）

合金类别	合金分类	新牌号	旧牌号
加工铜	无氧铜	TU00	TU0
	碲铜	TTe0.5	QTe0.5
	锆铜	TZr0.2	QZr0.2
		TZr0.4	QZr0.4
高铜合金	镉铜	TCd1	QCd1
	铍铜	TBe0.3-1.5	QBe0.3-1.5
		TBe0.6-2.5	QBe0.6-2.5
		TBe0.4-1.8	QBe0.4-1.8
		TBe1.7	QBe1.7
		TBe1.9	QBe1.9
		TBe1.9-0.1	QBe1.9-0.1
		TBe2	QBe2
	铬铜	TCr0.5	QCr0.5
		TCr0.5-0.2-0.1	QCr0.5-0.2-0.1
		TCr0.6-0.4-0.05	QCr0.6-0.4-0.05
		TCr1	QCr1
	镁铜	TMg0.8	QMg0.8
	铁铜	TFe2.5	QFe2.5
加工黄铜	普通黄铜	H95	H96

附录 D　变形镁及镁合金牌号新旧对照（GB/T 5153—2016）

新牌号	旧牌号	新牌号	旧牌号
VE82M	EK100M	VW75M	EW75M
VW64M	EQ90M	VW84M	VE84M

附录 E　钛及钛合金牌号新旧对照（GB/T 3620.1—2016）

新牌号	旧牌号	新牌号	旧牌号
TA1GELI	TA1ELI	TA3GELI	TA3ELI
TA1G	TA1	TA3G	TA3
TA1G-1	TA1-1	TA4GELI	TA4ELI
TA2GELI	TA2ELI	TA4G	TA4
TA2G	TA2		

附录 F　变形铝及铝合金的状态代号

表 F-1　变形铝及铝合金的基础状态代号（GB/T 16475—2008）

代号	名称	说明
F	自由加工状态	适用于在成形过程中，对于加工硬化和热处理条件无特殊要求的产品，该状态产品对力学性能不做规定
O	退火状态	适用于经完全退火后获得最低强度的产品状态
H	加工硬化状态	适用于通过加工硬化提高强度的产品
W	固溶热处理状态	适用于经固溶处理后，在室温下自然时效的一种不稳定状态
T	不同于 F、O 或 H 状态的热处理状态	适用于固溶处理后，经过（或不经过）加工硬化达到稳定的状态

表 F-2　变形铝及铝合金的热处理状态代号（GB/T 16475—2008）

代号	基本处理程序	代号	基本处理程序
T1	高温成形 + 自然时效	T6	固溶处理 + 人工时效
T2	高温成形 + 冷加工 + 自然时效	T7	固溶处理 + 过时效
T3	固溶处理 + 冷加工 + 自然时效	T8	固溶处理 + 冷加工 + 人工时效
T4	固溶处理 + 自然时效	T9	固溶处理 + 人工时效 + 冷加工
T5	高温成形 + 人工时效	T10	高温成形 + 冷加工 + 人工时效

表 F-3　变形铝及铝合金的新旧状态代号对照（GB/T 16475—2008）

新代号	旧代号	新代号	旧代号
O	M	T_51、T_52 等	CYS
热处理不可强化合金：H112 或 F	R	T2	CZY
热处理可强化合金：T1 或 F	R	T9	CSY
HX3	Y	T62	MCS
HX6	Y_1	T42	MCZ
HX4	Y_2	T73	CGS
HX2	Y_4	T76	CGS2
HX9	T	T74	CGS3
T4	CZ	T5	RCS
T6	CS		

附录 G　铸造铝合金的热处理状态代号 （GB/T 25745—2010）

状态代号	热处理状态类别	状态代号	热处理状态类别
T1	人工时效	T6	固溶处理 + 完全人工时效
T2	退火	T7	固溶处理 + 稳定化处理
T4	固溶处理 + 自然时效	T8	固溶处理 + 软化处理
T5	固溶处理 + 不完全人工时效	T9	冷热循环处理

参 考 文 献

[1] 中国机械工程学会热处理学会. 热处理手册: 1~4卷 [M]. 4版修订本. 北京: 机械工业出版社, 2013.

[2] 全国热处理标准化技术委员会. 金属热处理标准应用手册 [M]. 3版. 北京: 机械工业出版社, 2016.

[3] 樊东黎, 徐跃明, 佟晓辉. 热处理技术数据手册 [M]. 2版. 北京: 机械工业出版社, 2009.

[4] 樊东黎, 徐跃明, 佟晓辉. 热处理工程师手册 [M]. 3版. 北京: 机械工业出版社, 2011.

[5] 樊东黎. 热加工工艺规范 [M]. 北京: 机械工业出版社, 2003.

[6] 薄鑫涛, 郭海祥, 袁凤松. 实用热处理手册 [M]. 2版. 上海: 上海科学技术出版社, 2014.

[7] 杨满. 实用热处理技术手册 [M]. 北京: 机械工业出版社, 2010.

[8] 叶卫平, 张覃轶. 热处理实用数据速查手册 [M]. 2版. 北京: 机械工业出版社, 2010.

[9] 雷廷权, 傅家骐. 金属热处理工艺方法500种 [M]. 北京: 机械工业出版社, 1998.

[10] 樊新民, 黄洁雯. 热处理工艺与实践 [M]. 北京: 机械工业出版社, 2012.

[11] 汪庆华. 热处理工程师指南 [M]. 北京: 机械工业出版社, 2011.

[12] 马伯龙, 王建林. 实用热处理技术及应用 [M]. 2版. 北京: 机械工业出版社, 2015.

[13] 沈庆通, 梁文林. 现代感应热处理技术 [M]. 2版. 北京: 机械工业出版社, 2015.

[14] 沈庆通, 黄志. 感应热处理技术300问 [M]. 北京: 机械工业出版社, 2013.

[15] 李泉华. 热处理实用技术 [M]. 2版. 北京: 机械工业出版社, 2007.

[16] 计辉, 刘宝石, 马党参. 7CrMn2Mo钢球化退火行为和碳化物类

型 [J]. 材料热处理学报, 2011 (9): 115 – 119.

[17] 周健, 马党参, 陈再枝. 4Cr5Mo2V 热作模具钢组织和稀泥的研究 [J]. 特钢技术, 2008 (3): 12 – 16.

[18] 于瑞芝 刘洪波. Cr8 型轧辊用钢热处理工艺参数摸索 [J]. 特钢技术, 2014 (2): 25 – 27.

[19] 戴玉梅, 刘艳侠, 马永庆. 耐冲击工具钢 5Cr8MoVSi 热处理过程中组织结构的变化 [J]. 大连海事大学学报, 2003, 29 (8): 13 – 16.

[20] 岳喜军, 刘英武, 徐咏梅. 4Cr5MoWVSi 剪刃钢的生产试制 [J]. 大型铸锻件, 2008 (1): 16 – 17.